"十三五"职业教育国家规划教材

经全国职业教育教材审定委员会审定

高等职业教育质量工程系列教材·旅游大类

MOOC版

酒水服务实务

JIUSHUI FUWU SHIWU

主　编　王晓洋　宋桂友

副主编　陶佳琦　刘　纯　程善兰　焦玲玲

顾　问　祝　坚　孙佳羽　朱　琦

U0361262

南京大学出版社

图书在版编目(CIP)数据

酒水服务实务 / 王晓洋,宋桂友主编. —— 南京：
南京大学出版社，2019.4(2022.9 重印)
ISBN 978-7-305-09081-3

Ⅰ.①酒… Ⅱ.①王… ②宋… Ⅲ.①酒—基本知识
—高等职业教育—教材②酒吧—商业管理—高等职业教育
—教材 Ⅳ.①TS971.22②F719.3

中国版本图书馆 CIP 数据核字(2019)第 232550 号

出版发行　南京大学出版社
社　　址　南京市汉口路 22 号　　　　邮　编　210093
出 版 人　金鑫荣

书　　名　**酒水服务实务**
主　　编　王晓洋　宋桂友
责任编辑　刁晓静　　　　　　　　编辑热线　025 - 83592123

照　　排　南京南琳图文制作有限公司
印　　刷　广东虎彩云印刷有限公司
开　　本　787×1092　1/16　印张 15.5　字数 450 千
版　　次　2019 年 4 月第 1 版　2022 年 9 月第 6 次印刷
ISBN 978-7-305-09081-3
定　　价　42.00 元

网址：http://www.njupco.com
官方微博：http://weibo.com/njupco
微信服务号：njuyuexue
销售咨询热线：(025) 83594756

再版说明

作为高等职业教育酒店管理、餐饮管理与服务等专业的基础课程之一"酒水服务实务"的教材,第一版自2015年2月出版以来得到了众多同行和读者的认可。为使本教材更具时代性、符合相关专业教学的需要与要求,根据教育部高等职业教育人才培养相关文件的精神,我们对本教材进行了修订和更新完善。

本教材在修订过程中,围绕深化教学改革和"互联网+职业教育"发展需求,在信息技术应用、配套资源开发上进行重新设计。教材内容对接国际先进职业教育理念,遵循技术技能人才成长规律和学生认知特点,有机融入专业精神、职业精神和工匠精神。同时力求体现当前旅游职业教育的改革精神,结合高职高专酒店管理专业的教学实际,目的在于培养适合酒水服务业发展所需要的全面型和实用型人才。

1. 体现了产教深度融合,校企"双元"合作开发的需求

在修订过程中行业内知名酒店企业提供了大力支持,从事酒水服务岗位的多位专家深度参与编写,使得本教材对接职业标准,紧跟酒店行业发展趋势和行业人才需求,反映酒水制作技术升级,及时吸收产业发展新技术、新工艺、新规范,反映酒水服务典型岗位职业能力要求。在教材的内容取舍上注重其实用性和应用性,在编排上遵照循序渐进的原则,深入浅出,详略有序,以利于学生了解和掌握基本概念和应用技能。

2. 体现了打造线上与线下混合式金课建设的需求

教材配套了相应的辅助教学资源库,如多媒体课件、辅助学习视频、电子资源库、学习网站等,将教材中涉及的酒水服务岗位的30个典型工作任务全部制作为视频形式,并采用微信二维码扫码观看学习的方法呈现给学生。本教材作为爱课程(中国大学MOOC)"调酒艺术"课程的配套教材,立足于酒店服务行业"专业精细"的工匠精神,尤为注重专业精神与中华民族优良传统的有机结合、传统与现代的有机结合、线上与线下的有机结合、校内与校外的有机结合。围绕酒水知识、酒水制作技艺、对客服务技巧这三个环节进行内容设置,力图成为打造引领学生树立正确价值观,实现知识传授与价值引领有机结合的旅游行业酒水服务"金课"的配套教材。

3. 适应1+X证书制度试点工作需要,推进书证融通

在对酒水服务行业进行充分调研的基础上,教材内容跟踪行业前沿,适应1+X证书制度试点工作需要。第2版对第1版的内容结构体系进行了重组,将职业技能等级

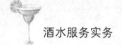

标准有关内容及要求有机融入教材内容,学生学习完本课程后,能够参加调酒师、茶艺师等职业资格的考试。

全书按餐饮行业酒水服务过程构建框架,分为酒水知识准备、无酒精饮料、含酒精饮料、酒吧服务与管理四篇共十五个项目。每篇开始用简要的文字将该篇学习目的进行概述,每个项目按项目任务、知识链接及技能训练三部分依次展开。本书由苏州经贸职业技术学院王晓洋老师及苏州工业职业技术学院宋桂友老师担任主编并负责全书大纲的修订和统稿工作;苏州旅游与财经高等专科学校陶佳琦老师,苏州经贸职业技术学院刘纯老师、程善兰老师,苏州卫生职业技术学院焦玲玲老师担任副主编。本教材是校企合作的充分体现,具体的编写过程更是得到了多位资深酒店行业专家的大力支持。在此特别感谢新城花园酒店的祝坚先生,希尔顿酒店的孙佳羽女士,W酒店的朱琦女士,他们共同参与了本书的编写工作。

敬请各位专家、同仁以及读者指正,希望在今后的教学实践中不断加以完善和提高。

本书编写组
2019 年 2 月

目　录

知识准备　酒水概述

当我们走进酒吧,首先映入眼帘的是酒柜中那琳琅满目的来自世界各国的不同颜色不同种类的酒水。作为一名专业的调酒师,你熟知酒吧中所有的酒品吗? 它们分别属于哪一种类型? 它们的特性是什么? 该如何保管?

通过本篇的学习,明确酒水的概念及分类,掌握酒精饮料和无酒精饮料的基本知识,了解酒水的功能和作用。

✓音视频资源

✓拓展文本

✓在线互动

项目一　酒水的定义与分类

一、酒水的定义

　　酒水(Beverage)是指所有可供人类饮用的经过加工制造的液态食品,也就是日常生活中常说的饮料,它是人们用餐、休闲及交流活动中不可缺少的饮品。按照饮料中是否含有酒精(乙醇)成分,可将酒水分为酒精饮料(酒)和无酒精饮料(水)两大类。

(一)酒精饮料和无酒精饮料

　　酒精饮料(Alcoholic Drink):人们日常生活中常说的酒,即酒精饮料,是指酒精浓度在0.5%～75.5%的饮料。它是以含淀粉或糖质的谷物或水果为原料,经过发酵、蒸馏等工艺酿制而成的。酒是多种化学成分的混合物,其中,乙醇是主要成分。除此之外,还有水和众多的化学物质。这些化学物质包括酸、酯、醛、醇等,尽管这些物质含量很低,但是决定了酒的质量和特色,所以这些物质在酒中的含量非常重要。酒精饮料因含有酒精成分,所以就带有一定的刺激性,能够使神经兴奋,麻醉大脑,是人类日常生活中的重要饮品。

　　无酒精饮料(Non-Alcoholic Drink):在饭店业和餐饮业,其专业术语是水,指所有不含酒精的饮料或饮品,又称软饮料(Soft Drink),指酒精浓度不超过0.5%的提神解渴饮料,包括茶、咖啡、果汁、碳酸饮料和矿泉水等。绝大多数无酒精饮料不含任何酒精成分,但也有极少数含有微量酒精成分,不过其作用也仅仅是调剂饮品的口味或改善饮品的风味而已。无酒精饮料是日常生活中补充人体水分的来源之一,碳酸饮料或其他的非碳酸饮料,如茶、咖啡、果汁和矿泉水等不仅能解渴,还能在饮用时产生愉快的感觉。

小知识

酒的起源

　　关于酒的起源,主要有以下几个传说:

　　1. 仪狄酿酒

　　相传夏禹时期的仪狄最早开始酿酒。公元前2世纪的史书《吕氏春秋》中,写作“仪狄作酒”。汉代刘向在《战国策·魏策》中较为详细地描述了当时的情况:“昔者,帝女命仪狄作酒而美,进之禹。禹饮而甘之,逐疏仪狄,绝旨酒,曰:‘后世必有以酒亡其国者。’”

　　2. 杜康酿酒

　　另一则传说是酿酒始于周代的杜康。东汉《说文解字》中解释“酒”的条目中有“杜康作秫酒"。《事物纪原》中也有同样的说法。三国时期的曹操在其《短歌行》中写下"何以解忧,唯有杜康"的名句,说明当时这种说法已经十分流行。

3. 酿酒始于黄帝时期

汉代成书的《黄帝内经·素问》中记载了黄帝与岐伯讨论酿酒的情景。其中还提到了一种古老的酒——醴酪,即用动物的乳汁酿成的酒。《黄帝内经》是后人托名之作,其可信程度尚待考证。

4. 酒与天地同存

酿酒更带有神话色彩的说法是"天有酒星,酒之作业,其与天地并矣"。这些传说尽管各不相同,但可大致说明酒的酿造发端于夏朝以前。目前考古的成果证实在五千年前就已经有了酿酒的器具。

而实际上,酒其实是来自微生物变化。在自然界中水果成熟后从树上掉下来,果皮表面的酶菌在适当温度下会活跃起来,使水果转化为乙醇和二氧化碳。根据历史考证,公元前10世纪,古埃及和古希腊及中国古代人已经掌握了简单的酿造技术,并用粮食和水果酿制不同味道的酒。世界考古多次发现的酒具可以证实这一点。随着奴隶社会和封建社会的形成和发展,人类的酿酒技术也越来越完善。陶瓷制造业的发展也推动了酿造业的进步,人们制作了精细的陶瓷器具,用以盛载各种美酒并使酒能够长期保存。人类经过长期实践,逐渐完善了酿酒技术,特别是17世纪蒸馏技术用于酿酒业,使多种酒类可以长期保存。

(二) 酒的特点

酒的特点实际上就是乙醇(Ethyl Alcohol)的特点。乙醇由碳、氢和氧元素组成,其主要物理性质是:常温呈液态,无色透明,易挥发,易燃烧,沸点为78.3 ℃,熔点为−114 ℃,刺激性较强,可溶解酸、碱和少量油类,不溶解盐类,可溶于水。不同种类的酒,其特点和风味也不尽相同,主要体现在颜色、香气、味道以及形态上。

1. 酒的颜色

酒色是人们首先接触到的酒品风格,酒品给人的第一感觉和印象就是它的颜色。酒有许多种颜色,红、橙、黄、绿、青、蓝、紫,各种酒色应有尽有,其色彩主要来自它的原料颜色。例如红葡萄酒的颜色来自红葡萄的颜色。酒颜色的形成还来自酿制中产生的颜色。由于温度的变化和酒长期热化等原因,使酒增加了颜色。例如,中国白酒经过加温、汽化、冷却、凝结后,改变了原来颜色而成无色透明体。酒颜色形成的第三个原因是人工增色,例如,白兰地酒经过专家的调色和勾兑成为褐色。

带有颜色的酒在我国很早就已出现,而且品种较多,从众多的古诗词中便可见一斑,如李贺的"小槽酒滴珍珠红",杜甫的"鹅儿黄似酒",白居易的"倾如竹叶盈樽绿"等,分别描写的是珍珠般闪亮的红酒、鹅雏般嫩黄的黄酒和竹叶般青绿的绿酒。在我国习惯上把用谷物发酵后蒸馏出来的无色透明的酒称为白酒,而将所有带颜色的酒称为色

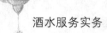

酒。但很多进口的蒸馏酒如白兰地、威士忌都带有一定的颜色,这些就又不能称为色酒。鉴于此,我们将所有酒精度低,且带有色彩的酒称为色酒,如葡萄酒、黄酒、各种利口酒等。

2. 酒的香气

香气是继酒色后人们关注的酒品风格。酒常有各种香气,酒的香气来自酒的主要原料、酵母菌、增香物质及酿酒过程。香气通过人的嗅觉器官传送到大脑,经过加工得到感知。酒中的香气,除了用鼻子体验,还通过口尝或饮用而进入人的鼻咽喉,与呼吸气体一起感知。通常人们对相同的香气有不同的反应。当人们处于疲劳、疾病和情绪状态,人们对香气的灵敏度会降低。人们常常以酒品的香气来划分酒的种类,中国白酒就是一个典型的例子,其概括起来可以分为 5 种香型,分别是:酱香型、浓香型、清香型、米香型和兼香型。

3. 酒的口味

通常,酒的口味是最受人们关注,也是最让人留下深刻印象的酒品风格。酒味的好坏也直接反映了酒品质量的好坏,人们习惯用甜、酸、苦、辣、咸等来评价酒的口味。在各种酒中,以甜为主的酒数不胜数,甜味给人以舒适、浓郁的感觉,深受顾客喜爱。甜味主要来自酒中的糖分和甘油等物质。酸味是酒中另一主要口味。现代消费者都十分青睐带有酸味的干型酒。酸味酒给人以甘洌、爽快和开胃等感觉。世界上有不少酒以苦味著称。例如,安哥斯特拉酒(Angostura)。这种苦酒以朗姆酒(Rum)为主要原料,配以龙胆草等药草调味,褐红色,酒香悦人,口味微苦,酒精度约 40 度。该酒是配制鸡尾酒不可缺少的原料。辣,也称为辛,高浓度的酒精饮料给人的辛辣感尤为强烈。咸味在酒中很少见,但少量的盐可以促进味觉,使酒味更加浓厚。如以墨西哥特基拉酒为例,饮用时就必须加入少量盐粉,以增加其独特的风格。

4. 酒的体态

酒的体态,简称酒体,既指酒的风格,也是一个综合概念,指人们对酒的颜色、香气和口味等的综合评价,酒品的色、香、味溶解在水和酒精中,并和挥发物质、固态物质混合在一起构成了酒品的整体。一种酒品酒体的好坏应该是对酒品风格概括性的感受,酒体讲究的是协调完美,色香味缺一不可。酒品的风格千变万化,各不相同,这都是由酒中所含的各种物质决定的。人们评价酒体常用精美纯良、酒体完满、酒体优雅、酒体甘温、酒体瘦弱、酒体粗劣等词语进行评述。

(三)酒精度

酒精度,是指乙醇在酒中的含量,是对饮料中所含有的乙醇量大小的表示。

目前国际上有三种方法表示酒度,分别是标准酒度、英制酒度和美制酒度。

1. 标准酒度(Alcohol％ by volume)

标准酒度指在 20 ℃条件下,每 100 毫升饮料中含有的乙醇毫升数。这种表示法容易理解因而使用广泛。法国著名化学家盖·吕萨克(Gay Lussac)首先提出标准酒度,因此标准酒度又称为盖·吕萨克酒度(GL),用％(V/V)表示。例如,12％(V/V)表示在 100 毫升酒液中含有 12 毫升的乙醇。

该标准于 1983 年 1 月 1 日起开始在欧洲地区实行。我国酒水类规定也采用此标准表示,如五粮液的酒度有 48％(V/V)、52％(V/V)等,这就表明其每 100 毫升酒液中含有 48 毫升、52 毫升的乙醇。我们口语上习惯称之为:"48 度","52 度"。遵循国际惯例,本书中未特别标明处均为标准酒度。

2. 英制酒度(Degrees of proof UK)

英国将衡量酒精度的标准含量称为 proof,是由赛克斯(Sikes)发明的液体比重计测定的。英制酒度(proof)是指在华氏 51 ℃(大约 10.6 ℃)的条件下,比较相同体积的酒和水,因为酒精的密度小于水,相同体积的酒精比水轻,所以规定在酒的重量是水的重量的 12/13 时,酒的酒精度为 1 proof。

3. 美制酒度(Degrees of proof US)

相对于英制酒度,美制酒度就简单多了。美制酒度的计算方法是在华氏 60 度(约 15.6 ℃),200 毫升的饮料中所含有的纯酒精的毫升数。美制酒度使用 proof 作为单位。美制酒度大约是标准酒度的 2 倍。例如,一杯酒精含量为 40％(V/V)的伏特加酒,其美制酒度是"80 proof"。

英制酒度和美制酒度的发明都早于标准酒度,它们都是用酒精纯度来表示,三者酒度之间可以进行换算。如果知道英制酒度,想知道对应的美制酒度或标准酒度,只要通过下列公式就可以换算出来:

$$标准酒度×1.75＝英制酒度$$
$$标准酒度×2＝美制酒度$$
$$英制酒度×8/7＝美制酒度$$

表 1-1　酒度换算表

标准酒度％(V/V)	40	43	46	50	53	60
英制酒度 proof	70	75.25	80.50	87.50	92.75	105
美制酒度 proof	80	86	92	100	106	120

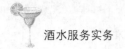
【小思考】

1. 酒精中毒该如何急救？

对轻度中毒者，首先要制止他再继续饮酒；其次可找些梨子、马蹄、西瓜之类的水果给他解酒；也可以用刺激咽喉的办法(如用筷子等)引起呕吐反射，将酒等胃内容物尽快呕吐出来(对于已出现昏睡的患者不适宜用此方法)，然后要安排他卧床休息，注意保暖，注意避免呕吐物阻塞呼吸道；观察呼吸和脉搏的情况，如无特别，一觉醒来即可自行康复。如果患者卧床休息后，还有脉搏加快、呼吸减慢、皮肤湿冷、烦躁的现象，则应马上送医院救治。严重的急性酒精中毒，会出现烦躁、昏睡、脱水、抽搐、休克、呼吸微弱等症状，应该从速送医院急救。

2. 可以用咖啡和浓茶解酒吗？

喝浓茶(含茶碱)、咖啡能兴奋神经中枢，有一定的醒酒作用。但由于咖啡和茶碱都有利尿作用，可能加重急性酒精中毒时机体的失水，而且有可能使乙醇在转化成乙醛后来不及再分解就从肾脏排出，从而对肾脏起毒性作用；另外，咖啡和茶碱有兴奋心脏的作用，可加重心脏的负担；咖啡和茶碱还有可能加重酒精对胃黏膜的刺激。因此，用咖啡和茶解酒并不合适，还是喝些果汁、绿豆汤，生吃梨子、西瓜、荸荠(马蹄)、橘子之类的水果来解酒更好。

二、酒水的分类

(一) 酒精饮料

酒精饮料种类繁多，可有不同的分类标准，下面从几个方面来划分酒精饮料。

1. 按原材料分类

根据酿酒用的原料不同，可以把酒精饮料划分为三类：

表1-2 按材料划分酒精饮料

序号	类别	酒类的概念	代表品种或品牌
1	粮食酒	粮食酒是以粮食为主要原料生产的酒	高粱酒、糯米酒、玉米酒等
2	果酒	果酒是用果类为主要原料生产的酒	葡萄酒、苹果酒、橘子酒等
3	代粮酒	代粮酒是用粮食以外的其他淀粉原料或糖原料生产的酒	用薯干、木薯、芭蕉、芋头、糖蜜等为原料生产的酒

2. 按酒精度分类

按酒精含量多少可把酒精饮料划分为低度酒、中度酒、高度酒三种类型：

表 1 - 3　按酒精含量多少划分酒精饮料

序号	类别	酒类的概念	代表品种或品牌
1	低度酒	低度酒是指酒精度在 20 度以下的酒	葡萄酒、香槟酒、低度药酒、部分黄酒等
2	中度酒	中度酒是指酒精度在 20～40 度的酒	国外的餐前开胃酒、甜食酒,国产的竹叶青酒等
3	高度酒	高度酒是指酒精度在 40 度以上的酒	国外的蒸馏酒,国产的茅台、五粮液、汾酒、二锅头

3. 按生产工艺分类

酒的生产工艺通常有三种:发酵、蒸馏、配制,生产出来的酒也分别被称为发酵酒、蒸馏酒和配制酒。

表 1 - 4　按生产工艺划分酒精饮料

序号	类别	酒类的概念	代表品种或品牌
1	发酵酒	又称为原汁酒、酿造酒,是指将酿造原料(通常是谷物或水果)直接放入容器中,加入酵母菌进行发酵酿制而成的含有乙醇的饮料。	葡萄酒、啤酒、黄酒等
2	蒸馏酒	又称烈酒,是指将经过发酵处理的含有乙醇的饮料(发酵酒)加以蒸馏提纯,然后经过冷凝处理而获得的含有较高乙醇纯度的液体。	白兰地酒、威士忌酒、金酒、伏特加酒、朗姆酒、茅台、五粮液等
3	配制酒	浸泡法:多用于药酒。将蒸馏后得到的高度酒精或将发酵后过滤的酒液,按配方放入不同的药用植物,然后滤入容器中密封一段时间,使浸泡物的成分充分溶解于酒液中,饮用后便会得到不同的治疗效果; 混合法:即将蒸馏后的酒液加入果汁、蜜糖、牛奶或其他液体混合制成; 勾兑法:通常是将两种或数种酒兑在一起,例如将高度酒和低度酒勾兑在一起,将年份不同的酒勾兑在一起,形成一种新的口味或者色香味更加完美的酒品。	味美思酒、比特酒、人参酒、三蛇酒等 马利宝、薄荷酒等 库拉索酒、君度酒等

4. 按餐饮习惯分类

按照西餐配餐的形式,酒精饮料可分为七个类型,即餐前酒、佐餐酒、甜食酒、利口酒、蒸馏酒、啤酒、混合饮料与鸡尾酒。

表1-5 按餐饮习惯划分酒精饮料

序号	类别	酒类的概念	代表品种
1	餐前酒	餐前酒也称开胃酒,是指在餐前饮用的酒,喝了以后能刺激人的胃口增加食欲,通常用药材浸制而成;	味美思酒、比特酒、茴香酒等
2	佐餐酒	佐餐酒也称葡萄酒,是西餐配餐的主要酒类,西方人就餐时一般只喝葡萄酒;	红葡萄酒、白葡萄酒,玫瑰红葡萄酒、起泡葡萄酒
3	甜食酒	甜食酒一般是在佐餐甜食时饮用的酒品,其口味较甜,常以葡萄酒为基酒加入葡萄蒸馏酒配制而成;	雪利酒、波特酒等
4	利口酒	利口酒是供餐后饮用的含糖分较多的酒类,饮用后有帮助消化的作用,有多种口味。原材料分为两种类型:果科类和植物类;制作时用蒸馏酒加入各种配料和糖酿制而成;	绿薄荷酒、蓝香橙酒、咖啡甘露酒、加利安奴酒等
5	蒸馏酒	蒸馏酒是指经过蒸馏提纯,酒精含量在38度以上的酒,国外蒸馏酒多数用于酒吧中净饮和调制鸡尾酒时使用;	白兰地、威士忌、金酒、伏特加、朗姆酒、特基拉、中国白酒等
6	啤酒	啤酒是用麦芽、水、酵母和啤酒花以直接发酵法酿制而成的低度粮食类发酵酒,被人们称为"液体面包",是世界上销售量最大的酒精饮料;	喜力、嘉士伯、麒麟、百威等
7	混合饮料与鸡尾酒	混合饮料与鸡尾酒是指由两种或两种以上的酒水或无酒精饮料混合在一起调配饮用的饮品,一般由调酒师现场为宾客调制而成;	红粉佳人、玛格丽特、五色彩虹、螺丝刀、血腥玛丽等

5. 按商业经营习惯分类

在我国,通常按照商业经营习惯将酒精饮料分为五个类型,即白酒、黄酒、果酒、药酒和啤酒。

表1-6 按商业经营习惯划分酒精饮料

序号	类别	酒类的概念	代表品种或品牌
1	白酒	以谷物为原料的蒸馏酒,因酒度较高而又被称为"烧酒",其特点是无色透明、质地纯净、醇香浓郁、味感丰富;	茅台、五粮液、汾酒
2	黄酒	中国生产的传统酒类,是以糯米、大米(一般是粳米)、黍米等为原料酿造,因其酒液颜色黄亮而得名,其特点是醇厚幽香,味感谐和,越陈越香,营养价值高;	绍兴黄酒、福建老酒
3	果酒	以水果、果汁等为原料的酿造酒,大都以果实名称命名,其特点是色泽娇艳,果香浓郁,酒香醇美,营养丰富;	葡萄酒、山楂酒、苹果酒、荔枝酒等

（续表）

序号	类别	酒类的概念	代表品种或品牌
4	药酒	以成品酒（以白酒居多）为原料加入各种中草药材浸泡而成的一种配制酒，是一种具有较高滋补和药用价值的酒精饮料；	竹叶青、劲酒
5	啤酒	以大麦、啤酒花等为原料的酿造酒，具有显著的麦芽和酒花清香，味道纯正爽口，营养价值较高，可促进食欲，帮助消化。	青岛啤酒、雪花啤酒

（二）无酒精饮料

无酒精饮料的分类主要有以下 3 种：

1. 按是否含有二氧化碳分类

主要分为碳酸饮料和非碳酸饮料。碳酸饮料是运用工业方法在饮料中加入二氧化碳气体，以增加饮用时的爽快感，如可口可乐。

2. 按物理形态分类

主要分为固体饮料和液体饮料。固体饮料多指冲泡型饮料，如咖啡、茶等。

3. 按原料及其特点分类

主要分为矿泉水、果蔬饮料、碳酸饮料、乳饮料、植物蛋白饮料、茶、咖啡以及其他饮料等。

项目二 酒水的功能和作用

一、酒水的功能与作用

　　酒水是人们用餐、休闲及交流活动中不可缺少的饮品。酒水可以增加人们的交流，调节气氛。适度地饮用发酵酒对人体健康无害，有利于降低血压，帮助消化。法国科学家做了大量的研究表明，适量饮用葡萄酒可以促进健康和长寿。从生活和文化的角度，酒不仅能调节气氛，还可以缓解人们的紧张情绪，成为人们日常生活不可缺少的物质。特别是在交往日益密切的社会，酒作为一种媒介，更是起到了不容忽视的作用。综合而言，酒水的功能和作用主要有：礼仪交际功能，营养、保健、医疗功能，兴奋、怡神、欣赏功能，开胃、佐餐、消食功能，烹调美食功能，文化功能及享受功能。

　　（一）酒是一种营养物，如黄酒、葡萄酒、啤酒均含有丰富的营养物质，其中黄酒就含有 21 种氨基酸，所含氨基酸量达 5 647 mg/L，是啤酒的 5～10 倍，是葡萄酒的 1.3 倍。啤酒含有少量酒精外，其他为碳水化合物、蛋白质、多种氨基酸、维生素、Ca、P、Fe 等微量元素，被人们称为"液体面包"。

　　（二）酒可以药用，酒可以行药势。古人谓"酒为诸药之长"。酒可以使药力外达于表而上至于颠，使理气行血药物的作用得到较好的发挥，也能使滋补药物补而不滞。酒有助于药物有效成分的析出，还有良好的通透性，能够较容易地进入药材组织细胞中。酒还有防腐作用，一般药酒都能保存数月甚至数年时间而不变质，这就给饮酒养生者以极大的便利。

　　（三）适量饮酒有益健康，可助消化，预防心血管疾病，减轻心脏负担。还可增加高密脂蛋白，降低冠心病的发生率。适量饮酒可调节人身体正常的生理代谢，加速内部的血液循环。

　　（四）酒可以作为美食烹饪中的重要调味品，具有享受功能。

　　（五）世界各国的酒文化是一种重要的交际媒介，酒在现代人际交往中起着不容忽视的作用。

二、酒水饮用时的注意事项

　　在饮用酒水时，主要有以下注意事项：

（一）饮量适度

　　古今关于饮酒害利之所以有较多的争议，问题的关键即在于饮量的多少。少饮有益，多饮有害。宋代邵雍诗曰："人不善饮酒，唯喜饮之多；人或善饮酒，难喜饮之和。饮多成酩酊,酩酊身遂疴;饮和成醺酣,醺酣颜遂酡。"这里的"和"即是适度。无太过,亦无不及。太过伤损身体,不及等于无饮,起不到养生作用。

(二) 饮酒时间

一般认为,酒不可夜饮。《本草纲目》有载:"人知戒早饮,而不知夜饮更甚。既醉且饱,睡而就枕,热拥伤心伤目。夜气收敛,酒以发之,乱其清明,劳其脾胃,停湿生疮,动火助欲,因而致病者多矣。"此外,在关于饮酒的节令问题上,也存在不同看法。一些人从季节温度高低而论,认为冬季严寒,宜于饮酒,以温阳散寒。

(三) 饮酒温度

在这个问题上,一些人主张冷饮,而也有一些人主张温饮。主张冷饮的人认为,酒性本热,如果热饮,其热更甚,易于损胃。如果冷饮,则以冷制热,无过热之害。比较折中的观点是酒虽可温饮,但不要热饮。至于冷饮温饮何者适宜,这可随个体情况的不同而有所区别对待。

(四) 辩证选酒

根据中医理论,饮酒养生较适宜于年老者、气血运行迟缓者、阳气不振者,以及体内有寒气、有痹阻、有瘀滞者。这是就单纯的酒而言,不是指药酒。体虚者用补酒,血脉不通者则用行气活血通络的药酒;有寒者用酒宜温,而有热者用酒宜清。有意行药酒养生者最好在医生的指导下做选择。

(五) 坚持饮用

任何养身方法的实践都要持之以恒,久之乃可受益,饮酒养生亦然。古人认为坚持饮酒才可以使酒气相接。唐代大医学家孙思邈说:"凡服药酒,欲得使酒气相接,无得断绝,绝则不得药力。多少皆以和为度,不可令醉及吐,则大损人也。"当然,孙思邈只年累月、坚持终身地饮用,他可能是指在一段时间里要持之以恒。

小知识

喝闷酒不利于健康

人的情绪不好,必会影响进餐和饮酒,而且容易生病。古语:"食时,宜与家人或相契之友同案而食,知语温和,随意谈语,言者发抒其意旨,听者舒畅其胸襟,心中喜悦,消化力自然增加,最合卫生之旨。试思人当谈论快适时,饮者增加,有出于不自觉者。当愤怒或愁苦时,肴馔当前,不食自饱。"并且指出:"凡遇愤怒或忧郁时,皆不宜食,食之不能消化,易于成病,此人人所当切戒者也。"

人在情绪低落时,肌体内各个系统的功能就都处于低下状态。长期处于抑郁状态之中的人,其体内下淋巴细胞、巨噬细胞及自然杀伤细胞的功能都极度低下,容易诱发癌症。其他许多疾病也会因情绪异常而发生或加剧。这个时候再借酒消愁，那对身体的危害就是雪上加霜。因为这时肌体内对酒精的解毒功能已经减弱，尤其是在精神刺激过大，忧愁苦闷难以排遣的时候，还从"一醉解千愁"的心情出发，低着头喝闷酒，等于慢性自杀。我国古代有些名人学士以酒泄愤招致早衰身亡，甚至殃及子女，教训是深刻的。晋代诗人陶渊明嗜酒一生，临终时后悔道"后代之鲁钝，盖缘于杯中物所贻害"。宋代词人辛弃疾常年贪杯，闹得咽喉焦灼，深感酒害，决计戒酒，所以借酒消愁是不可取的。李白在诗中也深有体会地写道，"抽刀断水水更流，举杯消愁愁更愁"。古人尚且觉醒，但愿进人能以此为镜，切莫借酒消愁。

【项目小结】

1. 酒水是指所有可供人类饮用的经过生产工艺加工制造的液态食品。按照饮料中是否含有酒精（乙醇）成分，分为酒精饮料（酒）和无酒精饮料（水）两大类。

2. 酒的特点主要体现在颜色、香气、口味和体态上。

3. 酒精度主要是指乙醇在酒中的含量，是对饮料中所含有的乙醇量大小的表示。目前国际上有三种方法表示酒度：国际标准酒度（简称标准酒度）、英制酒度和美制酒度。三者之间可以互相换算。

4. 酒精饮料按照原料不同可以划分为粮食酒、果酒、代粮酒；按照酒精含量多少可分为低度酒、中度酒、高度酒；按生产工艺可分为发酵酒、蒸馏酒和配制酒；按照餐饮习惯分为餐前酒、佐餐酒、甜食酒、利口酒、蒸馏酒、啤酒、混合饮料与鸡尾酒等。我国通常按照商业经营习惯将酒精饮料分为五个类型，即白酒、黄酒、果酒、药酒和啤酒。

5. 酒水的功能和作用主要有：礼仪交际功能，营养、保健、医疗功能，兴奋、怡神、欣赏功能，开胃、佐餐、消食功能，烹调美食功能，文化功能及享受功能。

【关键术语】

酒精饮料　非酒精饮料　酒精度　酒水分类

【技能实训】

请大家以小组为单位，去所在的城市各个酒吧中结合本章所学的酒水知识去认识和了解酒吧中常用的酒水，并写出相应的报告。

上 篇 含酒精饮料

本 篇 导 学

　　含酒精饮料即我们通常所称的"酒"，也是酒吧等酒水服务岗位所提供的主要产品，其形式多种多样，国际上通常按照生产工艺分为发酵酒、蒸馏酒和配制酒这三大类。作为酒水服务从业人员，必须了解这三大类酒的制作工艺、分类方法、主要品牌及产地、饮用服务方法。

　　鸡尾酒作为人们喜爱的含酒精饮料之一，酒水从业人员必须了解和掌握鸡尾酒的概念、结构和分类；调制鸡尾酒常用的载杯、器具和材料；调制鸡尾酒的原则；经典鸡尾酒的配方以及调酒方法。

学 习 目 标

　　1. 通过本项目的学习，掌握发酵酒、蒸馏酒、配制酒的制作工艺、生产原料、主要品牌及产地，熟悉各种含酒精饮料的服务程序及注意事项。

　　2. 了解鸡尾酒的概念、结构和分类；鸡尾酒常用的载杯、器具和材料；调酒的术语、原则和鸡尾酒配方；掌握调酒的方法和技巧，熟练制作各种鸡尾酒。

✓音视频资源
✓拓展文本
✓在线互动

项目一　发酵酒

一、葡萄酒

（一）葡萄酒概述

1. 葡萄酒的起源与发展

（1）世界葡萄酒的起源与发展

大约在 7 000 年以前，南高加索、中亚细亚、叙利亚、伊拉克等地区开始了葡萄的栽培。多数历史学家认为波斯（即今日伊朗）是最早酿造葡萄酒的国家。

埃及的古墓中所发现的大量珍贵文物（特别是浮滩）清楚地描绘了当时古埃及人栽培、采收葡萄和酿造葡萄酒的情景。最著名的是 Phtah-Hotep 墓址，距今已有 6 000 年的历史。

欧洲最早开始种植葡萄并进行葡萄酒酿造的国家是希腊。3 000 年前，希腊的葡萄种植已极为兴盛，当时，葡萄和橄榄是古希腊最重要的园艺作物。公元前 9 世纪—公元前 8 世纪，古希腊著名诗人荷马在他的史诗巨著《伊利亚特》和《奥德赛》中，有许多章节都讲到了葡萄园和葡萄酒。

公元前 6 世纪，希腊人把小亚细亚原产的葡萄酒通过马赛港传入高卢（即现在的法国），并将葡萄栽培和葡萄酒酿造技术传给了高卢人。

罗马人从希腊人那里学会葡萄栽培和葡萄酒酿造技术后，很快在意大利半岛全面推广。古罗马时代，葡萄种植已非常普遍，十二铜表法（Twelve Tables，颁布于公元前 450 年）规定：若行窃于葡萄园中，施以严厉惩罚。

随着罗马帝国的扩张，葡萄栽培和葡萄酒酿造技术迅速传遍法国、西班牙、北非以及德国莱茵河地区，并形成很大的规模。直至今天，这些地区仍是重要的葡萄和葡萄酒产区。

15 至 16 世纪，葡萄栽培和葡萄酒酿造技术传入南非、澳大利亚、新西兰、日本、朝鲜和美洲等地。

19 世纪中叶是美国葡萄和葡萄酒生产的大发展时期。1861 年，美国从欧洲引入葡萄苗木 20 万株，在加利福尼亚建立了葡萄园，但由于根瘤蚜虫的危害，几乎全部被摧毁。后来，美国人尝试用美洲原生葡萄作为砧木嫁接欧洲种葡萄，不仅防治了根瘤蚜虫，葡萄酒生产也逐渐发展起来。

现在，南北美洲均有葡萄酒生产。阿根廷、美国的加利福尼亚州以及墨西哥均为世界知名的葡萄酒产区。

（2）中国葡萄酒的起源与发展

据考证，我国在汉代（公元前206年）以前就已经开始种植葡萄并有葡萄酒的生产了。公元前138年，外交家张骞奉汉武帝之命出使西域，看到"宛左右以蒲陶为酒，富人藏酒至万余石，久者数十岁不败。俗嗜酒，马嗜苜蓿。汉使取其实来，于是天子始种苜蓿、蒲陶肥饶地。及天马多，外国使来众，则离宫别馆旁尽种蒲陶，苜蓿极望"。这一史料充分说明我国在西汉时期，已从邻国学习并掌握了葡萄种植和葡萄酿酒技术。

唐代时，唐太宗从西域引入葡萄和葡萄酒酿造技术，《南部新书》丙卷记载："太宗破高昌，收马乳葡萄种于苑，并得酒法，仍自损益之，造酒成绿色，芳香酷烈，味兼醍醐，长安始识其味也。"葡萄酒在当时颇为盛行，酿造技术也已相当发达，风味色泽更佳，这是一个上至天子满朝文武下至平民百姓文人墨客都喝葡萄酒的辉煌盛世。

元代中国葡萄酒生产水平达到了历史最高峰，统治者甚至规定祭祀太庙必须用葡萄酒，并在山西太原、江苏南京开辟了葡萄园，而且在元28年还在皇宫中建造了葡萄酒室，甚至有了检测葡萄酒真伪的办法。

明朝时，粮食白酒的发酵、蒸馏技术日臻提高完善，蒸馏白酒开始成为中国酿酒产品的主流，葡萄酒生产由于具有季节性，酒产品不易保存，酒度偏低等特点局限而日渐式微。

清朝，尤其是清末民国初，是我国葡萄酒发展的转折点。1892年，爱国侨领客家人张弼士先生先后投资300万两白银在烟台创办了"张裕酿酒公司"，中国葡萄酒工业化的序幕由此拉开。

2. 葡萄酒的分类

国际葡萄和葡萄酒组织将葡萄酒分为两大类：葡萄酒和特殊葡萄酒。

（1）葡萄酒

① 按葡萄酒的颜色分类

红葡萄酒：以红色或紫色葡萄为原料，连皮带籽进行发酵，然后进行分离、陈酿而成。成酒中含有较高的单宁和色素成分。成酒色泽为紫红、深红或宝石红色。

白葡萄酒：以皮汁分离后的葡萄汁为原料进行发酵酿制而成。成酒色泽浅黄带绿，从禾秆黄、浅黄到近似无色。

桃红葡萄酒：介于红白葡萄酒之间，皮汁短期混合发酵，达到色泽要求后进行皮渣分离，继续发酵陈酿。成酒色泽为淡淡的玫瑰红色、桃红色或粉红色。

② 按含糖量分类

将葡萄酒按含糖量分类，可分为：干型、半干型、半甜型、甜型葡萄酒。

类别	含糖量	特点
干酒	<4 g/L	一般尝不到甜味
半干酒	4～12 g/L	能分辨出微弱的甜味
半甜酒	12～45 g/L	有明显的甜味
甜酒	>45 g/L	有浓厚的甜味

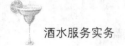

（2）特殊葡萄酒

特种葡萄酒从鲜葡萄或葡萄汁在酿造过程中或酿造后经过某些加工而生产的葡萄酒，其特性不仅来自葡萄本身，还来自所用的酿造技术。

加香葡萄酒：在葡萄酒中加入果汁、药草、甜味剂等制成。有的还加入酒精或砂糖，如味美思。

强化葡萄酒：也叫加强葡萄酒，在葡萄酒发酵之前或发酵中加入部分白兰地或酒精，抑制发酵。成品比一般葡萄酒酒度和糖度更高，如波特酒和雪莉酒、玛德拉酒、玛萨拉酒。

起泡葡萄酒：20 ℃时，二氧化碳压力不小于 0.03 MPa 的葡萄酒。起泡葡萄酒中，法国香槟地区运用传统二次发酵法出产的起泡葡萄酒才能称为香槟酒。

加气葡萄酒：与起泡葡萄酒非常相似，但酒液中所含有的二氧化碳气体是通过人工方法加入的。

贵腐葡萄酒：用受到贵腐霉菌侵害的白葡萄酿成，由于贵腐霉菌附着在成熟葡萄上，吸取了葡萄颗粒里的水分，留下很浓的糖分和香味，就像葡萄干一样，用这样的葡萄酿成的酒糖分很高，而且贵腐霉菌的"参与"为酒液添加了一些神秘的香味。因为贵腐霉菌的生长受气候的制约，所以这种葡萄酒十分珍贵。法国波尔多的苏玳是世界最著名的贵腐葡萄酒产区，另外德国、匈牙利也有出产贵腐葡萄酒。

冰葡萄酒：起源于德国。葡萄在葡萄园里自然冰冻，在 −7 ℃状态下采摘、压榨后发酵制成的葡萄酒。德国、加拿大、奥地利是最著名的产地。我国也有生产。

3. 葡萄酒的成分及营养价值

葡萄酒是以新鲜葡萄或葡萄汁为原料，经酵母发酵酿制而成的，酒精度不低于 7%（V/V）的各类酒的总称。葡萄酒主要成分是水、酒精、单宁、糖、甘油、酸、色素及一些其他物质，如酯类、酚类、脂肪酸、芳香物质、多种矿物质（包括微量元素）等。葡萄酒的成分来自葡萄的各个部分。

（1）葡萄皮：单宁、色素、芳香物质、纤维、果胶、酚类物质

① 单宁：影响葡萄酒的结构感和成熟特性。单宁含量决定葡萄酒是否经久耐藏。单宁高的耐久存，单宁低要尽快喝掉，通常不超过 3～5 年。单宁决定了酒的风味、结构与质地。单宁能保护动脉管壁，防止动脉硬化，控制胆固醇，抑制血小板凝结，可预防血栓的产生，有保护心脏血管之作用。

② 色素：葡萄酒颜色的主要来源，主要是花青素。花青素具有强抗氧化、抗突变、减轻肝机能障碍、保护心血管等功能。花青素能够保护人体免受自由基的损伤，增强血管弹性、松弛血管，增加全身血液循环，能增强免疫系统能力，抑制炎症和过敏。

③ 酚类：酚类物质种类较多，最重要的是白藜芦醇。白藜芦醇可降低血液黏稠度，抑制血小板凝结和血管舒张，预防血栓形成，对冠心病、缺血性心脏病、高血脂均有防治作用，还能够延缓衰老、预防肿瘤形成。

④ 芳香物质：葡萄酒香气的主要来源。

（2）果肉：水分、糖分、有机酸和矿物质。

（3）葡萄籽：单宁、油脂、树脂、挥发酸等其他物质。

4. 影响葡萄酒品质的因素

葡萄酒是人和自然关系的产物，是人在一定的气候、土壤等生态条件下，采用相应的栽培技术，种植一定的葡萄品种，收获其果实，通过相应的工艺进行酿造的结果。因此，原产地的生态条件、葡萄品种以及所采用的栽培、采收、酿造方式等，决定了葡萄酒的质量和风格。

葡萄品种：葡萄是葡萄酒酿造的唯一原料，葡萄品种是决定葡萄酒味道的最重要的因素。

自然条件：包括土壤条件、气候、年份等。不同的自然条件会影响葡萄原料的质量，并最终在其酿造的葡萄酒的品质上体现出来。

酿造技术：酿造技术的好坏是决定葡萄酒味道和品质的另一个重要因素。

5. 葡萄品种

葡萄酒的品质好坏，酿造工艺固然是一个影响因素，但是决定葡萄酒味道最重要的因素是葡萄的品种。全世界有超过 8000 种可以酿酒的葡萄品种，但可以酿制上好葡萄酒的葡萄品种只有 50 种左右。

酿酒葡萄大约可以分为白葡萄和红葡萄两种。白葡萄，颜色有青绿色、黄色等，主要用来酿制气泡酒及白酒。红葡萄，颜色有黑、蓝、紫红、深红色，有些果肉是深色的，也有些果肉和白葡萄一样是无色的，去皮榨汁之后可酿造白酒。常见的酿酒葡萄品种有以下几种。

（1）红葡萄品种

① 赤霞珠（Cabernet Sauvignon）

卡伯纳·苏维翁，别名解百纳。起源于法国波尔多，是世界上种植面积最大的葡萄品种之一，全球都有种植。赤霞珠颗粒较小，皮厚籽多，呈深蓝色，通常以单一品种的形式酿制。

酿制的葡萄酒颜色深浓，酒体适中到丰满；单宁含量丰富，口感酸涩；经过陈酿才能饮用，适合久藏。

典型香气：黑色水果（黑醋栗、黑樱桃、黑莓）、青椒、薄荷、柏油、雪茄盒的香气，不成熟的年份会有明显的植物性气味，陈年之后还会有菌菇类、干树叶、动物皮毛和矿物的香气。

② 品丽珠（Cabenet Franc）

卡伯纳·佛朗，别名卡门耐特、原种解百纳。原产法国，是法国波尔多三大红葡萄品种之一，是赤霞珠姊妹品种，成熟时间较早，通常与赤霞珠及梅乐搭配酿制。

酿制的葡萄酒颜色较浅，酒体在轻盈和适中之间；单宁含量较低，富有果香；大多不太能久藏。

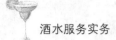
典型香气:草莓、覆盆子、紫罗兰、青椒和植物香气。橡木桶中熟成产生牛奶巧克力香。

③ 梅乐(Merlot)

别名梅洛、黑梅洛,原产法国波尔多,是法国种植面积最大的葡萄品种。在法国,梅乐经常混合赤霞珠酿造,在新世界,梅乐很多时候用单一品种来酿造。

酿制的葡萄酒酒体丰满,酸度中等,酒精含量高,单宁含量适中,口感柔顺圆润,更容易入口。

典型香气:较凉爽地区带红色水果(红樱桃、草莓、李子)香气,炎热气候下黑色水果(黑莓、黑李子)香气,葡萄过于成熟还会带有水果蛋糕和巧克力风味,有时带有一些雪松香气。陈化后会带皮革、松露香气。

④ 佳美(Gamay)

主要产于法国,主要用来酿造宝祖利新酒(Beaujolais Nouveau),占勃艮第红酒一半以上的产量。

酿制的酒颜色浅,酒体轻盈爽口,单宁含量低,酸度较高,不耐久存。

典型香气:红色水果(草莓、覆盆子)香气。

⑤ 黑皮诺(Pinot Noir)

别名黑品诺、黑比诺等。原产法国勃艮第,栽培历史悠久,法国酿造香槟酒与桃红葡萄酒的主要品种,早熟、皮薄、色素低。

酿制的酒颜色较浅,酒体轻盈,单宁含量低,酸度高,果味明显,适合久藏。

典型香气:樱桃、草莓,陈年后有香料及动物、皮革香味。

⑥ 西拉(Syrah)

别名穗乐仙,原产法国,果皮颜色较深,一般与其他品种混酿。

酿制的酒颜色深,酒体丰满,单宁含量重,酸度较高,香气明显,口感浓郁。

典型香气:黑色水果、黑巧克力和黑胡椒香气。

(2) 白葡萄品种

① 霞多丽(Chardonnay)

别名莎当妮,原产自勃艮第,是勃艮第最优质白葡萄酒产区内的唯一葡萄品种。世界各地都广泛种植。

酿成的酒呈金黄色,酒精含量高,口感丰富,酒香馥郁,余味绵长。

典型香气:气候凉爽地区青苹果、青柠檬香气,稍微温暖地区,呈现桃子、水梨类香气;炎热地区柠檬、菠萝、芒果和无花果香气。经橡木桶陈酿后散发烤榛子、烤面包和坚果香气。

② 雷司令(Riesling)

德国品质最优异的葡萄品种,堪称世界上最精良的白葡萄品种。葡萄串属于袖珍型,果实体积较小,容易感染贵腐菌。

酿成的酒酒精含量较低,酸度高,风格多样,从干酒到甜酒、从优质酒、贵腐型酒到顶级冰酒各种级别都能酿造,适合久藏。

典型香气:花香、蜂蜜香、矿物质香。酒经过数年的窖藏后会出现特有的汽油香气。

③ 长相思(Sauvignon Blanc)

别名白苏维翁、苏维翁白,原产法国,主要用于单一品种酿制,也可混合酿制。

酿成的酒酒液呈浅黄色,酒精度较高,入口酸度高,香气浓郁,不适合陈年。

典型香气:柠檬、柚子、黑醋栗芽孢、芦笋、青草香气。

④ 琼瑶浆(Gewurztraminer)

颜色呈粉红色,葡萄串较小,在法国阿尔萨斯法定产区,其种植和酿造最为成功。

酿成的酒颜色深浓,酒体丰满,香气浓烈,酸度较低,酒精度高,有独特的荔枝口感。

典型香气:荔枝、玫瑰、丁子香花蕾和香料味道。

⑤ 赛美蓉(Semillon)

主要种植于法国波尔多地区,其中苏玳区是出产优质赛美蓉的产区。皮薄,呈金黄色,容易感染灰霉菌,所以大部分用来酿造甜型葡萄酒。

酿制的白葡萄酒颜色金黄,酒体较重,口感厚重圆润。

典型香气:成熟后有蜂蜜和蜂蜡的香气。

⑥ 白诗南(Chenin Blanc)

原产自法国卢瓦尔河谷,是酿造白葡萄酒的良种之一。它既可用于酿制一些品质优、酒龄长的甜白葡萄酒,也常用来酿制一些初级的新世界餐酒,还可以用来酿制大量的起泡酒。

酿制的酒呈浅黄带绿色,酒体丰满,酸度高,果香浓郁。

典型香气:蕴含苹果、梨以及洋槐花的香气,成熟后带有蜂蜜的甜香。

6. 葡萄酒产地

全球很多国家都产葡萄酒,在葡萄酒领域,我们把葡萄酒产地分为两大阵营,分别以旧世界和新世界来称谓。

我们把拥有悠久酿酒历史的传统葡萄酒生产国称作"旧世界国家",也就是现在欧洲版图内的葡萄酒产区。主要包括位于欧洲的传统葡萄酒生产国,如法国、意大利、德国、西班牙和葡萄牙以及匈牙利、捷克斯洛伐克等东欧国家。

旧世界产区酿酒历史悠久而又注重传统,从葡萄品种的选择到葡萄的种植、采摘、压榨、发酵、调配到陈酿等各个环节,都严守详尽而牢不可破的规矩,尊崇几百年乃至上千年的传统,甚至是家族传统。旧世界葡萄酒产区必须遵循政府的法规酿酒,每个葡萄园都有固定的葡萄产量,产区分级制度严苛,难以更改,用来酿制销售的葡萄酒更只能是法定品种。

新世界国家以美国、澳大利亚为代表,还有南非、智利、阿根廷和新西兰等欧洲之外的葡萄酒新兴国家。与旧世界产区相比,新世界产区生产国更富有创新和冒险精神,肩负着以市场为导向的目标。下表是新旧世界的一些对比:

表 1-1 葡萄酒新旧世界对照表

项目	旧世界	新世界
规模	传统家庭经营模式为主,规模小	公司与葡萄种植的规模都比较大
工艺	比较注重传统的工艺酿造	注重科技与管理
口味	以优雅型为主,较为注重多种葡萄混合与平衡	以果香型为主,突出单一葡萄品种风味,风格热情开放
葡萄品种	世代相传的葡萄品种	自由选择葡萄品种
包装	注重标示产地,风格较为典雅与传统	注重标示葡萄品种,色彩较为鲜明活跃
管制	有严格的法定分级制度	没有分级制度,但注明优质产区的名称就是品质的标志

（1）法国

法国是全球公认的"葡萄酒王国",是世界上最杰出的葡萄酒生产国之一。法国有众多著名的葡萄酒产区,每个产区都各具特色,出产着各种不同类型的葡萄酒。

① 质量等级分类

法国始于 1935 年开始实施 AOC 系统,以保障酿酒者和葡萄园达到一定的品质要求。这个保护制度将葡萄酒划分为四个等级:日常餐酒(V. D. T)、地区餐酒(V. D. P)、优良地区餐酒(V. D. Q. S)和法定产区葡萄酒(A. O. C)。法国"产地命名监督机构"对于酒的来源和质量类型为消费者提供了可靠的保证。这个制度不仅对于法国,甚至对于整个世界都有深远影响。

日常餐酒(V. D. T)等级分类档次中最低的一类,不记原产地名称的调制葡萄酒。可以是不同地区甚至不同国家葡萄酒的混合品。通常以商标名称出售。酒精度在 8.5%～15%。酒瓶标签上有明显的"Vins De Table"标示。

地区餐酒(V. D. P)也称小产区酒,名次较次的产区所产的葡萄酒,质量略优于日常餐酒。只能使用酒标上使用地名所产的经认可的葡萄品种进行酿造。酒瓶标签上有明显的"Vins De Pays＋产区名"标示。

优良地区餐酒(V. D. Q. S)又称特酿葡萄酒,生产必须经过"国家原产地名称协会"的严格控制和管理。生产地区、使用的葡萄品种、最低酒精含量、单位面积最高产量、葡萄栽培方法、酿酒方法等生产条件必须符合相关法律要求,是普通地区葡萄酒向 A. O. C 级别过渡必须经历的级别。酒瓶标签上有明显的"Appellation＋产区名＋Qualite Superieure"标示。

法定产区葡萄酒(A. O. C)又称为原产地名称监制酒,全部来自出色产区。包括葡萄品种、产地、最低酒精含量、单位面积最高产量、葡萄栽培方法、酿酒方法、贮藏和陈酿条件等都有严格的法规控制。酒标上用"Appellation＋产区名＋Controlee"标示。产区越小质量越好。从大到小是:大产区、次产区、村庄、城堡(Chateau)。

2009 年 8 月,为了配合欧洲葡萄酒的级别标注形式,法国葡萄酒改革了等级制度,2011 年 1 月 1 日起装瓶生产的产品开始使用新的等级标记。

AOC(法定产区葡萄酒)变成 AOP 葡萄酒(Appellation d'Origine Protégée)。

VDP(地区餐酒葡萄酒)变成 IGP 葡萄酒(Indication Géographique Protégée)。

VDT(日餐餐酒葡萄酒)变成 VDF 葡萄酒(Vin De France)

VDQS 从 2012 年开始不复存在。

② 产区

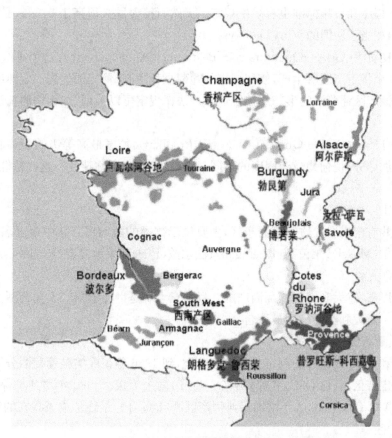

图 1-1　法国主要葡萄酒产区

目前法国葡萄酒有十二个产区,波尔多(Bordeaux)、勃艮第(Burgundy)、博若莱(Beaujolais)、罗讷河谷地(Rhone Valley)、卢瓦尔河谷地(Loire Valley)、香槟(Champagne)、阿尔萨斯(Alsace)、普罗旺斯(Provence)、科西嘉岛(Corsica)、朗格多克·鲁西荣(Languedoc·Roussillon)、汝拉和萨瓦(Jura and Savoie)、西南部地区(South-West)。其中最知名的法国葡萄酒产区是:波尔多、勃艮第和香槟区。波尔多以产浓郁型的红葡萄酒而著称,勃艮第则以产清淡优雅型红葡萄酒和清爽典雅型白酒著称,香槟区酿制世界闻名、优雅浪漫的汽酒。

(2)德国

德国葡萄酒历史悠久,独树一帜,尤以白葡萄酒最为著名。

① 质量等级分类

德国于 1971 年开始立法对葡萄酒质量等级分类,最初分为三级,1982 年起增加为

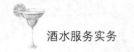

四级。由低至高为以下几级。

日常餐酒(Tafelwein)：等级最低的葡萄酒，是最普通的佐餐用酒。这类酒只能产自德国本土的葡萄庄园，德国品种也必须得到德国主管部门认可。果实天然酒精含量不能低于5%，发酵后不能低于8.5%，相当于法国的Vins De Table。

特区日常餐酒(Landwein)：1982年起增加的级别，品质比日常餐酒略高，要求注明产地，生产程序和口味标准也有严格规定。天然酒精含量必须高于5.5%，必须是干型或半干型，相当于法国的Vins De Pays。

特区良质酒(QBA—Qualitatswein Bestimmer Anbaugebiete)：这个等级的酒必须由德国13个特定产区所生产，使用规定的葡萄品种酿制，葡萄须达到一定熟度，以确保能表现出该产区葡萄酒的形态和传统口味。法律规定可以采用"加糖增酒精法"酿制的葡萄酒。

特级良质酒(QmP—Qualitatswein mit Pradikat)：德国最高等级的葡萄酒，绝对禁止人工添加糖分，视葡萄成熟程度的不同又细分为6种"谓称特性"，这些特性须在酒标上标出。

② 产区

德国共有十三个优质葡萄酒产区，主要位于德国的西南部。其中最著名的四大产区是摩泽尔(Mosel)、莱茵高(Rheingau)、法尔兹(Pfalz)、莱茵黑森(Rheinhessen)。

(3) 意大利

自古以来，意大利就是葡萄酒产国。目前意大利是世界上第二大葡萄酒生产国，仅次于法国。意大利红葡萄酒最著名。

① 质量等级分类

意大利从1963年开始制定质量等级分类，到1966年正式实施葡萄酒分级制度，最初只有法定产区酒(D. O. C)和佐餐酒(V. D. T)两个等级。1980年增加了保证法定产区酒(D. O. C. G)，至1992年增加了典型产区酒(I. G. T)，最终形成了现在的四级制。

② 产区

意大利的葡萄酒产区划分与行政划分(20个省)一致，大体上归为西北、东北、中部和南部四个部分。其中最出名的是皮埃蒙特(Piedmont)和托斯卡纳(Tuscany)。D. O. C. G多来自这两区。

(4) 美国

美国是世界第四大葡萄酒生产国，产地主要包括加利福尼亚州(California)、华盛顿州(Washington)与俄勒冈州(Oregon)以及东岸的纽约州(New York)。

加利福尼亚州(California)是美国最大最主要的葡萄酒产区，纳帕谷(Napa Valley)是该区乃至全美最好的葡萄酒产地。

(5) 澳大利亚

澳大利亚和美国一样也是新世界葡萄酒产酒国的代表之一。葡萄酒产地主要集中在南部沿海，主要包括新南威尔士州的猎人河谷(Hunter Valley)、滨海沿岸(Riverina)，南澳州的麦克拉伦(McLaren Vale)、河地(Riverland)，西澳洲的玛格丽特河(Margaret River)、天鹅谷(Swan Valley)，维多利亚州的路斯格兰(Rutherglen)，塔斯马尼亚州的泰玛谷(Tamar Valley)地区等 10 个产区。

（6）中国

自 1892 年张弼士建立张裕公司，中国葡萄酒走向工业化生产的道路开始至今，中国已经发展成为全球第六大葡萄酒生产国。目前形成东北、胶东半岛、昌黎—怀来、清徐、银川、武威、吐鲁番、黄河故道和云南高原九大主要产地。

（二）葡萄酒服务

葡萄酒是各种酒水中饮用、服务最讲究的饮品，无论是杯型、饮用温度、酒菜搭配还是服务的顺序、礼仪方面都有严格的要求。

1. 葡萄酒杯

（1）葡萄酒杯特点

① 材质透明。葡萄酒酒杯的材质应该光滑透明，因为品酒的第一步就是察看葡萄酒的颜色，它可以帮助我们了解酿酒葡萄品种和酒龄等信息。

② 杯肚较大。杯肚应该足够大，方便摇杯而不至于将酒液洒出来，因为摇杯能帮助释放葡萄酒中的香气。

③ 杯柄较长。即通俗所说的高脚杯，一是可以避免杯肚上的指纹影响酒体颜色的观察。二来葡萄酒对温度极其敏感，捏住高脚杯的脚或底部可避免体温影响到酒温，进而影响葡萄酒的口感。

④ 锥形杯肚。标准的葡萄酒酒杯都是锥形的，即其开口较其杯肚更小，因为这样的造型有利于葡萄酒香气的凝聚。

（2）常见葡萄酒杯类型

不同风格的葡萄酒需要用不同类型的酒杯来盛装才能突出其特点和风味，合适的酒杯可以通过合适杯型的引导将酒液引向舌头上最适宜的味觉区。因此，根据葡萄酒的个性差异，葡萄酒酒杯也可分为不同的类型。

波尔多葡萄酒杯：杯身较长，杯口较窄，此杯形可令酒的气味聚集于杯口，适合大多数红葡萄酒。杯身长而杯壁呈弧线的郁金香杯形，杯壁的弧度可以有效地调节酒液在入口时的扩散方向。另外，较宽的杯口有利于更为敏锐地感觉到葡萄酒渐变的酒香。

勃艮第葡萄酒杯：杯身较矮，其经典特征就是类似于气球的形状，也就是"杯肚大"。适合品尝果味浓郁的勃艮第红葡萄酒。因为其大肚子的球体造型正好可以引导葡萄酒从舌尖漫入，实现果味和酸味的充分交融；而向内收窄的杯口可以更好地凝聚勃艮第红葡萄酒潜在的酒香。

两种红葡萄酒杯相比，波尔多酒杯侧重的是"收香"，勃艮第酒杯侧重的是"散香"。

白葡萄酒杯：杯身较长，杯肚较瘦，像一朵待放的郁金香，较瘦的杯肚是为了减少酒和空气的接触，令香气留存得更持久一些。

香槟杯：香槟杯适合所有起泡酒。其突出特点是杯身细长，给气泡预留了足够的上升空间。标准的香槟杯杯底都会有一个尖点,这样可以让气泡更加丰富且漂亮。冰酒也可以使用香槟杯来品尝。通常分郁金香型香槟杯和香槟笛杯。细长郁金香型的高脚杯像一枝纤细的郁金香,比较受女性的喜爱,纤长的杯身是为了让气泡有足够的上升空间。而香槟笛杯纤长狭小,形状优雅,是品尝香槟的理想酒杯。

另外有一种宽口浅杯的蝶形香槟杯,一般不用做品饮杯,而用来堆香槟塔。

| 波尔多红酒杯 | 勃艮第红酒杯 | 白葡萄酒杯 | 郁金香型香槟杯 | 香槟笛杯 |

图1-2　各式常见葡萄酒杯

2. 葡萄酒的最佳饮用温度

葡萄酒需要合适的温度来促使其品质的发挥,品种不同对饮用温度的要求也不同。理想的温度能够让葡萄酒的香气和风味完美地呈现出来。

一般来说,红葡萄酒的最佳饮用温度应稍低于室温。温度过高会让红葡萄酒中的酚类物质加速氧化,香气物质太快挥发,失去其应有的强劲口感及独特的芳香和风味。18 ℃以上的温度足以让大多数红葡萄酒的风味尽失,宁愿偏低一点也不要偏高。温度稍低可以通过手掌的温度加温红葡萄酒。

依据葡萄酒的不同风格,不同红葡萄酒的最佳饮用温度也有所不同。酒体轻盈、果味浓郁的红葡萄酒如博若莱新酒(Beaujoulais),其最佳饮用温度就较低,为13 ℃左右;而那些中等酒体的红葡萄酒如黑皮诺葡萄酒(Pinot Noir)最佳饮用温度略高,为16 ℃左右;酒体醇厚的红葡萄酒如波尔多葡萄酒、赤霞珠葡萄酒(Cabernet Sauvignon)、梅洛葡萄酒(Merlot)和西拉葡萄酒(Shiraz)的最佳饮用温度更高一些,为17~18 ℃。相对于红葡萄酒的最佳饮用温度,白葡萄酒的最佳饮用温度比较低。大多数白葡萄酒的最佳饮用温度为10~13 ℃。而雷司令葡萄酒(Riesling)的最佳饮用温度比灰皮诺(Pinot Gris)或霞多丽葡萄酒(Chardonnay)的温度更低点。存放在刚拿出冰箱的白葡萄酒可以在开瓶前30~60分钟取出,让其自然升温,或者可以通过手掌的温度来加温温度过低的白葡萄酒。室温下储存的白葡萄酒,应该提前30~60分钟放入冰箱或是冰桶中降温。甜白葡萄酒的最佳饮用温度与起泡葡萄酒接近。

起泡酒的最佳饮用温度比白葡萄酒的温度更低一些,一般为6~8 ℃,因此存放在冰箱里的起泡酒可以直接拿出享用,但如果开酒前冰镇15~20分钟其风味会更佳。

加强型葡萄酒品种较多,风格复杂,最佳饮用温度也千差万别。一般说来,酒体轻、果味浓且年轻的葡萄酒最佳温度稍低,而陈年的、酒体重而结构复杂的最佳饮用温度则略高。一般的加强酒的最佳饮用温度为17~18 ℃。

3. 葡萄酒与菜肴搭配

最早，欧洲的葡萄酒产地所产的葡萄酒风格就是为了和当地的美食搭配，所以说"地酒"配"地菜"是最简单也最正宗的搭配。酒和食物的搭配有很多成功的方针和原则，并没有说某种酒一定要搭配某一种固定的菜，只能说某一些搭配会更好一些。

简单配搭原则为：

红酒配红肉；

白酒配白肉；

甜酒配甜食；

咸的食物配甜或者高酸的酒；

酸味食物搭配酸度较高的酒；

苦味的酒与苦味的食物相搭配；

脂肪和油腻的食物匹配高酸的酒。

酒与菜肴最好的搭配，就是去平衡酒和菜的基本元素，不要出现任何一方过于突出从而影响酒和菜的原有风味。

4. 葡萄酒服务

葡萄酒服务是用正确、迅速、简便、优美的动作为客人创造就餐的气氛，满足客人精神上的享受。葡萄酒的服务程序包括：送酒单、接订单、示瓶验酒、开瓶、醒酒和斟酒。

（1）送酒单：将酒单打开至第一页按先女后男，先主后客的顺序递给客人，或根据客人要求直接递给指定客人。

（2）接订单：迅速记录下客人所点酒水，可根据客人菜肴做针对性的推荐和介绍。客人点完酒后应清楚地重复一遍客人点单的内容。

（3）示瓶验酒：接受客人订单后，取出客人点的葡萄酒然后示瓶，一来表示对客人的尊重，二来让客人核实有无错误。

（4）开瓶：当着客人的面进行开瓶操作。白葡萄酒于冰桶内进行开瓶，红酒可于客人的桌上进行。

开瓶的步骤如下：

① 用酒刀沿着离瓶口约 1.5 厘米凸缘下方均匀地划一圈，取下锡箔。

② 以开瓶器在软木塞中心点位置插入，徐徐旋转进入，保持正上方向拔出软木塞。

③ 瓶塞拔除后，擦净瓶口，尽量避免木屑掉入瓶内。取出的木塞递送给客人嗅味，查看瓶塞上标有的年份酒名等资料。

④ 若不小心将软木塞拔断，切勿慌张蛮干，用"两夹型开瓶器"把瓶塞夹出来。

起泡葡萄酒的开瓶步骤：

① 去掉瓶口的锡箔包装。

② 将一块干净的餐巾盖在瓶口，左手握住瓶颈下方，瓶口向外倾斜 15°，将瓶口朝向无人的方向，并将铁丝网套锁口处的铁丝缓缓扭开。

③ 开瓶时大拇指先按好木塞，另一只手握住酒瓶并旋转，酒瓶内气压会将木塞慢慢往上推。

④ 感觉到软木塞已经快要推挤至瓶口时，稍微斜推一下软木塞头，腾出一个缝隙，使酒瓶中的碳酸气一点一点释放到瓶外，然后静静地将软木塞拔起。

（5）醒酒：醒酒俗称"换瓶"，是将瓶中的葡萄酒倒入另一个容器中的步骤。一方面让葡萄酒与空气大面积地接触，使得单宁充分氧化，表面的杂味和异味挥发散去，葡萄酒本身的花香、果香逐渐散发出来，口感变得更加复杂、醇厚和柔顺。另一方面醒酒也是为了将葡萄酒与其因陈年在瓶底所形成的易碎、带苦味的沉淀物分离开来。

并不是所有的葡萄酒都需要醒酒，大部分白葡萄酒酒体较轻，不需要醒酒，可以开瓶即饮。一般情况下，桃红葡萄酒、香槟及其他起泡酒也不需要醒酒。

年轻、紧致、酒体丰满以及单宁厚重的葡萄酒需要醒酒；经过五年以上熟成的葡萄酒，因可能生成沉淀物，也需要醒酒。

（6）斟酒：斟酒时，站在客人的右侧，面向客人，右脚向前一步，酒标朝向客人。斟酒时需尽量伸直手臂，避免影响其他客人。斟倒红葡萄酒时，用服务巾系在酒瓶瓶颈处，将红葡萄酒放在酒篮中进行斟酒。白葡萄酒和起泡葡萄酒则需用餐巾包住瓶身进行斟酒。开瓶的葡萄酒，先斟 1/6 给主人进行试酒。主人认可后按照先女士后男士，先客人后主人的顺序进行斟酒。

红葡萄酒斟酒量一般为酒杯的 1/3，不要超过酒杯的 1/2。白葡萄酒斟酒量为酒的 2/3。起泡酒先斟 1/3，待起泡消退后再斟至七分满左右。

（三）认识葡萄酒酒标

如同葡萄酒的身份证一样，每瓶葡萄酒都会有一到两个标签。贴在葡萄酒正面的称为正标。对于出口到其他国家的葡萄酒，我国进口的葡萄酒还会在酒瓶后有一个标签，称为背标。背标主要是介绍该葡萄酒及酒庄的背景，以及按照我国进口规定需要标注的中文信息，包括葡萄酒名称、进口或代理商、保质期、酒精含量、糖分含量等。

酒标上常见的内容有以下几点。

1. 酒庄或酒厂

该信息告诉你该款葡萄酒的出处，通常会标注在酒标的显眼位置，法国葡萄酒还会在酒标的顶部或底部用一小段文字介绍一番。在法国，常见以 Chateau 或 Domaine 开头。在新世界，多指葡萄酒厂或公司，或是注册商标。

2. 原产地

原产地即葡萄酒的产区。多数旧世界有严格的法律规定和制度，如法国以 AOC、意大利以 DOC 形式标明。香槟的原产地（AOC）就是以 Champagne 字样出现。新世界，一般直接标明产地、子产地，有些还标出产地葡萄园，如加州产地（California）、芳德酒园（Founder's Estate）等字样。不管是"旧世界"还是"新世界"，酒标上的产区信息越具体越表明该款葡萄酒的品质越高,当然其售价也越高。

3. 年份

酿造该款葡萄酒的葡萄采收的年份。不同年份的气候条件不同会导致葡萄品质的差异,从而直接影响到葡萄酒所呈现出来的感觉。如果无年份标识表明该葡萄酒是由几个年份的葡萄酒混合调配而成。整体上讲,多年份混酿葡萄酒(或称无年份葡萄酒)的品质并不高。

4. 葡萄品种

指葡萄酒酿制所选用的葡萄品种。新世界葡萄酒酒标上多标有品种;旧世界除了法国阿尔萨斯和德国,酒标上基本不标品种。按原产地命名法,某地区的酿酒葡萄品种是确定不变的,葡萄品种隐含定义在产地信息里。

5. 等级

旧世界葡萄酒生产国通常都有严格的品质管制和分级制度,在酒标上会明确标出。从酒标可看出该葡萄酒的等级高低。但新世界由于没有分级制度,没有标出。

6. 装瓶信息

注明葡萄酒在哪或由谁装瓶。一般有酒厂、酒庄、批发商装瓶等。对于香槟有酒商联合体(NM,绝大多数)、种植者(RM)、合作社(CM)等。酿酒厂自行装瓶的葡萄酒会标示“原酒庄装瓶”,一般来说会比酒商装瓶的酒来得珍贵。

7. 糖分信息

表示酒的含糖量,不同国家标识不同。如干就有 Dry、Sec、Secco、Troken 等标法。

中文	英文	法文	意大利	德文
干	Dry	Sec	Secco	Trocken
半干	Medium-Dry	Demi-Sec	Semi-Secco	Halbtrocken
半甜	Mediun-Sweet	Moelleux	Amabile	Lieblich
甜	Sweet	Liquoreux	Dulce	Suss

8. 酒精浓度

通常以(°)或(%)表示酒精浓度。酒精浓度事实上包含了很多信息,如葡萄酒等级、产区、酒体风格等。如在“旧世界”产区中,酒精含量达到13.5%或更高的葡萄酒一般都是品质等级最高的;而“新世界”葡萄酒酒精含量都很高,它们一般由成熟度更高的葡萄酿造,通常其果味更加浓郁,但风味相对不那么突出。

9. 其他信息

根据各国法律要求标注的其他基本信息,包括容量、生产国家等。

图 1-3　法国葡萄酒酒标

二、啤酒

啤酒(Beer)是用麦芽、啤酒花、水、酵母发酵而来的含二氧化碳的低酒精饮料的总称。我国最新的国家标准规定:啤酒是以大麦芽(包括特种麦芽)为主要原料,加酒花,经酵母发酵酿制而成的、含二氧化碳的、起泡的、低酒精度(2.5%～7.5%)的各类熟鲜啤酒。

(一) 啤酒的起源

关于啤酒的起源,有根据的说法有以下几种。一是大约在 9 000 年前,啤酒诞生于中东和古埃及,这可以从金字塔背面制作啤酒的浮雕来推断。还有一种说法是公元前3000 年左右,通过住在美索不达米亚平原地区的幼发拉底人留下的文字可以推断,啤酒已经走进了他们的生活,并极受欢迎。史料记载,当时啤酒的制作只是将发芽的大麦制成面包,再将面包磨碎,置于敞口的缸中,让空气中的酵母菌进入缸中进行发酵,制成原始啤酒。公元 6 世纪,啤酒的制作方法由埃及经北非、伊比利亚半岛、法国传入德国。那时啤酒的制作主要在教堂、修道院中进行。1516 年,世界著名的《啤酒纯粹法》由德国巴伐利亚领邦的威廉四世提出并公布,规定酿制啤酒只能用大麦、麦芽、酒花和水,为啤酒制造的规范化奠定了基础。现在除伊斯兰国家由于宗教原因不生产和饮用啤酒外,啤酒生产几乎遍及全球,是世界产销量最大的饮料酒。

（二）啤酒的生产原料与酿造工艺

1. 生产原料

（1）大麦

大麦是酿造啤酒的重要原料,但是首先必须将其制成麦芽方能用于酿酒。大麦在人工控制和外界条件下发芽和干燥的过程即称为麦芽制造。大麦发芽后称绿麦芽,干燥后称麦芽。麦芽是发酵时的基本成分并通常认为是"啤酒的灵魂",它决定了啤酒的颜色和气味。

（2）酿造用水

啤酒酿造用水相对于其他酒类酿造要求要高得多,特别是用于制麦芽和糖化的水与啤酒质量密切相关。啤酒酿造用水量很大,对水的要求是不含有妨碍糖化、发酵以及有害于色、香、味的物质,为此,很多厂家通常采用深井水。如无深井,则采用离子交换级和电渗析等方法对水进行处理。

（3）啤酒花

啤酒花在我国俗称蛇麻花、忽布等,是一种多年生新一代缠绕草本植物。啤酒花所具有的独特清爽的苦味实际上就是酒花的贡献,酒花被称为啤酒之魂,能够提供啤酒以独特的香气,并维持啤酒泡沫的稳定。

（4）酵母

酵母的种类很多,用于啤酒生产的酵母叫啤酒酵母。啤酒酵母分为上发酵酵母和下发酵酵母两种。上发酵酵母应用于上发酵啤酒的发酵,发酵产生的二氧化碳和泡沫漂浮于液面,最适宜的发酵温度为 $10\sim25\ ℃$,发酵期为 $5\sim7$ 天,下发酵酵母在发酵时悬浮于发酵液中,发酵终了凝聚而沉于底部,发酵温度是 $5\sim10\ ℃$,发酵期为 $6\sim12$ 天。

2. 酿造工艺

（1）选麦

精选优质大麦洗干净,在槽中浸泡三天后送出芽室,在低温潮湿的空气中发芽一周,接着再将这些嫩绿的麦芽在热风中风干 24 小时,这样大麦就具备了啤酒所必须具备的颜色和风味。

（2）制浆

将风干的麦芽磨碎,加适合温度的开水,制成麦芽浆。

（3）煮浆

将麦芽浆送进糖化槽,加入米淀粉煮成的糊,加温,这时麦芽酵素充分发挥作用,把淀粉转化为糖,产生麦芽糖般的汁液,过滤之后,加入蛇麻花煮沸,提炼出芳香和苦味。

（4）冷却

经过煮沸的麦芽浆冷却至 $5\ ℃$,然后加入酵母进行发酵。

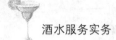

（5）发酵

麦芽浆在发酵槽经过 8 天左右的发酵，大部分的糖和酒精都被二氧化碳分解，生涩的啤酒诞生。

（6）陈酿

经过发酵的生涩啤酒被送入调节罐中低温（0 ℃以下）陈酿 2 个月，陈酿期间，啤酒中的二氧化碳逐渐溶解渣滓沉淀，酒色开始变得透明。

（7）过滤

成熟后的啤酒经过离心器去除杂质，酒色完全透明成琥珀色，这就是通常所称的生啤酒，然后在酒液中注入二氧化碳或小量浓糖进行二次发酵。

（8）杀菌

酒液装入消毒过的瓶中，进行高温杀菌（俗称巴氏消毒）使酵母停止发酵，这样瓶中的酒液就能耐久贮藏。

（9）包装销售

装瓶或装桶的啤酒经过最后的检验，便可以出厂上市。一般包装形式有瓶装、听装和桶装几种。

（三）啤酒的分类

1. 根据颜色分类

（1）淡色啤酒

淡色啤酒外观呈淡黄色、金黄色或棕黄色。我国绝大部分啤酒均属此类。

（2）浓色啤酒

浓色啤酒呈红棕色或红褐色，产量比较小。这种啤酒麦芽香味突出，口味醇厚。发酵深色爱尔啤酒是典型例子，原料采用部分深色麦芽。

（3）黑色啤酒

黑色啤酒呈深红色至黑色，产量比较小。麦汁浓度较高，麦芽香味突出，口味醇厚，泡沫细腻。它的苦味有轻有重。典型产品有慕尼黑啤酒。

2. 根据工艺分类

（1）鲜啤酒

包装后不经巴氏灭菌的啤酒叫鲜啤酒，不能长期保存，保存期在 7 天以内。

（2）熟啤酒

包装后经过巴氏灭菌的啤酒叫熟啤酒，可以保存 3 个月。

3. 根据啤酒发酵特点分类

（1）下发酵啤酒

一般采用煮出糖化法抽取麦汁，经过下发酵酵母在较低的温度下，经过前后两次发酵所制成的酒属下发酵啤酒。下发酵法生产时间长,但酒液澄清度好,酒的泡沫细腻,风味柔和,保存期较长。世界上大多数啤酒生产国多采用此法生产。国际著名的下发酵啤酒有拉戈啤酒、皮尔森啤酒、多特蒙德啤酒、博克啤酒等。

(2) 上发酵啤酒

目前采用这种方法生产啤酒的主要国家是英国,其次是比利时、加拿大等国。但国际上采用此法生产的啤酒越来越少。上发酵方法有一定优点,如啤酒成熟快、生产周期短、设备周转快、酒品具有独特风格,但产品保存期短。国外著名的上发酵啤酒有爱尔啤酒、波特啤酒、司陶特啤酒等。

4. 根据麦汁浓度分类

(1) 低浓度啤酒

麦汁浓度 2.5~8 度,乙醇含量 0.8%~2.2%。

(2) 中浓度啤酒

麦汁浓度 9~12 度,乙醇含量 2.5%~3.5%,淡色啤酒几乎都属于这个类型。

(3) 高浓度啤酒

麦汁浓度 13~22 度,乙醇含量 3.6%~5.5%,多为深色啤酒。

5. 其他啤酒

在原辅材料或生产工艺方面有某些改变,成为独特风味的啤酒。如:

(1) 纯生啤酒:在生产工艺中不经热处理灭菌,就能达到一定的生物稳定性的啤酒。

(2) 全麦芽汁酒:遵循德国的纯粹法,原料全部采用麦芽,不添加任何辅料。生产出的啤酒成本较高,但麦芽香味突出。

(3) 干啤酒:20 世纪 80 年代末由日本朝日公司率先推出,一经推出便大受欢迎。该啤酒的发酵度高,残糖低,二氧化碳含量高。故具有口味干爽、杀口力强等特点。

(4) 冰啤酒:由加拿大拉巴特公司开发。将啤酒冷却至冰点,使啤酒出现微小冰晶,然后经过过滤,将大冰晶过滤掉。通过这一步处理解决了啤酒冷浑浊和氧化浑浊问题。处理后的啤酒浓度和酒精度并未增加很多。

(5) 扎啤:即高级桶装鲜啤酒。"扎"来自英文 JAR 的谐音,即广口杯子,这种啤酒在生产线上采取全封闭式罐装,在售酒器售酒时即充入二氧化碳,也就是说在任何温度下,啤酒都能保持在 10 度,所以喝到嘴里非常适口。

(四) 啤酒的饮用温度

啤酒愈鲜愈醇,不宜久藏,冰后饮用最为爽口,不冰则苦涩,但饮用时温度过低无法产生气泡,尝不出奇特的滋味,所以饮用前 4~5 小时冷藏最为理想。夏天时的适宜饮用温度为 6~8 ℃,冬天时适宜温度为 10~12 ℃。

(五) 啤酒的服务要点

用托盘放上一个干净加冰的啤酒杯及已开瓶的啤酒,托至餐桌旁。托住托盘放在

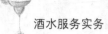

客人身后的位置。握住杯子的底部,放在客人的右边。用右手拿起啤酒,酒瓶的标签面向客人的方向。将啤酒倒入餐桌上的杯子,倒啤酒时啤酒应沿对面的杯壁倒入杯中。倒啤酒时不要太快,以免泡沫过多。啤酒倒至杯满为止,杯子上部带一圈泡沫。如果瓶中啤酒未倒完,将瓶子放在餐桌上杯子的右边,酒瓶标签朝向客人。

(六)啤酒质量的鉴别

1. 看外观

优质啤酒的外观色泽应呈淡黄绿色或淡黄色,黑啤除外。啤酒还应看其透明度。经过滤的优质啤酒,啤酒经光检查应透明清亮,无悬浮物或沉淀物。

2. 看泡沫

将啤酒倒入杯中,泡沫高而持久并洁白细腻且有挂杯。优质啤酒应该泡沫持久性强,达 5 分钟以上。

3. 闻香味

将啤酒倒入杯中凑近鼻子嗅一下,优质啤酒应散发出新鲜酒花的香气,没有生酒花味和老化气味及其他异香味。

4. 品口味

优质啤酒饮后口味纯正、爽口、醇厚和杀口感强,没有氧化味、涩味、铁腥味、焦糖味等异杂味。

(七)著名的啤酒品牌

1. 喜力(Heineken)

荷兰喜力啤酒公司是世界上最具国际知名度的啤酒集团之一,在 50 个国家中,超过 100 个啤酒公司联营生产。

2. 百威(Budweiser)

美国 ANHEUSER-BUSCH 集团公司出品,世界单一品牌销量最大的啤酒之一。

3. 科罗娜(Corona)

墨西哥 MODELO 集团出品,目前其销量进入世界啤酒前五位,是我国酒吧爱好者最喜爱的品牌之一。

4. 嘉士伯(Carlsberg)

丹麦 CARLSBERG 集团公司出品的世界著名啤酒品牌。嘉士伯公司是居世界领先地位的国际酿酒集团之一,于 1847 年在丹麦哥本哈根正式成立,现分别于全球 40 多个国家和地区设立啤酒厂,产品远销全球超过 150 个国家。

5. 贝克(Beck's)

德国出品的世界著名啤酒,2001 年 8 月已被比利时"国际酿造"集团英特布鲁(Interbrew)收购。目前在我国由其合资企业生产。

除上述品牌外,还有爱尔兰生产的世界著名黑啤酒健力士(Guinness),日本生产的麒麟(Kilrin)、朝日(Asahi)、三得利(Sunperdry),以及我国生产的青岛啤酒。

三、中国黄酒

黄酒是世界上最古老的酒类之一,源于中国,且唯中国有之,与啤酒、葡萄酒并称世界三大古酒。约在三千多年前的商周时代,中国人就独创酒曲复式发酵法,开始大量酿制黄酒。黄酒以稻米、黍米为原料,一般酒精含量为 10%～20%,属于低度酿造酒,含有丰富的营养,含有 21 种氨基酸,其中包括数种未知氨基酸,而人体自身不能合成,必须依靠食物摄取的 8 种必需氨基酸黄酒都具备。

在最新的国家标准中,黄酒的定义是:以稻米、黍米、黑米、玉米、小麦等为原料,经过蒸料,拌以麦曲、米曲或酒药,进行糖化和发酵酿制而成的各类黄酒。

(一) 黄酒的分类

经过数千年的发展,黄酒家族的成员不断扩大,品种琳琅满目,主要有以下几种分类。

1. 按含糖量分类

按含糖量的不同可将黄酒分为以下 6 类:

(1) 干型黄酒:"干"表示酒中的含糖量少,糖分都发酵变成了酒精,故酒中的糖分含量最低,最新的国家标准中,其含糖量小于 1.00 g/100 mL(以葡萄糖计)。发酵温度控制得较低,发酵彻底,残糖很低,如"绍兴元红酒"。

(2) 半干型黄酒:"半干"表示酒中的糖分还未全部发酵成酒精,还保留了一些糖分。在生产上,这种酒的加水量较低,相当于在配料时增加了饭量,故又称为"加饭酒"。酒的含糖量在 1.00%～3.00%之间。在发酵过程中,要求较高。酒质厚浓,风味优良。可以长久贮藏,是黄酒中的上品。我国大多数出口酒,均属此种类型。

(3) 半甜型黄酒:这种酒含糖分 3.00%～10.00%之间,工艺独特,是用成品黄酒代水,加入发酵醪中,使糖化发酵在开始之际,发酵醪中的酒精浓度就达到较高的水平,在一定程度上抑制了酵母菌的生长速度。由于酵母菌数量较少,对发酵醪中的产生的糖分不能转化成酒精,故成品酒中的糖分较高。酒香浓郁,酒度适中,味甘甜醇厚,是黄酒中的珍品。但这种酒不宜久存,贮藏时间越长,色泽越深。

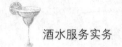

（4）甜型黄酒：一般是采用淋饭操作法，拌入酒药，先酿成甜酒酿，当糖化至一定程度时，加入 40%～50% 浓度的米白酒或糟烧酒，以抑制微生物的糖化发酵作用，酒中的糖分含量达到 10.00～20.00 g/100 mL。由于加入了米白酒，酒度也较高。甜型黄酒可常年生产。

（5）浓甜黄酒：糖分大于或等于 20 g/100 mL。

（6）加香型黄酒：这是以黄酒为酒基，经浸泡（或复蒸）芳香动、植物或加入芳香动、植物的浸出液而制成的黄酒。

2. 按酿造工艺分类

（1）淋饭酒：在酿酒过程中，如果米饭蒸好后需用冷水淋凉，那么这种方法就叫作淋饭法，采用淋饭法酿成的酒就叫作淋饭酒。这种酒的口味比较淡薄，但出酒率比较高。在绍兴酒的酿造过程中，"淋饭酒"主要用作酿酒时接种用的酒母，所以又叫作"淋饭酒母"。

（2）摊饭酒：在酿酒过程中，如果将蒸熟的米饭摊在竹篾上，依靠自然温差使米饭冷却降温，这种操作方法就叫作摊饭法。采用摊饭法酿成的酒就叫作摊饭酒。绍兴酒中的元红、加饭、善酿和仿绍酒都采用摊饭法酿制而成。

（3）喂饭酒：这是我国古代留下来的一种非常合乎科学道理的酿酒方法，由于在发酵过程中采取分批加入米饭，以便酒的发酵菌繁殖培养，同时控制好发酵温度，所以叫作喂饭法。采用喂饭法工艺酿成的酒叫作喂饭酒。

3. 按原料和酒曲分类

（1）糯米黄酒：是以酒药和麦曲为糖化、发酵剂，主要盛产于中国南方地区。

（2）黍米黄酒：是以米曲霉制成的麸曲为糖化、发酵剂，主要生产于中国北方地区。

（3）大米黄酒：这是一种改良的黄酒，以米曲加酵母为糖化、发酵剂，主要产于中国吉林及山东。

（4）红曲黄酒：以糯米为原料，红曲为糖化、发酵剂，主要产于中国福建及浙江两地。

（二）主要黄酒品种介绍

中国黄酒分布在全国 20 多个省市，品种繁多，较为著名的有浙江绍兴老酒、山东即墨老酒、福建老酒、江苏丹阳封缸酒、浙江金华寿生酒、江西九江封缸酒、大连黄酒等。而其中最有名的应当首推绍兴酒，它以选料上乘，工艺独特，酒精度低，营养丰富，并具有多种养身健体之功效而著称于世。

1. 绍兴黄酒

绍兴酒起源于何时已很难查考，初步认为位于余姚河姆渡文化和杭州良渚文化中间的绍兴，酒的起源应与之同步。其正式定名始于宋代，并开始大量输入皇宫。明清时期，是绍兴酒发展的第一高峰，不光品种繁多、质量上乘，而且产量高，确立了中国黄酒之冠的地位。当时绍兴生产的酒就直呼绍兴,到了不用加"酒"字的地步。"越酒行天下"是当时盛况的最好写照。

绍兴酒独一无二的品质,既得益于稽山鉴水自然环境和独特的鉴湖水质,更是上千年来形成的精湛的酿酒工艺所至,三者巧妙结合,缺一不可。在全国众多的酒类中,绍兴老酒是获奖次数最多的品种之一。几年前,国家宣布礼宾改革,绍兴加饭酒代替茅台成为招待外宾的国宴酒。由于工艺和原料配比上的差别,绍兴酒目前共形成四大品种:加饭(花雕)、元红、善酿、香雪。

2. 山东即墨老酒

即墨老酒产于山东即墨县,古称"醪酒"。据《即墨县志》和有关历史资料记载:公元前722年,即墨地区(包括崂山)已是一个人口众多、物产丰富的地方。这里土地肥沃,黍米高产(俗称大黄米),米粒大,光圆,是酿造黄酒的上乘原料。当时,黄酒称"醪酒",作为一种祭祀品和助兴饮料,酿造极为盛行。在长期的实践中,"醪酒"风味之雅,营养之高,引起人们的关注。即墨黄酒中尤以"老干榨"为最佳,其质纯正,便于贮存,且愈久愈良,系胶东地区诸黄酒之冠。

即墨老酒酒液清亮透明,深棕红色,酒香浓郁,口味醇厚,微苦而余香不绝。现在较为著名的有新华锦集团旗下"即墨牌"即墨老酒,山东即墨妙府老酒有限公司"即墨妙府老酒"。

3. 福建老酒

福建老酒早在1987年就被列为福建省名酒,又名"红酒"。它是一种半甜型红曲黄酒,酒液成褐红色,清亮、自然、艳丽,有一股红曲老酒独具的浓馥醇香,滋味醇厚,爽口鲜美,余味绵长。据科学分析,福建老酒含有丰富的葡萄糖、糊精、氨基酸、维生素和多种脂类等物质,组成福建老酒特有的成分,素有"液体蛋糕"之美称。其酒精度仅在15%左右,刺激性小,适量常饮,有促进食欲、舒筋活络、生精补血、调养身体、消除疲劳之功效。福建人乃至众多的闽籍海外侨胞在烹菜肴、炖禽类、清蒸鱼时都有加入少许福建黄酒的习惯。中外闻名的闽菜"佛跳墙"便是以福建老酒煨制而别具一格,赢得盛誉。

四、日本清酒

(一) 日本清酒

日本清酒是借鉴中国黄酒的酿造法而发展起来的日本国酒。1 000多年来,清酒一直是日本人最常喝的饮料。在大型的宴会上,结婚典礼中,在酒吧间或寻常百姓的餐桌上,人们都可以看到清酒,清酒已成为日本的国粹。

1. 清酒的特点

日本清酒虽然借鉴了中国黄酒的酿造法,却有别于中国的黄酒。该酒色泽呈淡黄

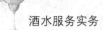

色或无色,清亮透明,芳香宜人,口味纯正,绵柔爽口,其酸、甜、苦、涩、辣诸味谐调,酒精含量在 15％以上,含多种氨基酸、维生素,是营养丰富的饮料酒。

清酒的制作工艺十分考究,精选的大米要经过磨皮,使大米精白,浸渍时吸收水分快,而且容易蒸熟;发酵时又分成前、后发酵两个阶段;杀菌处理在装瓶前、后各进行一次,以确保酒的保质期;勾兑酒液时注重规格和标准。

2. 清酒的分类

（1）按制法不同分类

纯米酿造酒,即纯米酒,仅以米、米曲和水为原料,不外加食用酒精,多数供外销。

普通酿造酒,属低档的大众清酒,是在原酒液中加入较多的食用酒精。

增酿造酒,是一种浓而甜的清酒。在勾兑时添加了食用酒精、糖类、酸类、氨基酸、盐类等。

本酿造酒,属中档清酒,食用酒精加入量低于普通酿造酒。

吟酿造酒,制作吟酿造酒时,要求所用原料的精米率在 60％以下。精白后的米吸水快,容易蒸熟、糊化,有利于提高酒的质量。吟酿造酒被誉为"清酒之王"。

（2）按口味分类

甜口酒,含糖分较多、酸度较低的酒。

辣口酒,含糖分少、酸度较高的酒。

浓醇酒,含浸出物及糖分多、口味浓厚的酒。

淡丽酒,含浸出物及糖分少而爽口的酒。

高酸味酒,以酸度高、酸味大为其特征的酒。

原酒,制成后不加水稀释的清酒。

市售酒,指原酒加水稀释后装瓶出售的酒。

（3）按贮存期分类

新酒,指压滤后未过夏的清酒。

老酒,指贮存过一个夏季的清酒。

老陈酒,指贮存过两个夏季的清酒。

秘藏酒,指酒龄为 5 年以上的清酒。

3. 清酒的主要名品

（1）大关

大关清酒在日本已有 285 年的历史,也是日本清酒颇具历史的领导品牌,"大关"的名称源于日本传统的相扑运动,数百年前日本各地最勇猛的力士,每年都会聚集在一起进行摔跤比赛,优胜的选手则会赋予"大关"的头衔。而大关的品名是在 1939 年第一次被采用,作为特殊的清酒等级名称。目前大关品牌清酒是由东顺兴代理国内市场,近年在台湾的销售可说是名列前茅,其市场地位已然巩固。

（2）日本盛

酿造日本盛清酒的西宫酒造株式会社，在明治二十二年（1889 年）创立于日本兵库县，是著名的神户滩五乡中的西宫乡，为使品牌名称与酿造厂一致，于 2000 年更名为日本盛株式会社。日本盛的原料米采用日本最著名的山田井，使用的水为"宫水"，其酒品特质为不易变色，口味淡雅甘醇。

（3）月桂冠

月桂冠的最初商号名称为笠置屋，成立于宽永 14 年（1637 年），当时的酒品名称为玉之泉，其创始者大仓六郎右卫门在山城笠置庄，也就是现在的京都相乐郡笠置町伏见区，开始酿造清酒，至今已有 360 年的历史。其所选用的原料米也是山田井，水质属软水的伏水，所酿出的酒香醇淡雅。在明治 38 年（1905 年）日本时兴竞酒比赛，优胜者可以获得象征最高荣誉的桂冠，为了冀望能赢得象征清酒的最高荣誉而采用"月桂冠"这个品牌名称。由于不断地研发并导入新技术，广征伏见及滩区及日本各地的优秀杜氏（清酒酿酒师），如南部流、但马流、丹波流、越前流等互相切磋，因此在许多评鉴会中获得金赏荣誉，成就了日本清酒的龙头地位，在台湾也成了数一数二的知名品牌。

（4）白雪

白雪清酒的发源可溯至公元 1550 年，小西家族的祖先新右卫门宗吾开始酿酒，当时最好喝的清酒称为"诸白"，由于小西家族制造诸白成功而投入更多的心力制作清酒。到了 1600 年江户时代，小西家第二代宗宅运酒至江户途中时，仰望富士山时，被富士山的气势所感动，因而命名为"白雪"，白雪清酒可说是日本清酒最古老的品牌。白雪清酒的特色除了采用兵库县心白不透明的山田锦米种，酿造用的水则是采用所谓硬水的"宫水"，宫水中含有大量酵母繁殖所需的养分，因此是最适合用来造酒的水，其所酿出来的酒属酸性辛口酒，即使经过稀释，酒性仍然刚烈，因此称为"男酒"。

（5）白鹿

白鹿清酒创立于日本宽永 2 年（1662 年）德川四代将军时代，至今已有 340 年的历史。由于当地的水质清洌甘美，是日本所谓最适合酿酒的西宫名水，白鹿就是使用此水酿酒。早在江户时代的文政、天保年间（1818—1843 年），白鹿清酒就被称为"滩的名酒"，迄今仍拥有崇高的地位，早期曾是台湾清酒市场最大的品牌，目前台湾的白鹿酒品由正晖公司代理进口。

（6）菊正宗

菊正宗在日本也是一个老牌子，其产品特色是酒质的口感属于辛口，与一般市面贩售稍带甜味的其他清酒不同，由于其在酿造发酵的过程中，采用公司自行开发的"菊正酵母"作为酒母，此酵母菌的发酵力较强，因此酿造出的酒质味道更浓郁香醇，较符合都会区饮酒人士的品位。另外，其所使用的原料米也是日本最知名的米种"山田锦"，酿出的原酒再放入杉木桶中陈年，让酒液在木桶中吸收杉木的香气及色泽，只要含一口菊正宗，就有一股混着米香与杉木香的酒气缓缓开展。因此，浓厚的香味无论是加温至 50 ℃热饮或冰饮都适合，是大众化的酒品。

五、韩国烧酒

韩国烧酒，是一种酒精饮料。主要的原料是大米，通常还配以小麦、大麦或者甘薯等。韩国烧酒颜色透明，酒精度数一般在18度～22度之间不等，几乎没什么酒味。

（一）韩国烧酒的沿革发展

韩国烧酒现今已知的最早酿造时间是公元1300年前后。1965年，为了缓解粮食短缺，韩国政府禁止酿造烧酒，从那时起，烧酒主要的制造方法变成了用水稀释酒精并加入香料。今天大量的廉价烧酒还是用这种方法制造出来的。政府规定稀释烧酒的度数不得超过35度。由于烧酒相对于其他酒类低廉的价格，它已经成为韩国最普通的酒精饮品。

韩国烧酒在供应本国的同时，也大量出口到世界其他地方。多年来，韩国烧酒不断更新工艺，从时尚性、口味性出发，借韩剧、电影、体育赛事等，持续不断将韩国烧酒文化介绍到全世界。

（二）韩国烧酒的主要名品

1. 超水烧酒

采用地下165米以下的麦饭岩地下水并添加从豆芽中提炼的具有解酒功能的天门冬酰胺精酿而成，纯正柔和。

2. 溪婉烧酒

溪婉烧酒，又名C1烧酒、喜闻烧酒，酒精度在19.5 ℃～21.5 ℃，是韩国釜山、庆南地区烧酒第一品牌，该酒以其温和、洁净、具亲和力、口味纯正而广受欢迎。经多年发展，C1酒已经成为低度酒的代名词。C1酒在国内首次采用天然调味料甜菊苷，率先添加了对缓解宿醉有显著效果的天门冬酰胺，确保饮用后不会增加身体的负担。

3. 真露

如若追根溯源，真露正宗的身份应该是起源于中国元代的烧酎，一般认为是在公元1300年高丽后期传入朝鲜半岛。烧酎即烧酒，"酎"的本意是指粮食经过三次蒸馏，如同接露水一样得成的酒，因此也叫"露酒"。烧酎在韩国历史上长期被列为奢侈的高级酒，民间禁止制造，甚至被朝鲜皇室引为药方。直到日本占领时期，烧酎才开始大众化。1916年，韩国全国已经有28 404个烧酎酿造场。

真露烧酒也以其优良的信誉及品质保证，为人类的饮酒文化做着不懈的努力，受到世界人们的广泛青睐，连续三年在酒类杂志《国际酒饮料》（*Drink International*）中被评为世界蒸馏酒界销量最大的酒。

4. 枫叶烧酒

枫叶烧酒继承 800 多年的韩国酒文化历史和传统,被誉为世界首屈一指的韩国传统蒸馏烧酒。尤其是,枫叶酒采用以水清和高品质闻名的全南长城芦岭地下 253 米天然岩层水,并添加天然枫树浆,其香郁清醇,枫叶酒堪称韩国最具有代表性的酒。

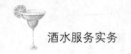

项目二　蒸馏酒

一、白兰地

(一) 白兰地的起源与历史

白兰地这一名词,最初是从荷兰文 Brandewijn 而来,它的意思是"可燃烧的酒"。16 世纪时,法国开伦脱河沿岸的码头上有很多法国和荷兰的葡萄酒商人,他们的主要工作是通过海运把法国葡萄酒出口到荷兰。当时该地区战争频发,葡萄酒贸易常因航行中断而受阻,葡萄酒变质,从而造成商人利益受损。这时有一位荷兰商人,把葡萄酒蒸馏成高浓度的烈酒——"可燃烧的烈酒",然后把这种酒用橡木桶装运到荷兰去,再兑水稀释以降低酒度销售。这样酒就不会变质,成本亦降低了。然而,运送桶装酒的船只同样也会遭遇战争而停航,停航的时间有时会很长。意外的是,人们惊喜地发现,桶装的葡萄蒸馏酒并未因运输时间长而变质,而且由于在橡木桶中贮存已久,酒色从原来的透明无色变成美丽的琥珀色,而且更加芬芳,味尤醇和。

白兰地是以水果为原料,经过发酵、蒸馏、贮藏后酿造而成。以葡萄为原料的蒸馏酒叫葡萄白兰地。由于葡萄白兰地销量最大,往往直接称之为白兰地。以其他水果原料也可以酿造白兰地,应加上水果的名称,如苹果白兰地、樱桃白兰地等,但它们的知名度远不如前者。

国际上通行的白兰地,酒精体积分数在 40％左右,色泽金黄晶亮,具有优雅细致的葡萄果香和浓郁的陈酿木香,口味甘洌,醇美无瑕,余香萦绕不散。

(二) 白兰地的生产工艺

1. 选料

多数酒厂选择高酸的葡萄作为酿造白兰地的原料。和酿造葡萄酒不同,葡萄酒酿造商偏爱果味重的葡萄,白兰地酿造商则选择果味相对轻的葡萄。太重的果味会让酿造出来的白兰地口味奇异,缺乏平衡。以法国为例:干邑产区的白兰地主要以白玉霓(Ugni Blanc)、白福儿(Folle Blanche)和鸽笼白(Colombard)三种葡萄为主要原料。雅文邑则以巴科 22A(Baco 22A)、鸽笼白、白福儿、白玉霓这四种葡萄作为酿造原料。下一步是破碎原料取汁。

2. 取汁

取汁应在破碎葡萄后的 3～5 小时内进行,以防氧化和加重浸渍作用。原料破碎后,一般不采用连续压榨,因为它会使葡萄汁中的酚物质含量升高。

3. 发酵

一般来说,在葡萄原酒的发酵过程中不需要添加任何辅助物,酒精发酵的管理和白葡萄酒酿造相同。酒精发酵结束后,将发酵罐添满,并在密封的条件下储存。也有很多酒厂,在酒精发酵结束后会进行一次转罐,除去一些杂质,然后再密封储藏。

4. 蒸馏

蒸馏白兰地时,通过酒精发酵把葡萄原酒中不想要的醇类、酯类、醛类物质分离出来。蒸馏时可以选择使用单一蒸馏器或连续蒸馏器。在酿制干邑白兰地时,葡萄在压榨后,会进行几个星期的发酵。发酵完成后,必须使用传统的铜制壶式单一蒸馏器进行蒸馏,当酒液的酒精度达到70%时,停止蒸馏。雅文邑白兰地在蒸馏时,虽然也可以使用铜制壶式单一蒸馏器,但目前大多数雅文邑酒厂为了节约人力物力,降低成本,通常都会采用柱式连续蒸馏器。使用柱式蒸馏器可以得到相对低酒精度的酒液,大约为52%。白兰地的质量一方面取决于自然条件和葡萄原酒的质量,另一方面取决于所用的蒸馏设备和方法。

5. 陈酿

下一步是储存白兰地。白兰地酿造完成后会被储藏在橡木桶中。橡木桶赋予酒液颜色以及风味物质。不同厂家使用不同的橡木桶。在陈酿的过程中,白兰地发生了一系列的物理化学变化,这些变化赋予了白兰地特有的品质。最初白兰地的苦涩、辛辣、刺喉等特性逐渐转变为甜润、绵柔、醇厚。蒸馏完成后的干邑白兰地会被储藏在法国橡木桶中至少陈酿2年,随后加水稀释装瓶出售。而雅文邑白兰地成熟后,只在橡木桶中存放很短的一段时间,然后会被转移到玻璃瓶中存放。通常来说,雅文邑白兰地不会加水稀释,而且也不会加入风味剂和调色剂。

(三) 法国白兰地

世界上几乎所有的葡萄酒生产国都出产白兰地,但是就品质来说要属法国生产的白兰地最好,而法国白兰地又以干邑和雅文邑两个地区生产的白兰地最为突出。

1. 干邑(Cognac)

干邑,又可以称为"科涅克",位于法国西南部,是波尔多北部下朗德省境内的一个小镇。干邑地区的土壤、气候、雨水等自然条件特别适宜葡萄生长,所产的白兰地最纯、最好,被称为"白兰地之王"。人们常常称干邑白兰地为"干邑"。

(1) 干邑白兰地的特点

干邑白兰地酒体柔和,具有芳醇的复合香味,口味精细讲究。酒体呈琥珀色,清亮光泽,酒度一般在40度到43度左右。酿造完成后在橡木桶中储存较长的时间,获得独

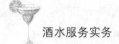

特的风味物质。

（2）干邑白兰地的产区

法国法律规定：只有在夏朗德省境内，干邑镇周围的 36 个县市所种植的葡萄，并在当地采摘、发酵、蒸馏和陈酿所得的白兰地才可命名为"干邑"，并受国家监督和保护。除此以外的任何地区都不能用"干邑"命名。

（3）干邑白兰地的酒龄与级别

干邑白兰地的分类方法很多。早期的方法是按星级来分类：星的多少代表着品质的优劣。最低是 3 星，最多是 5 星。然而，如果采用这种分级方法，人们无法得知白兰地的储存年限。再者，各家酒厂都试图提升各自品牌的质量，很多白兰地酒厂都能生产 5 星级白兰地，无法区分各个产品之间的差别。到 20 世纪 70 年代时，酒厂开始使用字母来区别品质。详细内容请参照下表：

缩写标识	英文含义	酒品质量
E	Especial	特别的、特殊的
F	Fine	优良的、精美的、好的
V	Very	非常的
O	Old	古老的
S	Superior	较高的，特别的
P	Pale	淡的
X	Extra	格外的
C	Cognac	干邑
A	Armagnac	雅文邑

如此一来，干邑白兰地按照品质可以分为三级：

等级	英文标识	含义	说明
第一级	VS	Very Superior	又可以称为三星白兰地，属于普通白兰地。法国政府规定，干邑地区生产的最年轻的白兰地只需要 18 个月酒龄，但厂商为保证酒的质量，规定在橡木桶中必须酿藏两年半以上。
第二级	VSOP	Very Superior Old Pale	属于中档干邑白兰地，享有这种标志的干邑至少需要 4 年半酒龄，然而，许多酿造厂商在装瓶勾兑时，为提高酒的品质适当加入了一定的 10～15 年陈酿干邑白兰地原酒。
第三级	Napoleon/XO/Extra	Extra Old Luxury Cognac	属于精品干邑，大多数作坊都生产质量卓越的白兰地，均是由非常陈年的优质白兰地调兑而成。依据法国政府规定此类白兰地原酒在橡木桶中必须要酿藏 6 年半以上才能装瓶销售。

（4）干邑白兰地的著名品牌

如今干邑地区白兰地品牌多达 200 多个，正所谓百花齐放，各有千秋。以下列举 6 个最著名的品牌。

① 人头马（Remy Martin）

人头马公司创立于 1724 年，是著名的老牌干邑白兰地制造商。人头马公司以希腊神话中的半人半马的"肯达尔斯"作为商标。人头马香槟干邑系列产品采用产自"Grand Champagne"大香槟区及"Petite Champagne"小香槟区的上等葡萄酿制而成，并始终严格控制品质。因此，法国政府授予该公司特殊荣誉——"特优香槟干邑"（Fine Champagne Cognac）。经过 300 多年的生产实践、历代酿

图 2 - 1　人头马白兰地 Remy Martin XO

酒大师经验和智慧的传承，人头马成为当今世界顶尖级的干邑白兰地品牌，受到世界各地饮用者的偏爱。人头马的主要产品包括：人头马 V. S. O. P.、人头马俱乐部 V. S. O. P.、人头马 X. O.、人头马路易十三系列等。

② 轩尼诗（Hennessy）

轩尼诗公司创建于 1765 年。创始人李察·轩尼诗，原是爱尔兰皇室侍卫。他在 20 岁时就立志要在干邑地区发展酿酒事业，后来他成功了。经过家族六代人的努力，轩尼诗的品质不断提高，产量不断上升，如今已成为干邑最大的三家酒厂之一。轩尼诗酒厂深知橡木桶对白兰地品质有着决定性的影响，因此特别重视橡木林的栽培和保养工作。目前他们的橡木林的数量已足够供应酒厂百年以上。轩尼诗厂是最早发明用星级来表示白兰地优劣的厂

图 2 - 2　轩尼诗白兰地 Hennessy XO

家。1870 年，轩尼诗首次推出了以 X. O. 命名的白兰地。轩尼诗的主要产品包括：轩尼诗 V. S.、轩尼诗 V. S. O. P.、轩尼诗 X. O.、轩尼诗 Paradis Imperial、轩尼诗 Richard Hennessy 等。

③ 金花（Camus）

1863 年，约翰·柏蒂·斯金花与他的好友在法国干邑地区创办金花酒厂，并应用"伟大的标记"（Lagrande marque）作为商标。金花白兰地酒厂是干邑地区仅存的家庭企业之一。它的产品特点是品质轻淡。金花在酿造完成后用旧的橡木桶储存，目的是尽量使橡木的颜色和味道少渗入酒液中，由此形成独特的风格。金花酒厂很重视酒

图 2 - 3　金花白兰地 Camus XO

瓶的包装,推出了多种漂亮玻璃瓶和瓷瓶包装,用来吸引收藏家。金花的主要产品有:金花 V. S. 、金花 V. S. O. P. 、金花 X. O. 、金花 Extra、金花 Borderies、金花 Parissimes、金花 Masterpiece Collection 等。

④ 拿破仑(Courvoisier)

拿破仑白兰地是法国干邑区名品。早在 19 世纪初期已深受拿破仑一世欣赏,到 1869 年被指定为拿破仑宫廷御用美酒。由于品质极佳,产品销往全世界 160 多个国家,并获得了许多荣誉。拿破仑酒瓶上别出心裁地印有拿破仑塑像投影。自 1988 年以来,酒厂把法国著名艺术大师伊德的七幅作品,逐一投影在干邑酒瓶上。这七幅画是伊德出于对拿破仑干邑白兰地的热爱,特地为拿破仑白兰地酒设计的。该系列产品于 1994 年上市,而且每一版本仅向全球推出 12 000 瓶。在 1995 年 9 月,在前七幅画的基础上,额外推出第八幅画,为《葡萄女神》,画面为葡萄裸体女神像,并限量 4 000 瓶,且为伊德系列(Exte)的最后一版。拿破仑的主要产品除 Exte 系列以外,还包括:拿破仑 V. S. 、拿破仑 V.

图 2-4　拿破仑白兰地 Courvoisier XO

S. O. P. 、拿破仑 X. O. 、拿破仑 Extra、拿破仑 Succession J. S. 、拿破仑 L Essence de 等。

⑤ 百事吉(Bisquit)

百事吉酒厂创立于 1819 年,已有近 200 年的酿造经验。百事吉酒厂拥有干邑区内最广阔的葡萄园,是大型的蒸馏酒厂。百事吉酒厂用来储存干邑的橡木桶都是内部手工制作而成的。酒厂酒库内贮藏的陈年干邑,数量极为丰富,足够提供调配各级干邑产品所需的不同酒龄的原酒,因此保证产品优越的质量。百事吉主要产品包括:百事吉 V. S. 、百事吉 V. S. O. P. 、百事吉 X. O. 、百事吉 Prestige、百事吉 X. O. Gold 等。

图 2-5　百事吉白兰地 Bisquit XO

图 2-6　马爹利白兰地 Martell XO

⑥ 马爹利(Martell)

1715 年生于英法海峡贾济岛的尚·马爹利来到了法国的干邑,并创办了马爹利公司。马爹利先生全身心地投入培训酿酒师,并自己从事酒类混合工作,使得他所酿制的白兰地,具有"稀世罕见之美酒"的美誉。该公司一直由马爹利家族世代经营,是干邑为数不多的家族企业之一。该公司生产的三星级和 V.S.O.P. 级产品,是世界上最受欢迎的白兰地之一。随后在中国推出的名士马爹利、X.O. 马爹利和金牌马爹利,均受到好评。

2. 雅文邑(Armagnac)

雅文邑又称阿尔玛涅克,位于干邑南部,法国西南部的热尔省境内的加斯科涅地区,以盛产深色白兰地驰名,有"加斯科涅液体黄金"的美誉,其生产整整比干邑早了两个世纪。雅文邑的酿造工艺与干邑基本相似,但有个别差异。雅文邑白兰地可以采用铜制蒸馏器或连续蒸馏器进行蒸馏,多数厂家使用连续蒸馏器来降低成本。完成蒸馏后,蒸馏液的酒精度不能大于 60%,其目的是为了使蒸馏出的白兰地更充满香气。多数酒厂使用法国黑橡木桶来储存酒液。这种木材色黑,单宁多,有细小纹理,和酒接触的表面积较大,雅文邑复杂的风味,较深的颜色都是由此演变而来的。

雅文邑也是受法国法律保护的白兰地品种。只有雅文邑当地产的白兰地才可以在商标上冠以 Armagnac 字样。

(1) 雅文邑白兰地的特点

雅文邑酒体呈琥珀色,发亮发黑,因储存时间较短,所以口味烈。雅文邑白兰地酒的香气较强,味道也比较新鲜有劲,具有阳刚风格,醇厚浓郁,回味悠长,挂杯时间较长,酒精度为 43 度。

(2) 雅文邑白兰地的产区

雅文邑内三个主要的产区包括:下雅文邑(Bas Armagnac)、泰纳雷泽(Tenareze)和上雅文邑(Haut Armagnac)。下雅文邑以沙和淤泥土质为主,生产的白兰地细腻、优雅,最为消费者所喜爱。泰纳雷泽地区的土质以石灰黏土为主,生产的白兰地层次丰富,更强烈,需要陈酿的时间更长才能达到高峰。而上雅文邑现如今只剩下几公顷的葡萄园,产量大不如前。总体来说,消费者更偏爱下雅文邑,但是雅文邑地区法律并没有说下雅文邑的白兰地品质最好。

(3) 雅文邑白兰地的酒龄与级别

雅文邑白兰地的鉴别标准是以 1、2、3、4、5 来表示的,陈酿一年的酒品用 1 表示。陈酿两年者用 2 表示,以此类推。陈酿 1～3 年者通常用三星(Trois Etoiles)、专营(Monopole)、精选(Selection Deluxe)等表示。陈酿 3 年以上者会采用年份陈酿(VO)、精选年份陈酿(VSOP)、佳酿(Reserve)、额外陈酿(XO)等表示。

(4) 雅文邑白兰地的著名品牌

雅文邑白兰地的著名品牌有:卡斯塔浓(Castagnon)、夏博(Chabot)、珍妮(Janneau)、桑卜(Semp)等。

① 珍妮(Janneau)

撇开该品牌最近不断易主来说,珍妮雅文邑始终是雅文邑白兰地的领军品牌。1988 年,无心继续经营酒厂的珍妮家族把企业卖给了西格兰姆斯公司,随后又转手卖给意大利安东尼奥焦瓦内蒂公司。几年后,又被麦卡伦单一纯麦威士忌公司购入。在拥

有多年酿造经验的威利飞利浦斯先生的带领下,珍妮这一品牌重返高峰。现在珍妮雅文邑 VS 征服了低端市场,XO 系列在高端市场中的份额丝毫不输给干邑高级白兰地。

图 2-7 珍尼白兰地 Janneau XO   图 2-8 桑卜白兰地 Semp XO

② 桑卜(Semp)

亚伯·桑卜先生于 1934 年创立这一品牌。他年轻的时候在当地军队中服役,退役后成为热尔省的参议员。亚伯·桑卜先生非常关注桑卜白兰地的发展,他一生致力于改革和创新酿造方法。在他去世后,他的后人继承和发扬家族的光辉传统,把桑卜这一品牌推广到全世界。

3. 法国白兰地(French Brandy)

除干邑和雅文邑以外的任何法国葡萄蒸馏酒都通称为白兰地。法国政府对这些白兰地的生产、酿藏没有太多的硬性规定。一般不需要经过太长时间的陈酿,即可上市销售。品牌种类较多,价格低廉,质量尚可,外包装也非常讲究。在世界市场上很有竞争力,通常用来调制鸡尾酒或者混合饮料。

(三)其他国家生产的白兰地

1. 西班牙

西班牙是欧洲最早出现蒸馏酒的国家之一。中世纪时期,西班牙摩尔人的炼金术士发现了酿造蒸馏酒的方法。西班牙白兰地的酿造历史甚至比干邑要长。西班牙白兰地的品质仅次于法国。西班牙白兰地产区覆盖全境。

西班牙白兰地通常被称为雪利白兰地。西班牙人将雪利酒作为原料,通过连续蒸馏后,再用曾经盛装过雪利酒的橡木桶贮陈,酿制出来的白兰地的口味与法国白兰地大不相同,具有较显著的甜味和土壤气息。

2. 意大利

意大利的白兰地有着悠久的历史,早在 12 世纪的时候,意大利半岛上就已经出现了蒸馏酒。16 世纪晚期,白兰地已经在意大利北部开始生产。

意大利的葡萄蒸馏酒原来被称为"干邑",1948 年政府同意改用"白兰地"作为名称,并且实行了与法国干邑相统一的标准。意大利白兰地主要产区包括在北部的三个地区:艾米利亚罗马涅、威尼托和皮埃蒙特。此外,西西里岛和坎帕尼亚也生产少量的白兰地。

意大利白兰地要储存 2 年以上才能销售,但是一般意大利白兰地都会储存 6 年,好的白兰地会储存 10 年后才上市销售。意大利白兰地口味一般来说都比较浓重,通常饮用时最好加入冰块或水,这样可以冲淡酒的烈性。

3. 美国

美国生产白兰地已有两百多年的历史,其制造方式现在均采用连续式蒸馏器,故其风味属于轻淡类型。在美国酒类市场上,白兰地的销售量占第三位。美国白兰地中,以加利福尼亚州出产的为最多,占全美总产量的 4/5。新泽西州、纽约、华盛顿等地区也生产白兰地。按照美国法律,美国白兰地至少陈酿 2 年才能上市销售,一般是 2~4 年,也有陈酿多达 8 年的白兰地。美国出产的白兰地可分三类:佐餐酒,高级白兰地,烈性白兰地。

美国最著名的白兰地品牌是 E&J。E&J 白兰地不但位居美国白兰地销售之冠,也是世界销售排行第五的白兰地品牌。E&J 白兰地是在以烧焦、干燥处理过的白橡木桶内陈酿的。每个木桶酿熟的过程可使木料本身的软化效果加强葡萄细致的风味。酿造出的白兰地口感柔顺,浓郁香醇。

4. 葡萄牙

葡萄牙白兰地和西班牙白兰地十分相似,也是用雪利酒蒸馏而成。葡萄牙最初生产白兰地是为了酿造甜葡萄酒。后来,为使葡萄酒和白兰地的生产各司其职,葡萄牙政府就制定了一项法令:生产甜葡萄酒的产区不准生产白兰地。白兰地由专门产地生产,专门生产的白兰地高产质优,深受欢迎。葡萄牙白兰地的主要产区是杜罗河沿岸。葡萄牙白兰地香气浓郁,含糖量高,呈深棕色。

5. 中国

白兰地的生产在中国历史悠久,《本草纲目》中记载了中国古代制作白兰地的方法。现代意义上的中国白兰地最初是由中国第一个民族葡萄酒企业——张裕葡萄酿酒公司生产的。100 多年前,爱国华侨张弼士先生看中与法国波尔多纬度相同的烟台地区。1892 年,他用 300 万两白银,买下烟台东部、西南部两座荒山,开辟出 1200 亩葡萄园,栽上了从欧洲购买的 25 万株葡萄树,是中国最早的葡萄酒酒庄。1915 年,张裕公司生产的白兰地"可雅"在太平洋万国博览会上获金奖,至此中国有了自己品牌的优质白兰地,可雅白兰地也从此更名为"金奖白兰地"。如今张裕公司已成为中国最大的白兰地和葡萄酒生产企业。

金奖白兰地采用优质葡萄经压榨、发酵、蒸馏而得的原白兰地为主,加入部分由葡萄皮、用甘蔗红糖发酵蒸馏的白兰地和该公司特制的白兰地香料,再加入蒸馏水和糖色等配制而成。在配制过程中,要严格按照规定比例混合,然后过滤,用橡木桶贮存,平均酒龄在三年以上。金奖白兰地酒液色泽金黄,晶莹透明,具有独特的芳香,饮时口味醇浓微苦,爽口,回味绵长,有浓郁的橡木香味。

(四) 水果白兰地(Fruit Brandy)

前文提到除用葡萄酿造白兰地外,其他水果,如苹果、李子、梅子、樱桃、草莓、橘子等经过发酵后,同样可以制成各种白兰地,统称为水果白兰地。其中最著名的要数苹果白兰地、樱桃白兰地和杏子白兰地三种。

1. 苹果白兰地(Apple Brandy)

苹果白兰地是将苹果发酵后压榨出苹果汁,再加以蒸馏而酿制成的水果白兰地酒。美国生产的苹果白兰地酒被称为 Apple Jack,需要在橡木桶中酿藏 5 年才能销售。加拿大产的被称为 Pomal。德国产的被称为 Apfelschnapps。然而世界上最为著名的苹果白兰地酒要属法国诺曼底的卡尔瓦多斯生产的 Calvados。Calvados 使用不同种类,不同陈酿年数的苹果汁混合蒸馏而成。该酒呈琥珀色,光泽明亮,果香浓郁,口味微甜。酒度在 45 度到 50 度左右,一般 Calvados 的苹果白兰地酒需要在橡木桶中陈酿 2 年才能上市销售,但是常见的 Calvados 都是 5 年或者 10 年陈酿。

2. 樱桃白兰地(Cherry Brandy)

樱桃白兰地在酿造时必须把果蒂去掉,将果实压榨后加水使其发酵,然后经过蒸馏,迅速装瓶来保留樱桃香气。酒液呈深红色,主要产地包括法国的阿尔萨斯、德国的斯瓦兹沃特、瑞士和东欧等地区。

3. 杏子白兰地(Apricot Brandy)

杏子白兰地的酿造方法和樱桃白兰地极其相似。酿造时,加入杏子汁并且将杏子核打碎,在酒中加入微弱的杏仁味道,蒸馏后迅速装瓶。酒液呈金琥珀色,主要产地包括匈牙利、奥地利、捷克、法国以及加拿大等。

(五) 白兰地的饮用与服务

1. 酒杯与份量

一般使用白兰地杯。白兰地杯呈大肚窄口,矮脚。当酒倒入白兰地杯子后,窄口限制了酒香的消散,使得酒的香味能长时间留在杯内。喝酒时需要用手握酒杯悠悠晃动,使掌心和杯肚接触,让掌心的热量慢慢传入酒杯中,使酒的芳香溢出。每份白兰地的标准用量为 30 毫升。

2. 饮用方法

（1）净饮、加冰饮用

高品质的白兰地适合净饮。白兰地的品尝大致可分为三步：首先是观察酒的清澈度与颜色。上乘白兰地为琥珀色、晶莹剔透。第二步是闻香。白兰地具有复杂的香气。第一层是果香，第二层是橡木香气。品质优越的白兰地口感柔软，入腹发热，还有诱人的水果香味和优雅醇厚的陈酿香味，口味协调，回味绵延。第三步品尝。第一口用舌尖抿一小滴，让其延舌尖蔓延整个舌头，再进入喉咙。第二口可以稍多些，进一步领略温柔醇香的独特感觉。当然，白兰地也可以加冰品尝。在白兰地杯中放入 3～4 块冰块，然后倒入 30 毫升的白兰地。

（2）混合饮用

3 星级别的白兰地可以混合苏打水或者其他果汁饮用。

（3）调制鸡尾酒

3 星级别的白兰地也可以用于调制鸡尾酒。著名的白兰地鸡尾酒有：白兰地亚历山大、边车、白兰地奶露。

二、威士忌

（一）威士忌的起源与历史

威士忌的诞生和炼金术有着密切的关系。公元 4 世纪左右，炼金术在埃及流行，向西流传到了非洲北部，并于中世纪初期传到了西班牙。炼金术士偶然发现在炼金用的熔炉中放入某种发酵汁后会产生酒精度强烈的液体。炼金术士把这种酒以拉丁语命名为 Aqua-Vitae（生命之水），视为长生不老之秘方。15 世纪，这种"生命之水"酿造方法漂洋过海，传到了爱尔兰。古爱尔兰人把当地的麦酒按此方法蒸馏后，同样得到了酒精浓度很高的烈酒。他们用自己的语言把"生命之水"翻译为 Uisge-beatha。居住在爱尔兰的塞尔特人（Celt）又将此酿造配方传到了苏格兰，苏格兰人把"生命之水"翻译为 Uisage-baugh。经过年代的变迁，逐渐演变成今天的威士忌一词。不同的国家对威士忌的写法也有差异，在爱尔兰、美国和日本写成 Whiskey，而在苏格兰和加拿大则写成 Whisky，发音区别在于尾音的长短。

（二）威士忌的生产工艺

1. 选麦

威士忌酿造工艺流程的第一步是选麦。几乎所有的威士忌酒厂都有自己的大麦供货商，确保获得高质量的酿酒原料。

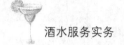

2. 发芽

将上等的大麦浸于水中,使其发芽。一般酿酒厂会把湿大麦铺开,放置 1 周左右。在此期间,酒厂会定期翻拌大麦,保持一定的温度来控制发芽的速度。当大麦发芽到一定程度,就会产生酶,进而产生淀粉,这些淀粉以后会变成糖。在威士忌酿造历史中,最初的三百多年,都是以纯麦芽作为唯一原料酿造。直到 1831 年才诞生了用玉米、燕麦等其他谷类所制的威士忌。到了 1860 年,人们学会了用掺杂法来酿造威士忌。

3. 烘烤

接下来是烘干大麦。苏格兰威士忌在烘干大麦的时候通常选择使用泥炭,在烘干的过程中,威士忌吸收了泥炭的烟熏味,而其他威士忌则会使用热风来烘烤麦芽。

4. 粉碎

麦芽烘干后放置一段时间后就会被磨成粉,这个过程叫粉碎。磨碎后的粉被放入一个很大的容器中,通常叫作麦汁缸。在麦汁缸中加入煮沸的热水。这里的热水可是很有讲究,不同的酒厂选用不同水。可以是山泉水,可以是河水,还可以是瀑布水。麦芽粉在沸水中溶解,糖从大麦中渗出。经过过滤后,得到麦芽汁。

5. 发酵

麦芽汁冷却到 70°左右时,酒厂会加入酵母。酵母开始发酵,产生二氧化碳,麦芽汁开始起泡。经过 1~2 天后,糖分全部转化成酒精。低酒精度的麦芽发酵酒已经制作完成。在某种程度上,我们可以说"啤酒"已经酿好。

6. 蒸馏

低酒精度的"啤酒"被转往蒸馏车间。常见的蒸馏器都是铜制的,每个酒厂都会有不同形状、不同大小的蒸馏器。这些大小形态各异的蒸馏器直接影响酒液的质量。大部分苏格兰威士忌、美国威士忌和加拿大威士忌通常会经过两次蒸馏,少数苏格兰威士忌和爱尔兰威士忌会经过三次蒸馏。"啤酒"在蒸馏器中被加热。乙醇的沸点低于水,乙醇会先汽化,上升至蒸馏器的出口。这些蒸汽会通过冷凝器,凝结成液体酒精。这些液体酒精浓度较低,必须经过第二次的蒸馏才能得到酒精浓度较高的液体。少数苏格兰威士忌酿造商和多数的爱尔兰威士忌酿造商会进行第三次蒸馏。蒸馏完成后的酒液浓度可以高达 70 ℃~90 ℃。

7. 陈酿

刚酿造完成的威士忌酒是无色透明的,口感辛辣刺激。虽然它已经具有威士忌的某些最基础的特征,但是口感品质还有待提高。因此,威士忌酿造完成后会放入橡木桶中陈酿相应的时间。不同国家生产的威士忌陈年时间各不相同。在陈酿的岁月中,威士忌开始吸附酒桶中的风味物质而变色变味。不同的酒桶赋予威士忌不同的特征。

8. 装瓶

最后,陈酿完成后的威士忌经过稀释后就能装瓶出售了。

(三) 苏格兰威士忌(Scotch Whisky)

苏格兰威士忌是指在苏格兰酿造的威士忌。苏格兰法律规定只有在苏格兰境内酿造和混合的,并且必须在境内陈酿 5 年以上才可以被称为苏格兰威士忌。现存的最早的记录苏格兰威士忌的有关文献是 1494 年苏格兰财政部就有关于"生命之水"原料的记载。当时政府曾对威士忌蒸馏者课以重税,酿造者为了逃避税吏耳目,遂潜伏深山老林,进行私酿。那时为烘干大麦麦芽,只好利用荒山野岭中的泥煤为燃料。蒸馏完成的威士忌不能公开销售。因此在买家到来之前,只能储藏在廉价的雪利酒酒桶中。正是如此恰恰提升了威士忌的品质。

1. 苏格兰威士忌的特点

苏格兰威士忌酒之所以闻名世界,有以下原因:

(1)威士忌产地的气候与地理条件适宜大麦等农作物的生长。

(2)威士忌产地蕴藏着丰富的泥炭。这种泥炭是由当地特有的苔藓类植物经过长期腐化和碳化而形成的。使用这种泥炭烘烤麦芽时会发出特有的烟熏气味。

(3)威士忌产地的泉水、河水优质。

(4)威士忌酒厂采取传统的酿造工艺以及严谨的质量管理。

苏格兰威士忌色泽棕黄带红,清澈透明,气味焦香,带有烟熏味,口感甘洌、醇厚、劲足、圆正绵柔,酒度一般在 40 ℃~43 ℃之间。苏格兰威士忌必须陈年 5 年以上方可饮用,但是酒厂一般会储存更久。普通的威士忌一般会储存 7~8 年,中高端的威士忌一般会储存 12 年,优质的威士忌则会储存 15~20 年。极少数品质极高的威士忌会储存超过 20 年,通常分为 30 年、40 年和 50 年三种。苏格兰威士忌是世界上最好的威士忌。

2. 苏格兰威士忌的产区

苏格兰威士忌的主要产区有五个,即高地(High Land)、斯佩塞(Speyside)、低地(Low Land)、坎贝尔镇(Campbell Town)和伊莱(Islay),这五个区域生产的威士忌各具特色。

3. 苏格兰威士忌的种类

苏格兰威士忌主要可以分为麦芽威士忌、谷物威士忌和兑和威士忌三种。

(1)麦芽威士忌(Malt Whisky)

麦芽威士忌是以 100% 的大麦芽为原料,经过泥炭烘烤、粉碎、发酵两次蒸馏获得酒液,酒精度约为 60 度。酿造完成后的酒液在内部由炭烤过的美国橡木桶中陈酿。陈酿时间至少 5 年,很多厂家会陈酿更久。著名的麦芽威士忌品牌有以下几个:格兰菲迪(Glenflddich)、格兰特(Grant's)、麦克伦(Macallan)、格兰威特(GlenLivet)、巴尔维尼(The Balvenie)、格兰摩里奇(Glenmorangie)、高地派克(High Land Park)、云顶(Spring Bank)等。

(2) 谷物威士忌(Grain Whisky)

谷物威士忌是采用多种谷物如燕麦、黑麦、大麦、小麦、玉米等作为原料酿造的威士忌。它以麦片为糖化剂,蒸馏一次完成。由于大部分大麦不发芽所以不必使用泥煤来烘烤。因此,谷物类威士忌基本没有烟熏味,口感也柔和细致了许多。谷物威士忌酒很少直接销售,主要用于勾兑威士忌酒。

(3) 兑和威士忌(Blended Whisky)

兑和威士忌是用纯麦威士忌、谷物威士忌或食用酒精勾兑而成的混合威士忌。勾兑威士忌是一门技术性很强的工作,通常是由酒厂的首席酿造师来完成。在兑和时,不仅要考虑到纯麦和谷物的兑和比例,还要顾及勾兑酒液的酒龄、产地、口味及其他特征。兑和威士忌口味多样,最为畅销,是苏格兰威士忌的主流产品。著名的兑和型威士忌品牌有:百龄坛(Ballantine's)、金铃(Bell's)、芝华士(Chivas Regal)、皇室礼炮(Chivas Regal Royal Salute)、顺风(Cutty Sark)、帝王(Dewars)、添宝(Dimple)、格兰特(Grant's)、海格(Halg)、珍宝(J&B)、尊尼获加(Johnnie Walker)、教师(Teacher's)、威雀(The Famous Grouse)、白马(White Horse)等。

4. 苏格兰威士忌的著名品牌

(1) 格兰菲迪(Glenflddich)

格兰菲迪酒厂坐落在苏格兰高地中央的斯佩塞地区,历史悠久。创始人威廉·格兰先生就出生在苏格兰高地的一个小镇上。27 岁时,他开始在一家酿酒厂工作。1886年秋天,威廉·格兰先生率两个女儿和六个儿子建立了格兰菲迪酒厂。酒厂建成后,他

图 2 - 9　苏格兰格兰菲迪威士忌 Glenflddich　　图 2 - 10　苏格兰麦卡伦威士忌 Macallan

与子女亲自把关酿造的每个环节,全年无休。终于,在 1887 年圣诞节那天,蒸馏出第一瓶格兰菲迪单一纯麦威士忌。格兰菲迪主要的产品有:格兰菲迪 12 年、格兰菲迪 15 年、格兰菲迪 18 年、格兰菲迪 30 年、格兰菲迪 40 年、格兰菲迪 50 年。格兰菲迪雪凤凰、格兰菲迪探索者、格兰菲迪特殊年份系列等。

(2) 麦卡伦(Macallan)

麦卡伦酒厂坐落在斯佩塞的小山丘上,自 18 世纪末开始酿造威士忌。在建厂之初,麦卡伦销售的主要产品是混合威士忌,只有少数的纯麦威士忌在斯佩塞地区销售。1908 年,麦卡伦单一麦芽威士忌在英国上市,取得了巨大的成功。厂主开始转型,以生产和销售单一纯麦威士忌为主。麦卡伦纯麦威士忌在国际上获得了很多荣誉。在 007 电影天幕坠落中,成为邦德御用威士忌。麦卡伦威士忌的主要产品有:麦卡伦 18 年雪利桶、麦卡伦 1824 系列、麦卡伦高级橡木桶等。

(3) 云顶(Spring Bank)

云顶酒厂于 1828 年创立。从那以后,直至今日,都是由米切尔家族管理,是为数不多的家族独立经营的酒厂。其麦芽威士忌甘甜,香气浓郁,口感丝滑,有轻微的泥炭香味。厂家所使用的麦芽全部都采用地板发芽的方法,自家酿造,初次蒸馏机是直接加热蒸馏,拥有独立的装瓶设备。云顶酒厂是苏格兰唯一一家将整个流程全部完成的酒厂。云顶酒厂坚持不对产品进行冷却、过滤、着色等程序,保留酒液的自然状态。云顶威士忌的主要产品有:云顶 10 年、云顶 15 年等。

图 2-11 苏格兰云顶威士忌 Spring Bank

图 2-12 苏格兰百龄坛威士忌 Ballantine's

(4) 百龄坛(Ballantine's)

1827 年,乔治·百龄坛在爱丁堡开始了他的苏格兰威士忌事业。乔治·百龄坛从零做起,严格把控酿造的每个环节。乔治·百龄坛试着把清新淡雅的谷物威士忌和醇香浓郁的纯麦威士忌相互兑和,让人感觉到爽口的烟熏味和橡木桶芳香,还有浓郁的奶油味。2011 年,百龄坛 17 年被评为"全球年度最佳威士忌",被赋予至高无上的殊荣。

百龄坛威士忌的销量排行世界第三,在欧洲销量领先。百龄坛威士忌的主要产品有:百龄坛特醇、百龄坛 12 年、百龄坛 17 年、百龄坛 21 年、百龄坛 30 年、百龄坛珍藏等。

(5) 尊尼获加(Johnnie Walker)

1860 年,尊尼获加父子公司开始使用标志性的方形瓶身,他们的威士忌畅销全球。他们的酒和代理商遍及世界各地。1837 年,亚历山大·获加注册了知名的 Johnnie Walker 酒牌,随后漫画家汤姆·布朗画了一幅《向前迈步的绅士》的漫画,使其变成享誉全球的商标图案。1934 年,尊尼获加威士忌获得了英国皇室授予的忠诚勇士徽章,这是皇室对尊尼获加威士忌品质的认可。时至今日,尊尼获加仍然是英国皇家御用威士忌。尊尼获加的主要产品有:尊尼获加红牌、尊尼获加黑

图 2-13　苏格兰尊尼获加威士忌 Johnnie Walker

牌、尊尼获加黑牌劲烈版、尊尼获加金牌、尊尼获加铂金、尊尼获加蓝牌、尊尼获加礼赞系列等。

(6) 芝华士(Chivas Regal)

芝华士兄弟于 19 世纪 50 年代开创了选料艺术,并调和了多种陈年麦芽和谷物威士忌,他们调制出的威士忌口感顺滑、丰富、味道和谐。2001 年,芝华士被皮诺理查烈酒酿造公司收购。皮诺理查烈酒酿造公司始终坚持芝华士调和艺术的传统,确保芝华士的味道和口感始终如一。芝华士的主要产品有:芝华士 12 年、芝华士 18 年、芝华士 25 年等。

图 2-14　苏格兰芝华士威士忌 Chivas Regal

图 2-15　苏格兰金铃威士忌 Bell's

(四) 爱尔兰威士忌(Irish Whiskey)

爱尔兰是威士忌的诞生地,至少有 700 多年的酿造历史。据说,1171 年英格兰亨

利二世率军队渡海来岛时,此地已饮用称为"生命之水"的蒸馏酒,这便是威士忌的前身。爱尔兰法律规定,爱尔兰威士忌必须在爱尔兰境内酿造并陈年。

1. 爱尔兰威士忌的特点

爱尔兰威士忌是以 80% 的大麦为主要原料,混以小麦、黑麦、燕麦、玉米等配料,制作程序与苏格兰威士忌大致相同,但不像苏格兰威士忌那样要进行复杂的勾兑。另外,爱尔兰威士忌在口味上没有那种烟熏味道,因为在烘烤麦芽时,使用的是无烟煤。爱尔兰威士忌通常要进行三次蒸馏。蒸馏后酒精浓度高达 86 度。陈酿时间一般为 8～15 年。最后用蒸馏水稀释后装瓶出售。爱尔兰威士忌的酒度为 40 度左右,口味比较柔和,适中,并略带甜味。

2. 爱尔兰威士忌的产区

几乎所有的爱尔兰威士忌酿酒厂都集中在科克和都柏林,除了布什米尔酿酒厂以外。布什米尔酿酒厂位于安特利郡的考勒瑞地区,是爱尔兰历史最悠久的威士忌酿造厂。

3. 爱尔兰威士忌的著名品牌

爱尔兰威士忌的著名品牌有:尊美醇(John Jameson)、布什米尔(Bushmills)、图拉摩尔督(Tullamore Dew)等。

(1) 尊美醇(John Jameson)

1740 年,约翰·詹姆森出生在一个英雄之家。他的家族因英勇无畏地与海盗作战而闻名。1770 年,30 岁的约翰·詹姆森把家搬到了都柏林,开始经营酿酒厂。约翰对于威士忌的品质要求极高,每次他都会亲自选麦,选桶。他还坚持采用三次蒸馏的方法,虽然成本变高了,但是蒸馏出来的威士忌入口更加的柔和。1810 年,约翰的儿子詹姆森二世接手酿酒厂,并扩大了生产规模,成为当时爱尔兰最大的酿酒厂之一。之后,约翰的孙子詹姆森三世把家族品牌推向世界

图 2-16　尊美醇爱尔兰威士忌 Jamson

市场。在 1900 年,詹姆森四世接手的时候,詹姆森威士忌已经享誉全球。詹姆森威士忌的主要产品有:詹姆森 12 年特殊珍藏、詹姆森黄金珍藏、詹姆森 18 年限量珍藏、詹姆森稀有年份珍藏、詹姆森酿酒师签名珍藏等。

(2) 布什米尔(Bushmills)

布什米尔酒厂是爱尔兰第一座酒厂,位于爱尔兰北部安特里姆郡。1608 年 4 月 20 日,英王詹姆士一世授予托马斯·菲利普士爵士酿酒证书,批准他生产和销售威士忌。布什米尔酒厂生产的威士忌使用大麦麦芽为原料,坚持使用爱尔兰传统的铜制蒸馏器进行三次蒸馏。在橡木桶的选择方面,布什米尔酒厂只选择美国肯塔基州的波本桶以及

西班牙雪利桶。每个木桶都经过人工仔细挑选。为了让酒品充分渗透橡木的香气,每只酒桶都有严格的使用寿命。精选的材料、精致的酿造艺术成就了布什米尔威士忌甘甜醇厚的口感。布什米尔威士忌是世界上获奖最多的爱尔兰威士忌。布什米尔威士忌的主要产品有:布什米尔白标威士忌、布什米尔黑标威士忌、布什米尔蜂蜜威士忌、布什米尔 10 年陈酿单一纯麦威士忌、布什米尔 16 年陈酿单一纯麦威士忌、布什米尔 21 年陈酿单一纯麦威士忌等。

图 2-17　布什米尔爱尔兰威士忌 Bushmills

图 2-18　图拉摩尔督爱尔兰威士忌 Tullamore Dew

（3）图拉摩尔督（Tullamore Dew）

图拉摩尔是爱尔兰岛中部的一个小镇的名字,1829 年,麦卡伦·摩罗伊在这里创立了酿酒厂,生产以该镇名字命名的威士忌。丹尼尔·E. 威廉姆斯早年就在酿酒厂从事筛选麦芽的工作。他辛勤地工作,长时间住在干草棚中。正是这种吃苦耐劳的精神以及对威士忌的热情使得丹尼尔·E. 威廉姆斯在 1873 年成为了酿酒厂的总经理,并最终变成酿酒厂的业主。为了确保威士忌的品质,在成为酿造厂业主后,他依然亲自选麦,监督每一步的生产过程。他自豪地在每瓶亲自酿造的威士忌酒上刻下 D. E. W.,以证明其优越的品质。丹尼尔·E. 威廉姆斯创造性地使用三次蒸馏法酿造威士忌,使得威士忌口感平滑柔顺。图拉摩尔督的主要产品包括:图拉摩尔督威士忌、图拉摩尔督 12 年特殊珍藏、图拉摩尔督 10 年单一纯麦威士忌、图拉摩尔督凤凰、图拉摩尔督老仓库等。

（五）美国威士忌

美国是四大威士忌生产国之一,同时也是世界上最大的威士忌酒消费国。据统计,美国成年人年均饮用 16 瓶威士忌酒,居世界首位。17 世纪来自欧洲的移民把蒸馏技术带到了美国。初期的美国威士忌,以稞麦为原料,18 世纪末起也开始使用玉米。

1. 美国威士忌的特点

美国威士忌以玉米、谷物、大麦、燕麦为主要生产原料。美国威士忌与苏格兰威士忌在酿造上方法相似,但所用的谷物不同,蒸馏出的酒精纯度也较苏格兰威士忌低。美国威士忌酒以优质的水、温和的酒质和带有焦糖、椰子、香草、橡木桶的香味而著名。在酿造完成后,需要放入内部烤焦的橡木桶中储存。

2. 美国威士忌的产区

美国威士忌的主要产区集中在西部的宾夕法尼亚州、肯塔基和田纳西地区,90%以上的美国威士忌在这里生产。

3. 美国威士忌的种类

美国威士忌可分为三类:单纯威士忌、混合威士忌、淡质威士忌。

(1) 单纯威士忌(Straight Whiskey)

单纯威士忌是以玉米、黑麦、大麦或小麦为原料,在酿造过程中不混合其他威士忌或谷类制成的中性酒精饮料,酿造完成后储存在橡木桶中至少两年的威士忌。单纯威士忌可以进一步分为波本威士忌、黑麦威士忌、玉米威士忌、保税威士忌。

(2) 混合威士忌(Blended Whiskey)

混合威士忌是用一种以上的单一威士忌,以及 20% 的中性谷物类酒精混合而成的。装瓶时酒度为 40%,常用来作混合饮料的基酒,共分三种:

① 肯塔基混合威士忌

肯塔基混合威士忌是用该州所产的纯威士忌和中性谷物类酒精混合而成的。

② 纯混合威士忌

纯混合威士忌是用两种以上的纯威士忌混合而成的,但不加中性谷物类酒精。

③ 美国混合淡质威士忌

美国混合淡质威士忌是美国的一种新酒种,用不得多于 20% 的纯威士忌和 80% 的酒精纯度为 50% 的淡质威士忌混合而成。

(3) 淡质威士忌(Light Whiskey)

这是美国政府认可的一种新威士忌酒,蒸馏时酒精纯度高达 80.5 度～94.5 度,用旧橡木桶陈年。淡质威士忌中所添加的纯威士忌不得超过 20%。

4. 美国威士忌的著名品牌

美国威士忌的著名品牌有:四玫瑰(Four Roses)、杰克·丹尼(Jack Daniel)、占边(Jim Beam)、美格(Maker's Mark)、老祖父(Old Grand Dad)、西格兰姆斯(Seagram's)、野火鸡(Wild Turkey)等。

(1) 四玫瑰(Four Roses)

四玫瑰酒厂坐落在安静的肯塔基州劳伦斯堡附近的农村,风景优美的盐河河岸上。四玫瑰酒厂建立于 1910 年,独特的西班牙风格建筑,使之被列为美国注册历史古

图 2 - 19　美国四玫瑰威士忌
Four Roses

迹。关于四玫瑰这一品牌的来源,有两种不同的说法:① 品牌创始人保罗·琼斯(Paul Jones)被一位美丽的女子所吸引。琼斯和她约定,如果她愿意和他共度余生的话,就在参加舞会的时候佩戴四朵玫瑰的胸针。最后,女子戴着四朵玫瑰的胸针出现在了舞会现场,并接受了保罗·琼斯的求婚。② 该品牌因保罗·琼斯的四个美丽的女儿得名,并一度被传为佳话。1922 年,保罗·琼斯公司购买了法兰克福酒厂,并开始生产波本威士忌。1943 年,施格兰公司购买了法兰克福酒厂。2002 年 2 月,日本麒麟啤酒公司购买了四玫瑰品牌商标,并命名为四玫瑰酒厂有限责任公司。四玫瑰的主要产品有:四玫瑰小批量生产版、四玫瑰小橡木桶生产版、四玫瑰黄、四玫瑰白金、四玫瑰古老波本等。

(2) 杰克·丹尼(Jack Daniel)

杰克·丹尼先生于美国田纳西州的莲芝堡,创立杰克丹尼酿酒厂,是美国第一家注册的蒸馏酒厂,现已经成为著名的旅游胜地。杰克·丹尼商标为"Old No. 7"。对于这个商标的由来众说纷纭,有人说是因为杰克·丹尼先生有 7 个女朋友,有人说是他名字的第一个字母"J",写得像数字 7 一样,还有人说 7 是杰克·丹尼先生的幸运数字。真正的原因只有杰克·丹尼先生自己知道了。杰克·丹尼

先生很小就离开了家,并由他家族的挚友丹考尔先生抚养长大。丹考尔先生是一位神父,同时他也拥有一家威士忌酿造厂。年轻的杰克·丹尼当时就在那里学习酿造威士忌。1863 年,丹考尔先生决定将其生命奉献给神的事业,因此他将酿酒厂出售当时年仅 13 岁的杰克·丹尼。凭着自己的勤奋和对威士忌一丝不苟的严谨态度,以及美国南方人特有的朴实诚信,杰克·丹尼很快使以自己名字命名的威士忌在美国畅销起来。现在,杰克·丹尼威士忌畅销全球 130 多个国家,单瓶销量多年来高居美国

图 2-20 美国杰克·丹尼威士忌 Jack Daniel

威士忌之首。杰克·丹尼的主要产品有:杰克·丹尼 7 号、杰克·丹尼田纳西蜂蜜、杰克·丹尼小批量生产版、杰克·丹尼绅士等。

(3) 占边(Jim Beam)

1788 年,雅各布·宾先生从德国移民到美国肯塔基。不久之后,他就在农场四周尝试种植玉米和谷物。玉米和谷物丰收后,一半用于出售,另外的一半用来酿造威士忌。1795 年,雅各布·宾先生卖出第一瓶威士忌"Old Jake Beam Sour Mash",当时他生产的威士忌在当地的农民、开荒者中非常出名。他的蒸馏厂被人们称作为"老木桶"。1820 年,雅各布·宾把他的酿酒厂传给他的儿子大卫·宾。大卫·宾扩大了生产规模,同时把家族品牌威士忌销售到了华盛顿。大卫·宾在 1856 年决定将酿酒厂搬到尼尔森附近。通过水运,他把威士忌销售到美国南部和北部。当时主打的威士忌品牌是老木桶。1894 年,吉姆·宾从他父亲大卫·宾手上接过酿

图 2-21 美国占边威士忌 Jim Beam

酒厂。1920年,美国开始实施禁酒令,吉姆·宾正式关闭酿酒厂。1933年,禁酒令正式解除,在儿子耶利米·宾的帮助下,69岁高龄的吉姆·宾重新建立酿酒厂,在仅仅120天内完成。1943年,"老木桶"威士忌正式更名为"占边"威士忌。1946年,耶利米·宾正式接受家族酿酒厂,并把占边威士忌推广到全世界。随后,在1954年,占边家族于波士顿建立了第二个酿酒厂。近年来,占边威士忌发展迅速,产品种类繁多。占边主要的产品有:白占边、黑占边、占边枫树、占边蜂蜜、占边肯塔基火焰、占边恶魔切、占边酿造大师限量版等。

(六) 加拿大威士忌

加拿大于1763年开始生产威士忌,那时英国移民逐渐在加拿大安家落户。1775年,美国独立战争爆发之后,随着英籍移民人数剧增,涌现出一批威士忌酿造商。然而,加拿大大规模生产威士忌是始于美国实施禁酒法的1920年代。当时主要销售对象是借旅行的名义跑到加拿大喝威士忌的美国人。禁酒法解除后,加拿大威士忌迅速打入美国市场。

1. 加拿大威士忌的特点

加拿大威士忌的主要原料为玉米、黑麦,外掺入其他一些谷物,没有一种谷物超过50％的。各个酒厂都有自己的配方,比例都保密。加拿大威士忌在酿制过程中需两到三次蒸馏,然后在橡木桶中陈酿2年以上,装瓶时酒度为45度。一般上市的酒都要陈酿6年以上,如果少于4年,在瓶盖上必须注明。加拿大威士忌酒色棕黄,酒香芬芳,口感轻快爽适,酒体丰满,以淡雅的风格著称。

2. 加拿大威士忌的产区

加拿大威士忌的发源地在安大略湖,1840年,在多伦多和渥太华之间的金斯顿地区拥有200多家威士忌蒸馏厂。现在此地区有10个生产商和20多个蒸馏厂,还有很多酿造厂位于加拿大与美国边境之处。

3. 加拿大威士忌的著名品牌

加拿大威士忌的著名品牌有:加拿大俱乐部(Canadian Club)、加拿大之家(Canadian House)、皇冠(Crown Royal)、米盖伊尼斯(Me Guinness)、8号(Number 8)、施格兰(Seagram's)、辛雷(Schenley)、怀瑟斯(Wiser's)等。

(1) 加拿大俱乐部(Canadian Club)

1858年,加拿大谷物商人海勒姆·沃克在安大

图2-22 加拿大俱乐部威士忌
Canadian Club

略的沃克维尔建立酿酒厂。当时人们会提着自己的瓶子或容器,到当地商店购买威士忌。沃克先生酿造的威士忌口感柔和,很容易上口,受到大家的称赞和喜爱。他希望更多的人能喝上他酿造的威士忌,因此,他在橡木桶上刻上品牌的标志。很快沃克先生的威士忌在加拿大流行起来,随后又出口到美国。美国人认为这是一种非常特别的威士忌,通常只有绅士俱乐部才有销售,因此人们称之为"俱乐部威士忌"。

（2）皇冠(Crown Royal)

1939 年,英王乔治五世和王后伊丽莎白首次航行到了北美。加拿大政府酿造了皇冠威士忌并送于这对王室夫妇。皇冠威士忌的瓶身、商标、瓶盖等都通过精挑细选,为的是打造出一款符合王室身份的威士忌。瓶身上的雕琢类似于皇冠上的珠宝,紫色的包装象征着国王的长袍。皇冠威士忌经历过 600 多次的尝试,才得出最顶尖的配方,一直沿用至今。首次酿造出的皇冠威士忌被喻为"完美无价之珍宝",直接作为贡品供王室使用。

图 2-23　加拿大皇冠威士忌
Crown Royal

（七）威士忌的饮用与服务

1. 酒杯与份量

一般使用古典杯;每份威士忌的标准用量为 30 毫升。

2. 饮用方法

（1）净饮、加冰、加水

苏格兰威士忌最适合净饮,特别是品味 30 年或者 40 年陈酿的威士忌,加入其他饮料简直是对它的亵渎。当然,很多人饮用苏格兰威士忌时还会加冰,"Whisky on the rocks"(威士忌加冰)是酒吧里最常听到的话语。对于加水饮用苏格兰威士忌,各方专家观点不一。有的认为苏格兰威士忌应该加温水饮用,还有的认为苏格兰威士忌应该加冰水饮用。可以确定的是,加水的量不能太多,否则会稀释威士忌。很多专业的威士忌品鉴家通常会加 1~3 滴水(根据威士忌强度的不同),加水后可以更好地释放苏格兰威士忌的香味。

（2）混合饮用

爱尔兰威士忌、美国威士忌和加拿大威士忌可以混合其他饮料一起饮用。最常见的是和干姜汽水、可乐、红牛饮用,也可以加入各种其他软饮料。在中国,饮用威士忌时,人们还会加入绿茶、王老吉等。不管加入什么饮料,高品质威士忌的香味不会被覆盖。

（3）调制鸡尾酒

美国威士忌、加拿大威士忌、爱尔兰威士忌可以作为鸡尾酒的原材料。相比起伏特加和金酒,以威士忌为基酒的鸡尾酒品种较少。例如:爱尔兰咖啡(Irish Coffee)、曼哈顿(Manhattan)、教父(God-Father)等。

三、伏特加

(一)伏特加的起源与历史

伏特加的名字源自俄语"Boska"一词,是"水酒"的意思,英文名字是"Vodka"。伏特加还被称为俄得克。伏特加是俄罗斯和波兰的国酒。谷物(马铃薯、玉米、大麦、小麦等)是生产伏特加的主要原料,少数酒厂还使用葡萄作为原料。伏特加无色透明,口味烈,酒中所含杂质较少,口感纯净,劲大刺鼻。伏特加酒精浓度一般在40度~50度之间。

伏特加起源于14世纪的俄国还是波兰,至今还未能判定。据说原始酿造工艺是由意大利的热那亚人引入的。伏特加酒劲大且纯净,可迅速成为御寒饮料。诞生初期,伏特加只是上流社会专属的饮料。当时俄罗斯的统治者莫斯科大公瓦西里三世为了保护本国传统名酒——蜜酒(啤酒和蜂蜜蒸馏而成),下令民间禁止饮用伏特加。伊凡四世登基之后,设立皇家酒苑,专门酿造伏特加供近卫军饮用。当时伏特加的酿造原料为大麦。伏特加真正在民众中流行开来是在乌克兰并入俄罗斯后的事了。在数年之间,伏特加一跃成为俄罗斯人民最喜欢的酒精饮料。随着销量的增加,很多酒厂逐渐开始采用马铃薯、玉米等材料代替大麦。

(二)伏特加的生产工艺

现代伏特加的酿造法是首先以马铃薯或玉米、大麦、黑麦为原料,用精馏法蒸馏出酒度高达96%的酒液,再使酒液流进盛有大量木炭的容器,以吸附酒液中的杂质(油类、酸类、醛类、酯类及其他微量元素),最后用蒸馏水稀释至酒度40%~50%而成。伏特加不用陈酿即可装瓶销售。有少数酒厂在装瓶前还会经过串香程序,使酒具有独特的芳香。

(三)俄罗斯伏特加

俄罗斯伏特加酒液无色透明,除酒香外,几乎没有其他香味。口味干烈,劲大冲鼻,像火焰一般刺激,无须陈酿即可装瓶销售。

俄罗斯伏特加的著名品牌有:波士(Bolskaya)、哥丽尔卡(Gorilka)、俄国卡亚(Kusskaya)、柠檬那亚(Limonnaya)、苏联绿牌(Mosrovskaya)、皇冠伏特加(Smirnoff)、苏联红牌(Stolichnaya)等。

1. 苏联红牌(Stolichnaya)

苏联红牌伏特加是俄罗斯国内销量第一的伏特加,在欧洲、美洲、亚洲的很多国家也有销售。1950年开始在俄罗斯成名,20年后开始出口到欧洲各国。Stolichnaya在俄语中是莫斯科的意思,标

图2-24 苏联红牌伏特加 Stolichnaya

签上的图案是莫斯科的地标性建筑莫斯科瓦酒店。在俄罗斯境内有10家酿酒厂生产苏联红牌伏特加。在俄罗斯国内销售的苏联红牌伏特加主要是以土豆为原料，而出口的则以谷物为主要原料。酿造苏联红牌伏特加的水都是取自河流和湖泊的"活水"，经过处理去掉其中的杂质。发酵时会加入一点点糖，让酒变得更加柔顺，通过石英和木炭过滤三次后装瓶销售。苏联红牌的主要产品有：苏联红牌柠檬、苏联红牌水晶线等。

2. 皇冠伏特加(Smirnoff)

皇冠伏特加也常常被称为斯米尔诺夫伏特加。1831年，创始人 P. A. 斯米尔诺夫出生在一个农奴家庭里。1860年，在俄国沙皇亚历山大二世统治期间，斯米尔诺夫先生得到沙皇的许可，开始酿造伏特加。1864年，在仅有的25个工人的帮助下，斯米尔诺夫生产出第一批皇冠伏特加。13年后，1877年，凭借优越的品质，斯米尔诺夫获得了沙皇的嘉奖，并且允许他使用俄罗斯纹章作为商标。1917年，俄国十月革命爆发，私营企业被视为非法，政府命令当时的厂主斯米尔诺夫的儿子交出酿造厂。无奈之下，斯米尔诺夫的儿子交出了酒厂，并带着父亲的酿酒配方逃亡到国外。几经辗转之后，1943年，他来到了美国，并且在美国芝加哥附近重新建造了酿酒厂并继续生产斯米尔诺夫伏特加。其优越的品质迅速占领了美国市场，并开始出口到欧洲。现在，皇冠伏特加畅销全球170多个

图 2-25　皇冠伏特加 Smirnoff

国家，堪称全球第一伏特加品牌，是世界上销售量第二的烈酒，每天都有46万瓶皇冠伏特加售出。

（四）波兰伏特加

波兰伏特加在世界伏特加中占有重要一席。波兰伏特加的生产工艺与俄罗斯伏特加非常接近，主要区别在于波兰人在酿造伏特加的过程中，加入了许多草卉、果实等调香原料，波兰伏特加的香味比俄罗斯伏特加更为丰富浓郁。

波兰伏特加的著名品牌有：雪树（Belvedere）、维波罗瓦（Wyborowa）、朱波罗卡（Zubrowka/Bison Glass）等。

1. 雪树(Belvedere)

雪树伏特加酒厂位于华沙西部，波兰伏特加酿造心脏地区——一个叫济拉多夫的小镇。雪树伏特加酒厂具有100多年的历史。1993年，定义为奢华品牌的第一批雪树伏特加正式上市，获得了巨大的成功和业界称赞。Belvedere在波兰语中有"美景"的意思，代表着该伏特加既好看，又好喝。雪树伏特加的商标是波兰的总统府，象征着高贵。雪树伏特加采取小批量生产的形式，手工酿造，采用最精细的原材料以确保最优的品质。

图 2 - 26　波兰雪树伏特加 Belvedere　　图 2 - 27　波兰朱波罗卡伏特加 Zubrowka Ploish

2. 朱波罗卡(Zubrowka/Bison Glass)

朱波罗卡伏特加又被称为"野牛草伏特加"或"香子兰草伏特加"。在波兰的比亚沃维耶扎地区,广泛种植着香兰子草。当地的野牛以之为食,当地的人们以之为原料酿造伏特加。早在 600 多年前,香兰子伏特加已经成为当地贵族间流行的一种饮料。后来此伏特加被游客带往欧亚大陆。朱波罗卡伏特加采用传统的酿造工艺,并成功将香子兰草的风味添加到伏特加中去。

3. 维波罗瓦(Wyborowa)

维波罗瓦伏特加品牌创立于 1927 年,很快成为波兰国内畅销的伏特加品牌。酒厂位于波兰西部。从 1932 年起,维波罗瓦伏特加开始出口到巴西、中国、美国等国家。目前全球有 80 多个国家都有销售。维波罗瓦伏特加酿造工艺流程极为讲究,酿造出的伏特加品质优越。此品牌的伏特加已经获得过 30 多项国际大奖,是值得波兰骄傲的伏特加品牌。

图 2 - 28　波兰维波罗瓦伏特加 Wyborowa

(五) 其他国家生产的伏特加

除俄罗斯和波兰外,美国、加拿大、英国、芬兰、瑞典、法国、新西兰等国家都在生产伏特加。这些国家生产的伏特加也各具特色。著名的美国伏特加有:蓝天(Sky)、沙莫瓦(Samovar)、菲士曼皇家(Fielshmann's Royal)。著名的加拿大伏特加有:西豪维特(Silhowltte)。著名的英国伏特加有:哥萨克(Cossack)、夫拉地法特(Viadivat)、皇家伏特加(Imperial)、西尔弗拉多(Silverado)。著名的芬兰伏特加有:芬兰地亚(Finlandia)。著名的瑞典伏特加有:绝对伏特加(Absolut Rang)。著名的法国伏特加有:灰雁(Grey

Goose)、卡林斯卡亚(Karinskaya)、弗劳斯卡亚(Voloskaya)。著名的新西兰伏特加有42 纬度以下(42-Below)。

图 2-29　美国蓝天伏特加 Sky

图 2-30　瑞典绝对伏特加 Absolut Rang

图 2-31　新西兰 42 纬度下伏特加 42-Below

(六) 伏特加的饮用与服务

1. 酒杯与份量

一般使用古典杯;每份伏特加的标准用量为 30 毫升。

2. 饮用方法

① 净饮

伏特加适合净饮或者加冰饮用。一般在净饮时,会额外准备一杯冰水,常温饮用伏特加,再饮一口冰水。也有不少人把伏特加直接放在冰箱里冰镇后纯饮。

② 混合饮用

伏特加还可以混合其他饮料一起饮用。最常见的是和干姜汽水饮用,也可以加入各种其他软饮料。需要注意的是,伏特加一般可以和无色或者淡色的饮料混合饮用,例如雪碧、苏打水、汤力水。伏特加一般不和深色的饮料混合饮用,例如可乐。

③ 调制鸡尾酒

伏特加是很多鸡尾酒的原材料。以伏特加为基酒的鸡尾酒品种繁多。例如：黑俄（Black Russian）、螺丝钻（Screw Driver）、血腥玛丽（Bloody Mary）等。

四、金酒

（一）金酒的起源与历史

金酒是以谷物为原料，加入杜松子等调香材料，经过发酵、蒸馏制成的烈酒，因此金酒又称为杜松子酒。

最初的金酒主要用于医疗。1660 年，在荷兰莱登大学医学院的西尔维亚斯（Sylvius）教授发现杜松子具有利尿的作用，就将其浸泡于食用酒精中，再蒸馏成含有杜松子成分的药用酒。这种药酒具有利尿、清热的功效。然而服用这种药酒的患者普遍觉得香气和谐、口味清晰爽适，多数病患甚至把这种药酒直接当成酒精饮料饮用。于是，西尔维亚斯教授将这种酒推向市场，受到消费者普遍喜爱，并把它称之为"Jenever"，这个名词在荷兰一直沿用至今。杜松子酒诞生不久后被英国海军带回伦敦。杜松子酒在伦敦迅速占领市场，销量惊人。为满足日益增长的需求，很多英国本土制造商也开始生产杜松子酒。为了使酒名符合英语发音的要求，英国人将其称之为"Gin"。随着科学技术的不断改进、人们口味的变化，英国金酒与荷兰金酒逐渐形成两种截然不同的风格。

（二）金酒的分类

金酒按口味风格可分为干金酒（辣味金酒）、老汤姆金酒（加甜金酒）、荷兰金酒和芳香金酒（果味金酒）四种。干金酒质地较淡、清凉爽口，略带辣味，酒度在 40 度～47 度之间；老汤姆金酒是在辣味金酒中加入 2％的糖分，使其带有怡人的甜辣味；荷兰金酒除了具有浓烈的杜松子气味外，还具有麦芽的芬芳，酒度通常在 50 度～60 度之间；芳香金酒是在干金酒中加入了成熟的水果和香料，水果香味明显，比较常见的有柑橘金酒、柠檬金酒、姜汁金酒等，酒度在 40 度左右。

金酒还可以根据产地进行分类，主要可分为：荷兰金酒、伦敦干金酒和其他国家生产的金酒。

（三）荷兰金酒（Jenever）

荷兰金酒原产于荷兰，是荷兰的国酒。金酒主要产区为斯希丹（Schidam）一带。它是以大麦与黑麦等为主要原料进行蒸煮，得到谷物原浆。在谷物原浆中加入酵母经行发酵，然后连续蒸馏两次。最后一次蒸馏前要加入杜松子以及很多其他调香原料，例如：芫荽、菖蒲根、小豆蔻、当归香菜子、茴香、甘草、橘皮、八角茴香及杏仁等。蒸馏完成后的酒液存储在玻璃槽中待其成熟，稀释装瓶。荷兰金酒常装在长形陶瓷瓶中出售。

荷兰金酒在装瓶前不可储存过久，以免杜松子氧化而使味道变苦。而装瓶后则可以长时间保存而不降低质量。

荷兰金酒色泽透明清亮，酒香味突出，香料味浓重，辣中带甜，风格独特。无论是纯饮或加冰都很爽口，酒度为 50 度左右。因香味过重，荷兰金酒不宜做混合酒或鸡尾酒的基酒，否则会破坏酒品的平衡香味。

荷兰金酒根据存储时间的不同可以分为三类：新酒（Jonge）、陈酒（Oulde）和老陈酒（Zeet oulde），后两种金酒需要在橡木桶中陈酿一段时间。荷兰金酒著名的品牌有：波克马（Bokma）、波尔斯（Bols）、邦斯马（Bomsma）、哈瑟坎坡（Hasekamp）、亨克斯（Henkes）等。

（四）伦敦干金酒（London Dry Gin）

在 17 世纪，威廉三世统治英国时，发动了一场大规模的宗教战争，参战的海军士兵将金酒由荷兰带回英国。1702 年到 1704 年，当政的安妮女王对法国进口的葡萄酒和白兰地施以重税，同时减少本国生产蒸馏酒的税收。因此，伦敦干金酒成了英国平民百姓首选的廉价蒸馏酒。另外，金酒的原料价格低廉，生产周期短，无须长期储存，经济效益很高，不久就在英国酒水酿造商中流行起来。当时伦敦干金酒的产区主要集中在伦敦周围，现在伦敦干金酒在世界各地都有生产。

伦敦干金酒的生产过程比荷兰金酒更为简单。伦敦干金酒采用谷物为主要原料进行蒸煮。蒸煮的时间不固定，从 12 小时到 2 天不等。蒸煮完成后，加入酵母进行发酵。蒸馏可以在罐式蒸馏器或连续蒸馏器内进行。第一次蒸馏结束后得到酒精含量为 90%～95% 的蒸馏液。加水稀释到 60% 后，加入杜松子、胡荽、橙皮、香鸢尾根、黑醋栗树皮等调香材料。再次进行蒸馏，最终得到酒精含量约为 37%～47.5% 的伦敦干金酒。

伦敦干金酒酒液无色透明，柠檬皮和杜松子的香味明显，口感爽适，酒精度在 40 度左右。伦敦干金酒既可单饮，又可与其他酒混合配制或作为鸡尾酒的基酒。

伦敦干金酒根据含糖量的多少可以分为：干金酒（Dry Gin）、特干金酒（Extra Dry Gin）、极干金酒（Very Dry Gin）。

1. 必富达/英国卫兵（Beefeater）

必富达/英国卫兵金酒拥有悠久的历史，它的起源可以追溯到 1820 年约翰·泰勒夫妇在伦敦的切尔西地区开办的一家小型酿酒厂。1863 年，受过培训的药剂师兼企业家詹姆士·巴洛夫先生买下该酒厂，他在 19 世纪 60 年代研制的必富达金酒独特秘方一直被沿用至今，被誉为必富达的无价之宝。巴洛夫希望酒的名称能与伦敦更紧密地结合在一起，最终决定以"Beefeater"为其命名。"Beefeater"是伦敦塔守卫的昵称，他们守卫伦敦塔已有 500 多年的历史。这一品牌正是受此启发而得名。"Beefeater"这一名字及伦敦塔守卫标志性的形象，经过悠长岁月，更恰到好处地体现了必富达的独特之处——目前唯一在伦敦酿制的全球高级金酒。必富达金酒的主要产品包括：必富达伦敦干金酒、必富达 24 号金酒。

2. 孟买蓝宝石（Bombay Sapphire）

孟买蓝宝石金酒的配方最初诞生在 1761 年英国的西北部。自从那时起这个秘密的配方就被一代一代地传下来了。孟买蓝宝石金酒的商标上印有维多利亚女王的图像。孟买蓝宝石金酒被全球认为最优质最高档的金酒，与仅仅用 4～5 种草药浸泡而成的普通金酒相比较，孟买蓝宝石金酒采用 10 种世界各地采集而来的草药精酿而成。

图 2-32　孟买蓝宝石金酒 Bombay Sapphire

图 2-33　杰彼斯金酒 Gilbey's

3. 杰彼斯（Gilbey's）

1857 年，参与了克里米亚战争的华尔特和阿尔弗雷德杰彼斯兄弟回到了祖国。他们成立了一家葡萄酒经纪公司。由于兄弟俩经营有方，公司迅速发展壮大。他们开始意识到他们必须拥有自己的酿酒厂。1872 年，兄弟俩合伙创办了酿酒厂，生产杰彼斯金酒和其他烈酒。杰彼斯金酒瓶身上贴有具有英国传统的双足飞龙的图案。杰彼斯金酒采用 12 种自然材料酿造而成，柠檬味道足，口感顺滑。杰彼斯金酒的主要产品有：杰彼斯伦敦干金酒。

4. 歌顿金（Gordon's）

1769 年，作为金酒历史上最为显赫的代表人物亚历山大·哥顿，在伦敦创办了他的第一家金酒厂。经过不懈的研究与实践，开发并完善了不添加糖分的金酒。将经过多重蒸馏的基酒配以杜松子、胡荽、橙皮、香鸢尾根等多种材料，最终调制出了香味独特的哥顿金酒（口感润滑、酒味芳香的伦敦干酒）。1925 年，英国王室授予哥顿金酒皇家特许奖状。此后的哥顿金酒开始逐步出口到海外市场，如今更是以平均每一秒钟卖出 4 瓶的骄人纪录成为销售量世界第一的金酒。哥顿金酒的主要产品有：哥顿伦敦干金酒。

图 2-34　哥顿金酒 Gordon's

5. 普利茅斯（Plymouth）

1793 年，年轻的柯茨先生加入了福克斯以及子孙酿酒公司学习酿造技术。随后，他创办了自己的酿酒公司——科茨公司。当时英国政府出台法律规定，只有在普利茅斯城城墙范围内酿造的金酒才能被称为普利茅斯金酒。1870 年后期，科茨先生成功地酿造出第一瓶普利茅斯金酒。普利茅斯金酒很快就被英国海军普遍接受，在英国海军中流行起来。英国海军每次击败对手时，水手都会爬上绳梯，挥舞着普利茅斯酒瓶庆祝胜利。到 1850 年左右，英国海军成为科茨公司的主要客户，每年销售超过 1 000 桶金酒。因此科茨先生也把普利茅斯金酒的图标设计成英国战船。英国海军日益壮大，把普利茅斯金酒带往世界各地。1896 年，世界上第一个干马天尼鸡尾酒的配方中明确规定使用

图 2-35 普利茅斯金酒 Plymouth

普利茅斯金酒作为基酒。此配方深受好评，被全世界鸡尾酒爱好者接纳。普利茅斯金酒的主要产品包括：普利茅斯原味金酒、普利茅斯海军高度金酒、普利茅斯黑刺李金酒等。

（五）其他国家生产的金酒

除荷兰和英国两个老牌的金酒生产国以外，很多其他国家也生产金酒，例如：美国、苏格兰、爱尔兰、法国、德国、比利时、新西兰、菲律宾等。

近年来，美国金酒发展迅速，百家争鸣，美国一跃成为荷兰和英国之后的第三大金酒生产国。有一些专家在分类金酒时，甚至把美国金酒单独划分为一类。美国金酒大多呈淡金色，与其他金酒相比，它需要在橡木桶中陈酿一段时间。美国金酒主要有蒸馏金酒（Distiled gin）和混合金酒（Mixed gin）两大类。通常情况下，美国的蒸馏金酒在瓶底部有"D"字，这是美国蒸馏金酒的特殊标志。

美国金酒的主要品牌有：里奥波德（Leoplod's）、灰锁（Greylock）、施拉姆（Schramm）、航空金酒（Aviation）、蓝衣（Bluecoat）、格林豪克史密斯金酒（Greenhook Ginsmiths）、波特兰新交易（New Deal Portland）、航海者（Voyager）、鱼饵（Dry Fly）等。

（六）金酒的饮用与服务

1. 酒杯与份量

一般使用古典杯；每份金酒的标准用量为 30 毫升。

2. 饮用方法

（1）净饮、加冰饮用

荷兰金酒适合静饮或者加冰饮用。少数国家在饮用荷兰金酒前会用苦精（Bitter）洗杯，然后倒入荷兰金酒，饮后再饮一杯冰水。伦敦干金酒常常加入冰块和柠檬一起饮用。

（2）混合饮用

伦敦干金酒还可以混合其他饮料一起饮用。最常见的是加汤力水饮用，也可以加入各种其他软饮料。需要注意的是，金酒一般可以和无色或者淡色的饮料混合饮用。例如，雪碧、苏打水。金酒一般不和深色的饮料混合饮用，例如可乐。

（3）调制鸡尾酒

金酒是很多鸡尾酒的原材料。以金酒作为基酒的鸡尾酒品种繁多，所以，金酒又被誉为"鸡尾酒之王"。例如：红粉佳人、金司令等。

五、朗姆酒

（一）朗姆酒的起源与历史

朗姆酒在不同国家有着不同的拼写方法，例如：Rum，Rhum，Ron 等，翻译过来是指"甘蔗老酒"。而在加勒比海地区，朗姆酒又称"火酒"，绰号叫"海盗之酒"，因为过去横行在加勒比海地区的海盗都喜欢喝朗姆酒。在著名的电影《加勒比海盗》中，海盗杰克船长就非常偏爱朗姆酒。

朗姆酒是以甘蔗制糖的副产品——糖蜜和糖渣为原料，经原料处理、发酵、蒸馏、入橡木桶陈酿后，形成的具有独特色、香、味的蒸馏酒。

西印度群岛拥有肥沃的土壤、水质和阳光，使得种上的作物能够很快地生长。甘蔗就这样在这里生根发芽。后来人们开始学会把生产甘蔗的副产品"糖渣"（即"糖蜜"）发酵蒸馏制作甘蔗酒（朗姆酒的前身）。17 世纪初，有位掌握蒸馏技术的英国移民，在巴巴多斯岛（Barbados）成功制造了朗姆酒。当地土著人喝着很兴奋，而"兴奋"一词在当时英语中为"Rumbullion"，故他们将词首"Rum"作为这种酒的名字。当地人还把它作为兴奋剂、消毒剂和万灵药。它曾是海盗们以及英国海军不可缺少的壮威剂，可见朗姆酒备受人们的青睐。

（二）朗姆酒的生产工艺

1. 收割

甘蔗在成熟后，根据甘蔗园的大小和地势，采用不同的方法——人工或是机器进行收割。收割后的甘蔗要在 24 小时之内送到磨坊，不然甘蔗的品质就会下降。在磨坊里,甘蔗被切成小段,通过一系列的研磨过程,榨出汁液。甘蔗汁经过 2 次加热和澄清后得到深棕色的糖蜜。

2. 发酵

甘蔗汁和糖蜜都可以用来蒸馏酿造朗姆酒,但是首先必须通过发酵把它们转变为带有酒精的液体。在甘蔗汁或糖蜜中放入酵母,酵母通过快速繁殖,把糖分转变为等量的酒精和二氧化碳。

如果使用糖蜜,首先要用水把糖蜜稀释到 15％的浓度。如果使用甘蔗汁,就不需要稀释。接下来是添加酵母的环节,很多酒厂会选择天然酵母,也有一些酒厂会选择使用人工培养的酵母,目的是为了给朗姆酒添加更多的特色。

酒厂可以控制发酵的时间和温度来得到他们想要的产品。如果想要酿造淡质朗姆酒,发酵的时间可以小于 12 小时。酿造普通的朗姆酒一般需要 1～2 天的发酵时间。酿造烈质朗姆酒,需要多达 12 天的发酵时间。发酵结束后得到酒精含量为 5％～9％的液体。

3. 蒸馏

通过蒸馏,可以把酒精和水分离开来,同时去除酒液中不想要的风味元素,例如脂、乙醛、酸等,保留想要的风味元素。有两种方法可以运用在蒸馏朗姆酒上,分别是罐式蒸馏和连续蒸馏。原理是一样的,通过加热发酵后得到的酒液,酒精比水更早汽化,收集和凝结这些气体,就能得到朗姆酒。

4. 陈酿

蒸馏出的朗姆酒需要放在橡木桶中储存。

淡质朗姆酒储存的时间为 1 年～3 年不等,烈质朗姆酒至少储存 3 年。每储存 1 年,酒液会变得更加柔滑、顺口。朗姆酒的最长储存年限是 20 年,超过 20 年,朗姆酒会逐渐失去原有的风味。在炎热和干旱的地区,朗姆酒陈酿得更快。

5. 调配

大部分朗姆酒都是通过选用不同种类,不同储存年限,甚至不同产区的朗姆酒调配而成。焦糖、香料和风味物质通常会加入朗姆酒之中来获得相应的特色。每个酒厂首席酿酒师的工作,就是确保每一瓶酒都有一样的风味和品质,消费者在市场上买到的每一瓶酒味道都一样。

6. 装瓶

调配过的朗姆酒可以直接装瓶上市出售。

（三）朗姆酒的分类

朗姆酒根据色泽可分为白朗姆酒（White Rum）、金朗姆酒（Golden Rum）、黑朗姆酒(Dark Rum)三种。

(1) 白色朗姆(White Rum)

白色朗姆呈无色或淡色,为清爽型的新鲜酒,具有清新的蔗糖香气,酒味甘润细腻,酒度为45%~55%。

(2) 金色朗姆(Golden Rum)

金色朗姆呈金黄色,通常采用淡色朗姆和深色朗姆原酒勾兑而成,风格介于两者之间。

(3) 深色朗姆(Dark Rum)

深色朗姆又名黑朗姆,呈浓褐色,属浓厚型的老陈酒;口感干冽,酒香醇浓而优雅,酒度在43%~45%。

(四) 朗姆酒的著名品牌

全世界大概有100多个朗姆酒品牌。比较知名的朗姆酒品牌有:埃普利顿庄园(Appleton Estate)、百加得(Bacardi)、班德堡(Bundaberg)、摩根船长(Captain Morgan)、鸡距(Cockspur)、皇家高鲁巴(Coruba Royal)、堂吉柯德(Don Q)、哈瓦那俱乐部(Havana Club)、海军朗姆(Lamb's Navy)、马脱壳(Mount Gay)、密叶斯(Myers's)等。

1. 埃普利顿庄园(Appleton Estate)

埃普利顿庄园是牙买加最好的朗姆酒。1655年,英国政府为了表彰弗朗西斯·迪金森在征服牙买加时做出的贡献,授予他埃普利顿庄园。几十年后,弗朗西斯·迪金森的孙子开始酿造朗姆酒,并成功打造这一品牌。埃普利顿庄园主要的产品有:埃普利顿庄园白朗姆、埃普利顿庄园辛辣朗姆、埃普利顿庄园黑朗姆、埃普利顿庄园12年朗姆、埃普利顿庄园21年朗姆和埃普利顿庄园 V/X 朗姆。

图 2-36　埃普利顿庄园朗姆酒 Appleton Estate　　　图 2-37　百加得白朗姆酒 Bacardi White

2. 百加得(Bacardi)

百加得朗姆酒是百加得公司的主打品牌,是世界上销售量第一的朗姆酒。1830

年,西班牙酒商 Don Facundo Bacardi 先生移民到古巴。当时古巴的朗姆酒未经加工,口味粗犷。他很快找到了提升朗姆酒品质的方法。1862 年在他儿子的帮助下,他买下了圣地亚哥的一个酒厂,开始生产百加得,很快百加得成为古巴最畅销的朗姆酒。1992年,在成功收购马天尼公司后,百加得一跃成为全世界前五的烈酒制造商。百加得朗姆酒品牌很多,主要有:百加得白朗姆、百加得金朗姆、百加得黑朗姆、百加得 8 号朗姆、百加得辛辣朗姆、百加得 151 朗姆等。

3. 摩根船长(Captain Morgan)

摩根船长朗姆酒是帝亚吉欧烈酒酿造公司的旗舰朗姆酒品牌,是世界销售量第二的朗姆酒品牌。亨利·摩根是一个具有传奇色彩的人,他曾经当过海盗,也做过牙买加总督,后来更成为一名成功的酿酒商。1940 年,当时西格兰姆斯烈酒酿造公司的首席执行官山姆·布隆夫曼到达加勒比后,看到了巨大的商机,于 1945 年建立现在的摩根船长朗姆酒公司。后该品牌被帝亚吉欧收购。摩根船长朗姆酒主要产品有:摩根船长白朗姆酒、摩根船长黑朗姆酒、摩根船长金朗姆酒、摩根船长 100 朗姆酒、摩根船长长岛冰茶、摩根船长鹦鹉湾、摩根船长私人珍藏朗姆酒等。

图 2 - 38　摩根船长朗姆酒
Captain Morgan

4. 哈瓦那俱乐部(Havana Club)

哈瓦那俱乐部是皮诺理查烈酒酿造公司首推的朗姆酒品牌,古巴主要的朗姆酒品牌之一。在加拿大、法国、德国、意大利、墨西哥和西班牙销售很多。哈瓦那俱乐部于 1878 年诞生,只在古巴国内销售。直到 1993 年皮诺理查烈酒酿造公司与之联合经营后,才逐渐成为世界知名朗姆酒品牌。哈瓦那俱乐部朗姆酒主要产品包括:哈瓦那俱乐部 3 年陈酿黄标朗姆酒、哈瓦那俱乐部 7 年陈酿黑标朗姆酒、哈瓦那俱乐部 15 年陈酿黑标朗姆酒、哈瓦那俱乐部特殊朗姆酒、哈瓦那俱乐部酿酒师精选蓝标朗姆酒、哈瓦那俱乐部远年储存限量朗姆酒等。

图 2 - 39　哈瓦那俱乐部朗姆酒
Havana Club

(五) 朗姆酒的饮用与服务

1. 酒杯及份量

一般使用古典杯;每份朗姆酒的标准用量为 30 毫升。

2. 饮用方法

（1）净饮：在少数生产朗姆酒的国家，人们喝纯朗姆酒，能够品尝朗姆酒的独特风味。

（2）混合饮用：朗姆酒还可以混合其他饮料一起饮用。需要注意的是，如果混合饮料颜色较深，那使用黑朗姆与之混合，如朗姆可乐；如果混合饮料颜色较浅，那使用白（淡）色朗姆与之混合，如朗姆苏打。

（3）调制鸡尾酒：朗姆酒是很多鸡尾酒宾治酒的原材料，例如：椰林飘香、自由古巴等。

六、特基拉

（一）特基拉的起源与历史

特基拉酒（又称龙舌兰酒）是以龙舌兰属（Agave）的植物为原料酿造而成的。龙舌兰叶片坚挺带刺，喜欢阳光充足、干燥的环境，主要产于美洲热带地区。龙舌兰汁乳白如奶，甘甜可口，为沙漠跋涉的旅客提供了"水"源，因而被称为"沙漠之泉"。

资料证明，早在西元三世纪时，居住于中美洲地区的印第安文明早已发现发酵酿酒的技术。古印第安人在野火燃烧后的地里偶然发现龙舌兰的根茎受热发酵后会产生一种独特的滋味，因此萌发了以此酿造酒的想法。他们提取龙舌兰汁液，加工酿造出龙舌兰酒。最初龙舌兰酒主要被宗教使用，祭祀们认为饮用之后能与神明沟通，其实这只是饮酒后产生的虚幻现象。

后来西班牙殖民者们将蒸馏术带到了美洲。由于高昂的运费以及漫长的周期，西班牙人想在当地寻找一种适合的原料酿酒，以取代葡萄酒或其他欧洲烈酒。于是，他们选择了龙舌兰并尝试使用蒸馏的方式提高酒精度。以龙舌兰为原料的蒸馏酒就这样诞生了，并延续至今。

特基拉酒是墨西哥的国酒。特基拉酒的主要产地在墨西哥中央高原北部哈利斯科州，墨西哥第二大城市格达拉哈附近的特基拉镇。墨西哥政府有明文规定，只有以该地所生产的，以蓝色龙舌兰（Blue Agave）为原料所制成的酒，才可以冠以特基拉（Tequila）之名出售。使用其他品种的龙舌兰制造的蒸馏酒则称为梅斯卡尔酒（Mezcal）。因此，所有的特基拉酒都是龙舌兰酒，但并非所有的龙舌兰酒都可被称为特基拉酒。

（二）特基拉的生产工艺

1. 收割

龙舌兰的生长周期长达几十年。一般在龙舌兰长到 10～12 年后，就能被用来酿

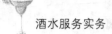

酒。酿酒时先将叶子切除,只留根部。

2. 蒸煮

将龙舌兰根部切块后放入专用糖化锅内进行蒸煮。这个过程大概需要 8～12 小时。在蒸煮的过程中,龙舌兰植物纤维会慢慢软化,释放出天然的甘甜汁液。待糖化过程完成之后,龙舌兰根部需要冷却 24～36 小时。最后将其榨汁注入发酵罐中。

3. 发酵

在龙舌兰汁液中加入酵母和上次蒸馏剩下的发酵汁,放入木质或者不锈钢酒糟中进行发酵。有些厂家为了获取更多的糖分,在发酵时还加入适量的糖。发酵时间通常为 2～12 天不等,取决于酒厂是否使用催化剂。发酵后酒厂通常会保留一些发酵完成后的初级酒汁,用来当作下一次发酵的引子。

4. 蒸馏

蒸馏的过程通常在铜制的壶式蒸馏器或者不锈钢制的连续蒸馏器中进行。一般蒸馏厂会对龙舌兰汁液进行 2～3 次的蒸馏。第 1 次蒸馏需要 2 个小时左右,得到酒精含量约 20% 的液体;第 2 次蒸馏需要 3～4 个小时,得到酒精含量约 55% 的可直接饮用烈性酒;少数生产高品质特基拉的酒厂会进行第三次蒸馏。

5. 陈年

刚蒸馏完成的特基拉新酒是透明无色的。市场上能买到的金色的特基拉是因为在橡木桶中陈酿,或是添加酒用焦糖的缘故。不同的特基拉制造商使用不同的橡木桶,最常见的要数波本橡木桶和雪利橡木桶。特基拉酒没有最低储存期限,但是不同等级的酒有着特定的最低陈年时间(下文中具体说明)。

6. 装瓶

特基拉酒在装瓶前,会以软水稀释到相应的酒精度(一般是 37%～40%,也有少数超过 40%),并且经过活性炭过滤以除去杂质。

(三) 特基拉的分类

特基拉的分类方式通常有两种:根据颜色分类或根据储存时间分类。

根据颜色可以把特基拉分成:

(1) 银色(透明)特基拉(Sliver Tequila):银色特基拉属于特基拉新酒,通常不经过橡木桶储存直接装瓶销售。酒液呈透明色或淡淡的黄色。龙舌兰味明显,口味清爽甘洌。

(2) 金色特基拉(Golden Tequila):金色特基拉属于特基拉陈酒,通常酿造完成后在橡木桶中储存一段时间才能装瓶销售。酒液呈金黄色。橡木香味浓郁,口味醇香。

（四）特基拉的著名品牌

目前世界上共有 100 多个品牌的特基拉，我们主要介绍以下几种。

1. 科尔弗/豪帅（Cuervo）

该品牌由约瑟·科尔弗于 1795 年创立。约瑟·科尔弗死后，酿酒厂传到他女儿的手里。女儿缺乏管理经验，把酒厂交由丈夫文森特·罗哈斯管理。罗哈斯引进了现代化的酿酒设备，扩大了生产规模，并且把新的酿酒厂命名为拉罗婕娜。现在科尔弗公司在墨西哥拥有 2 个酒厂：一个是在瓜达拉哈拉外的酒厂，现在已经被改造成科尔弗博物馆；另外一个就是拉罗婕娜。科尔弗的销量和其他品牌龙舌兰相比遥遥领先。在墨西哥销售出的龙舌兰中，每三瓶中就有一瓶是科尔弗，在美国占有 42% 的市场份额。科尔弗已经与很多烈酒巨头公司一起，进入世界 10 大烈酒畅销榜。科尔弗的主要产品有：科尔弗金快活特基拉、科尔弗银快活特基拉、科尔弗 1 800 特基拉、科尔弗传统特基拉、科尔弗额外陈年特基拉等。

图 2 - 40　豪帅（快活）特基拉 Jose Cuervo

图 2 - 41　索查特基拉 Sauza

2. 索查（Sauza）

该品牌于 1873 年由墨西哥人唐索查创立。唐索查收购了几家酿酒厂，成为规模颇大的特基拉生产商。在唐索查过世以后，他的儿子埃拉迪奥接手酿酒厂并且成功扩大了生产规模。在埃拉迪奥的领导下，索查这一品牌成功地成为墨西哥第二大特基拉生产商。经该家族四代的苦心经营，索查特基拉一直沿用传统方法生产，并保持最完美的品质而享有盛名。索查特基拉拥有拉佩塞韦兰西亚酿酒厂以及周边的特基拉种植园。索查龙舌兰的主要产品有：索查银特基拉、索查金特基拉、索查霍尼托斯特基拉、索查额外成年特基拉等。

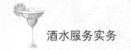
3. 奥美嘉(Olmeca)

施格兰姆斯墨西哥分公司为开拓墨西哥特基拉市场而推出的豪华型产品,它最少需经过两年以上的陈酿方能上市。作为特基拉新品牌,一推出就受到广泛好评。该龙舌兰酒在海外市场销售量比墨西哥国内要好。该酒的标志图案取自墨西哥最古老的 Olmeca 文化的图腾,故具有深邃的文化内涵。奥美嘉龙舌兰酒的主要产品有:奥美嘉 Reposado、奥美嘉 Blanco 等。

图 2-42　奥美嘉特基拉 Olmeca Blanco

(五) 特基拉的饮用与服务

1. 酒杯与份量

常用古典杯;标准份量为 30 毫升。

2. 饮用方法

(1) 净饮

墨西哥人常常净饮特基拉。他们在子弹杯中倒入 30 毫升特基拉,然后准备好一个小碟,碟内放几片柠檬和少量食盐。饮用时,将食盐撒在手背或者虎口处,嘴唇蘸盐,一口喝掉特基拉酒,再吞食柠檬片。

(2) 混合饮用

特基拉还可以混合其他饮料一起饮用,最常见的要数特基拉橙汁。

(3) 调制鸡尾酒

特基拉酒也常作为鸡尾酒的基酒,例如:特基拉日出(Tequila Sunrise)、玛格丽特(Margarite)、特基拉碰(Tequila Pop)等。

七、中国白酒

白酒为中国特有的一种蒸馏酒,是世界八大蒸馏酒之一,由淀粉或糖质原料制成酒醅或发酵后经蒸馏而得。其酒液清澈透明,质地纯净、无混浊,口味芳香浓郁、醇和柔绵,刺激性较强,饮后余香,回味悠久。中国各地区均有白酒生产,其中以四川、贵州、江苏、陕西、安徽、山西等地产品最为著名。

(一) 中国白酒的特点

1. 以含有淀粉或糖分的高粱、玉米、大米、大麦、小麦、甘薯为主要原料;
2. 采用复式发酵法生产:以曲为糖化剂,糖化和发酵同时进行;

3. 是通过固态发酵、固态蒸馏而制成的酒。

（二）中国白酒的分类

1. 按香型分类

（1）酱香型

酱香型又称茅香型，以贵州茅台酒为代表。一般采用超高温制曲，其酒液无色（或微黄）透明，无悬浮物，无沉淀，口感风味具有酱香、细腻、醇厚、回味悠长等特点。在气味上突出独特的酱香气味，香味不十分强烈，但芬芳、优雅、香气持久、稳定，口味上突出绵柔，不刺激，能尝出明显的柔和酸味，味觉及香气持续时间很长，落口比较爽口。

（2）浓香型

浓香型又称泸香型，以四川泸州老窖大曲酒为代表。一般采用混蒸续𥻗工艺，酒液无色（或微黄）透明，无悬浮物，无沉淀，窖香浓郁，口感风味具有醇厚、绵甜、甘爽、香味协调等特点，具有以乙酸乙酯为主体、纯正协调的复合香气。入口绵甜，香味协调余长。

（3）清香型

清香型又称汾型，以山西汾酒为代表。具有清香、醇甜、柔和等特点，入口、落口甜，饮后余香，是中国北方的传统产品。风格特征是无色，清亮透明，清香纯正，入口醇甜柔和，自然协调，香味悠长，落口干爽，微有苦味。可以用清、正、净、长四字概括，即"清字当头，一净到底"。

（4）米香型

米香型以广西桂林三花酒为代表，采取小曲发酵工艺酿造而成，其酒液无色、清亮透明，口感风味具有蜜香、清雅、绵柔等特点，入口醇甜甘爽，落口怡畅，饮后微甜，尾子干净。在香气特征上可以嗅辨出醇的香气，同时在口味上有较明显的口味感。米香型白酒度数较低时，有入口醇甜的感觉。

（5）兼香型

兼香型白酒又称复香型、混合型，是指具有两种以上主体香的白酒，具有一酒多香的风格，这类酒在酿造工艺上吸取了清香型、浓香型和酱香型酒之精华，在继承和发扬传统酿造工艺的基础上独创而成，以安徽淮北市的口子窖为典型代表。

2. 按酿造原料分类

按酿造原料的不同，中国白酒可分为以下几类。

（1）粮食白酒

以高粱、玉米、大米及大麦等为原料酿制而成，名优白酒中的绝大多数为此类酒。

（2）薯干白酒

以甘薯、马铃薯及木薯等原料酿制而成。薯类作物富含淀粉和糖分，易于蒸煮糊化，出酒率高于粮食白酒，但酒质不如粮食白酒，多为普通白酒。

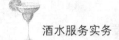

（3）其他原料白酒

其他原料白酒又称代用品白酒，是以富含淀粉和糖分的农副产品和野生植物为原料酿制而成，如大米糠、高粱糠、甘蔗、土茯苓、粉渣及葛根等。这类酒的酒质不如粮食白酒和薯干白酒。

3．按酒精含量分类

（1）高度白酒

高度酒一般是按照传统生产方法所酿造的白酒，酒度在 50 度（含 50 度）以上，多数超过了 55 度，但是一般不超过 65 度。

（2）中度白酒

中度白酒又叫降度白酒，酒度在 40 度～50 度之间。

（3）低度白酒

低度白酒是指采用降度工艺生产的白酒，酒度在 40 度以下（含 40 度）。目前低度酒中以 38 度的白酒居多，也有酒度低至 20 多度的。

（三）中国白酒的著名品牌

序号	品牌	产地	香型	特　点
1	茅台酒	贵州怀仁市	酱香型	以优质高粱为原料，用曲多，发酵期长，多次发酵，多次取酒，风格独特、品质优异，其酒质晶亮透明，微有黄色，酱香突出，敞杯不饮，香气扑鼻，开怀畅饮，满口生香，饮后空杯，留香更大，持久不散。
2	五粮液	四川宜宾	浓香型	采用传统工艺，精选优质高粱、糯米、大米、小麦和玉米五种粮食酿制而成。具有"香气悠久、味醇厚、人口甘美、人喉净爽、各味谐调、恰到好处"的独特风格，是当今酒类产品中出类拔萃的精品。
3	西凤酒	陕西凤翔县	复合香型	被誉为"酸、甜、苦、辣、香五味俱全而各不出头"，酒度有39、55、60 度三种，曾四次被评为国家名酒。
4	洋河大曲	江苏泗阳县	浓香型	曾被列为中国的八大名酒之一。"甜、绵、软、净、香"是洋河大曲的特色。现洋河大曲的主要品种有洋河大曲（55 度）、低度洋河大曲（38 度）、洋河敦煌大曲和洋河敦煌普曲。
5	古井贡酒	安徽亳州市	浓香型	具有"色清如水晶，香醇如幽兰，人口甘美醇和，回味经久不息"的特点。酒味醇和、浓香甘润、余香悠长。酒度有 38、55、60 度三种。
6	剑南春	四川绵竹县	浓香型	以"芳、冽、甘、醇"闻名，1979 年第三次全国评酒会上首次被评为国家名酒。酒度有 38、52、60 三种。
7	泸州老窖	四川泸州市	浓香型	泸州老窖窖池于 1996 年被国务院确定为我国白酒行业唯一的全国重点保护文物，誉为"国宝窖池"。泸州老窖是经国宝窖池精心酿制而成，具有浓香、醇和、味甜、回味长四大特色。

序号	品牌	产地	香型	特　点
8	汾酒	山西汾阳市	清香型	1915年荣获巴拿马万国博览会甲等金质大奖章,连续五届被评为国家名酒。以清香、纯正的独特风格著称于世。典型风格是入口绵、落口甜,饮后余香,适量饮用能驱风寒、消积滞、促进血液循环。
9	郎酒	四川泸州市	酱香型	以"酱香浓郁、醇厚净爽、优雅细腻、回味甜长"的独特风格著称。
10	董酒	贵州遵义市	其他香型	董酒的香型既不同于浓香型,也不同于酱香型,而属于其他香型。该酒的生产方法独特,将大曲酒和小曲酒的生产工艺融合在一起。

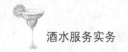

项目三　配制酒

配制酒是以发酵酒、蒸馏酒或食用酒精为酒基,加入可食用的花、果、动植物或中草药,或以食品添加剂为呈色、呈香及呈味物质,采用浸泡、煮沸、复蒸等不同工艺加工而成,改变了其原酒风格的酒。配制酒主要有两种生产工艺,一种是在酒与酒之间进行勾兑,还有一种是酒与非酒精物质之间进行混合。配制酒可以分为三大类:开胃酒(Aperitiy)、甜食酒(Wine)、利口酒(Liqueur)。

一、开胃酒

开胃酒(Aperitiy)顾名思义就是指在餐前饮用的酒,由于此类酒能够刺激肠胃蠕动,产生胃液,增加食欲,因此广受人们喜爱。在日常生活中,可以用作开胃酒的酒品种类很多,如香槟酒、鸡尾酒以及某些葡萄酒和部分蒸馏酒,都可以作为开胃酒饮用。目前从专业角度来看,开胃酒是指那些以葡萄酒或蒸馏酒为酒基,以植物的根、茎、花、叶、皮等为调香原料,经过浸渍或蒸馏等酿制方法调制而成的配制酒。绝大多数开胃酒是意大利和法国所生产的。开胃酒可分为味美思(Vermouth)、比特酒(Bitter)和茴香酒(Anise)三种类型。

(一) 味美思

味美思又称为苦艾酒、威末酒,是以白葡萄酒为酒基,配以苦艾草和其他 25 种至 45 种的草药,再加入少量的蒸馏酒酿制而成。酒精度数在 17 度～20 度之间,可做餐前酒或滋补强壮酒饮用。意大利和法国生产的味美思酒较为著名。意大利以生产甜型红、白苦艾酒著称,而法国则以生产干型苦艾酒见长。

1. 味美思的分类

(1) 按颜色分

① 白味美思(Vermouth blanc):含糖量在 10%～15%之间,酒精度数为 18 度左右,色泽呈金黄色,酒的香气较为柔美,口味鲜嫩。

② 红味美思(Vermouth rouge):含糖量在 15%左右,酒精度数为 18 度,色泽为琥珀黄色,酒的香气浓郁,口味较为独特。

(2) 按含糖量分

① 干味美思(Vermouth dry):酒精度数在 18 度左右,酒的含糖量不超过 4%,意大利生产的干味美思酒色呈麦秆黄色,法国生产的干味美思酒色略呈棕黄色。

② 极干味美思(Vermouth Extra dry):以意大利生产的最为著名,其含糖量极低,口感甘洌爽口。

③ 都灵味美思(Vermouth de turin)：酒精含量在 15.5％～16％之间，由于使用了大量的调香原料，所以香气浓烈扑鼻，依据所用香料的不同分为桂香味美思(桂皮)、苦香味美思(苦味美思)、金香味美思(金鸡纳霜)等多个品种。

④ 甜味美思(Vermouth sweet)：酒的含糖量为 10％～18％，色泽呈红色或玫瑰红色，香味浓，葡萄味较浓，口感苦中带甜，略具橘香。味美思酒的色泽越深，含糖量越高；反之，色泽越淡，含糖量越低。

2. 味美思的饮用方法

味美思的饮用方法在我国不拘形式，在国外习惯上要加冰块或金酒饮用。味美思除了具有加香的特点外，还具有加浓的特点，因为它含糖量高，所含固形物较多，比重大，酒体醇深，是调配鸡尾酒不可缺少的酒种。

3. 世界著名的味美思品牌

① 马天尼和罗西(Martini & Rossi)：产自意大利，是世界著名的味美思酒。该品牌的味美思酒种类齐全，是酒吧常备酒水品牌之一。

② 仙山露(Cinzano)：产自意大利的 Cinzano 公司的世界著名味美思酒。该公司创立于 1754 年，生产干、红三种类型的味美思。

③ 干霞(Gancia)：产自意大利的世界著名味美思酒，于 1805 年建厂，生产种类齐全的味美思酒。

④ 张裕味美思(Changyu vermouth)：张裕味美思是中国烟台张裕葡萄酿酒有限公司的传统产品，分为张裕红味美思和白味美思两种。它以优质葡萄为原料，加以肉桂、豆蔻、苦艾、藏红花等十余种名贵药材精酿而成的加香葡萄酒。酒质呈棕红色，清亮透明，酒香与植物药香相映协调，酸甜适度，微苦爽口，含多种维生素，营养丰富，具有健脾、开胃、舒筋、滋阴、补血、益气之功效。

(二) 比特酒(Bitter)

比特酒又称为苦酒、必打士酒，是具有较高药用和滋补作用的酒水，其帮助消化和助兴奋的功能较为显著。该酒是从古代药酒的配方中演变而来的。配制比特酒使用的酒基为葡萄酒或食用酒精，调香用料和药材多使用那些带有苦味的草卉和植物根茎与表皮，如苦橙皮、龙胆草、金鸡纳霜、柠檬皮、阿尔卑斯草等。比特酒的酒精度数一般维持在 16 度～40 度之间，但也有个别比特酒会超出这个范围。目前世界上比特酒的种类繁多，分类方法也各不相同。如果从香型上分，有清香型比特酒，也有浓香型比特酒；从色泽上划分，可分为淡色比特酒和深色比特酒；从苦味浓度上划分，可分为比特苦精酒和普通比特酒；等等。但是不管如何分类，作为比特酒来讲，其浓厚的苦味和药味是其共同显著的特点。比特酒不仅适合作为所有场合下饮用的饮料，而且也可在一餐结束后作为助消化酒，还适用于调制鸡尾酒。

比特酒主要产于欧美各国，世界上著名的比特酒品牌有以下几种。

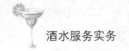

1. 金巴利(Campari)

金巴利产自意大利的米兰,是最著名的苦味酒之一。该酒沿用古老的配方生产,只采用天然的原料和配料。配料主要是橘皮、奎宁及多种香草。酒液呈棕红色,药香浓郁,口味甘苦而舒适,酒度为26度。金巴利有多种饮法,加味美思、橙汁、西柚汁、汤力水、苏打水、冰块,都是流行的喝法。意大利人喝金巴利的传统方法是一份金巴利加上一些冰块,放在摇酒器内摇匀,斟入酒杯后,再调入一片柠檬。夏季喝上一杯这样的饮料,非常甘爽适口。

2. 杜本纳(Dubonnet)

该酒产自法国巴黎,以白葡萄酒作基酒,添加奎宁及其他草药配制而成。成品酒药香明显,苦中带甜,有红白两种颜色,红色杜本纳更有名,酒度为16度。

3. 安哥斯特拉(Angostura)

该酒产于中美洲的特立尼达,习惯上称其为安哥苦精。该酒酒液呈褐红色,酒香悦人,口味微苦,是一种很特别的苦味酒。酒度44度,调酒中常用,但刺激性很强,有微量毒素,多喝有害人体健康。

(三) 茴香酒(Anisette)

茴香酒是以茴香为主要香料,再加上少量的其他配料如白芷银、柠檬皮等,在蒸馏酒中浸制而成的一种酒精饮料。茴香酒口味香浓刺激,一般有明亮的光泽,酒度在25～30度之间。茴香酒的传统制作工艺是将大茴香籽、白芷、苦扁桃、柠檬皮、薄荷、甘草、肉桂等香料先浸泡在基酒中,然后加热蒸馏,待基酒充分汲取足够香味成分后,再进行配制而成。酒具有明亮的光泽,浓郁的茴香气味,浓重的口感,较强的刺激性,是一种理想的开胃酒。世界著名的茴香酒主要有法国产的潘诺(Pernod)、巴斯特(Pastsis)、理察(Ricard),希腊产的乌珠(Ouzo),土耳其产的里吉(Raki)等。潘诺酒为浅青色,半透明,在饮用时加冰、加水后会变成奶白色。巴斯特是染色酒,调制时加有甘草油,以使酒味更加柔顺。

二、利口酒

利口酒又称利乔酒或香甜酒,是以蒸馏为酒基,配制各种调香物,并经甜化处理的酒精饮料。利口酒调香物质有果类、草类和植物种子类等。利口酒色泽娇艳,气味芳香,有较好的助消化作用,主要用作餐后酒或调制鸡尾酒。利口酒的酒精度比葡萄酒高,一般在20度～45度之间。利口酒具有三个显著的特征:其一,调香物采用浸制或兑制的方法加入酒基内。其二,甜化剂是食糖或糖浆。其三,利口酒大多在餐后饮用。利口酒主要生产国集中在欧洲,其中以法国、意大利、荷兰的生产历史最为悠久,产量大,名品多。

（一）利口酒的分类

利口酒的种类很多。按酿造方式不同分类，可分为高度利口酒和浓甜利口酒。按酒精含量分类，可分为普通利口酒、高级利口酒和特级利口酒。普通利口酒的酒精含量为 20％～25％，高级利口酒的酒精含量为 25％～30％，特级利口酒的酒精含量为 35％～40％。按基酒分类，可以分为以中性酒精为基酒，以葡萄酒为基酒，以威士忌、白兰地、金酒、朗姆酒为基酒的利口酒。

利口酒最常用的分类方法是按香料物质分类，主要有水果利口酒、香草利口酒、种子利口酒和乳脂利口酒等。

1. 水果利口酒

水果利口酒最为常见。水果利口酒具有清新的口感和水果特有的芳香，适合在新鲜时间饮用，价格也比较便宜，适合大众消费。

（1）柑橘利口酒

柑橘利口酒泛指以橙子、橘子作为香料的利口酒。这种酒因源于荷兰古拉索群岛，故名古拉索柑橘利口酒。同其他水果利口酒不同的是，柑橘利口酒用干燥后的果皮，先浸泡再蒸馏提取香味成分，香味液同白兰地等烈酒、水混合制成。除无色透明的酒外，柑橘利口酒还有蓝色、绿色、橘红、红色等，都是添加色素制成的。成品柑橘利口酒香气优雅，口感甘润，微苦爽适，酒度在 40 度左右。

柑橘利口酒名品有法国产的君度（Cointreau）、金万利（Grand Maltnier）、玛丽·布兰查（Marie Brized），荷兰产的波士（Bols）、亨瑞姆·沃克（Hilain Walker）等。

（2）樱桃利口酒

将成熟的樱桃在烈酒中浸泡，提取樱桃的香味、色泽，并用肉桂、丁香调整风味，再过滤和熟成，就制得樱桃利口酒。樱桃利口酒色泽暗红，口感略甜，芳香柔和，酒精含量为 20％～25％，含糖量为 20％～22％。樱桃利口酒主要有樱桃烧酒（Kirsch）、樱桃味白兰地（Cher Ty Brandy）等。

樱桃利口酒名品有丹麦产的喜龄（Perer Heelting），斯洛文尼亚产的玛若稀诺（Maraschino），法国产的塞瑞斯（Ceries），德国产的玛丽·格拉夫（Marygraf）等。

（3）桃子利口酒

将桃子在烈酒中浸泡提取香味、色泽，再用柠檬、香草调味，加香、陈酿成熟后，过滤装瓶，就制得桃子利口酒。桃子利口酒芳醇爽口，具有桃子的香味，酒度一般为 40 度。

桃子利口酒名品有美国产的南方舒适（Southern Comfort），法国产的美人桃树（Peach Mignon），荷兰产的波士（Bols）。

（4）椰子利口酒

该酒是利口酒中的新秀，最早产于 1980 年。椰子利口酒采用牙买加等国的朗姆酒作基酒，添加椰子汁调配而成。椰子利口酒清澈透明，口感甜润，椰香浓郁，有浓郁的朗姆酒风味，酒度 24 度。椰子利口酒酒度虽低，但酒质浓烈。

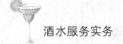

椰子利口酒名品有玛利宝(Malibu)、椰子甜酒(Cocribe)、波士(Bols)等。

2. 香草利口酒

香草利口酒最为高贵,从品质到价格都高高在上。香草利口酒的基酒是各种各样的烈性酒。用以增香的香草种类繁多,鲜艳娇嫩的花卉植物加热后原味尽失,粗老的香草只有加热蒸馏才能提取香味成分,提取液混合调配后添加到基酒中,糖类、色素也必不可少。此后进一步熟成后分离,除掉沉淀物,待酒质稳定后装瓶销售。香草利口酒成品酒共有的特点是健胃、强身、助消化。

(1)佳莲露(Galliano)

该酒产于意大利的米兰市,是以意大利英雄佳莲露少校命名的酒品。它是以食用酒精作基酒,加入70余种香草酿造出来的金色利口酒。该酒酒质细腻,味道醇美,香味浓郁,酒度为38度。

(2)修道院酒(Chartreuse)

该酒是法国最有名的利口酒。这种酒自始至终都是在沙特列兹修道院内制造完成的,配方严格保密。据推测,该酒是以白兰地作基酒,浸泡130多种香草,并配以蜂蜜制成,成酒后陈酿2~13年之久。

修道院酒有绿色和黄色两种,绿色的最为有名,酒度为55度,有强烈的酸涩味。黄色酒比绿色酒甜,口味温和,酒度为40度。另外,修道院还有远年陈酿酒。

(3)修士酒(Benedictine)

该酒也叫当酒或泵酒,是法国产的最古老的利口酒之一。此酒出自修士之手,沿用神秘配方精制而成。修士酒酒标上印有D.O.M.字样,意为"献给至尊至善的上帝",故又名"祝福香草利口酒"。据推测,修士酒是用白兰地为基酒,添加27种香草调香,再掺入蜂蜜配制而成的。酒液呈黄绿色,滋味甘美,气味浓烈芳香,酒度为43度。

(4)杜林标(Drambuie)

该酒产于英国,配方古老而神秘,是以苏格兰威士忌、草药及蜂蜜配制而成的利口酒。酒名的意思是"满意之杯"。酒液呈金黄色,香美味甜,酒度为40度,是英国产的最著名的利口酒。

(5)薄荷利口酒

该酒产于法国、荷兰等地,从薄荷叶中提取薄荷油,然后调配进果汁,再与烈性酒混合制成。薄荷利口酒有无色透明的白薄荷与添加色素制成的绿薄荷两种。最有名的是产自法国的杰特(Get)。

除以上几种利口酒之外,知名的香草利口酒还有紫罗兰利口酒(Violet Liqueur)、香茶利口酒(Tea Liqueur)、玫瑰利口酒(Crewede Rose)等。

3. 种子利口酒

(1)茴香利口酒

茴香利口酒源自荷兰,是最古老的利口酒之一。该酒是用茴香籽为主要香料,辅以柠檬或柑橘皮,兑入蒸馏酒制成的。酒度为 25 度～30 度。

(2) 杏仁利口酒(Liqueurs Damandes)

该酒是以杏仁为主要香料,辅以其他果仁,兑入烈性酒制成的。杏仁利口酒酒液绛红而发黑,果香突出,口味甜美,以法国、意大利的产品最好。酒度为 30 度～35 度。

杏仁利口酒名品有意大利的阿莫拉多(Amaretto),法国的果仁乳酒(Cremede Novaux)等。

(3) 生姜利口酒(Ginger Wine)

这是英国的特产酒,制法是把生姜粉末浸泡在葡萄酒中,然后将其熟成。代表性的品牌有石头牌(Stones)。

(4) 咖啡利口酒(Cremede Cafe)

咖啡利口酒又称咖啡甜酒。凡酒标上注明法文"Cafe"或英文"Coffe"字样者,均属于咖啡利口酒。该酒是将焙炒过的咖啡豆,在烈酒中浸泡、蒸馏,提取香味成分,然后加糖混合勾兑而成。咖啡利口酒酒度为 26 度左右,主产于咖啡出产国。

名品咖啡利口酒有产于牙买加的添万利(Tia Maria),产于墨西哥的咖啡甘露酒(Kahlua)等。

(5) 可可利口酒(Cremade Cacao)

可可利口酒又名巧克力利口酒(Chocolat Tigueurs),多产于西印度群岛。可可利口酒的主要香料为可可豆,制法与咖啡利口酒类似。可可利口酒酒液呈无色透明或深褐色,具有浓郁的可可香味,口感浓甜,酒度在 25 度～30 度之间。

可可利口酒名品有波士(Bols)、玛丽·布兰查(Marie Brized)、万得巧克力酒(Vandermint)等。

4. 乳脂利口酒

(1) 百利甜奶酒(Bailey's)

百利甜奶酒产于爱尔兰,是利口酒中的新宠。该酒以爱尔兰威士忌为基酒,配以新鲜奶油、蜂蜜、巧克力调配而成。百利甜奶酒酒色乳黄,口味极甜,酒度为 17 度。

(2) 爱尔兰雾酒(Irish Mist)

该酒产自爱尔兰,是以爱尔兰威士忌为基酒,配以奶油、蜂蜜、草药制成。爱尔兰雾酒口味较甜,风味浓郁,酒度为 40 度。

(3) 鸡蛋利口酒(Advocaat)

该酒以荷兰、德国出产的最有名。鸡蛋利口酒在白兰地或烈性酒中,配以鸡蛋黄、糖分制成。鸡蛋利口酒酒度为 20 度左右。

鸡蛋利口酒名品有波士(Bols)、瓦宁库斯(Warninks)等。

(二) 利口酒的贮藏

利口酒瓶竖立放置,常温下避光保存。开瓶后仍可继续存放,但长期贮存必失其味,降低品质。也可将利口酒放在冷藏室冷藏,或者将酒瓶放在冰桶内,围以冰块降温。

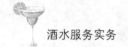

（三）利口酒的饮用服务

利口酒主要作为餐后酒饮用，有解酒腻、助消化的作用，少数干性利口酒可作为开胃酒饮用。水果类利口酒饮用温度由饮者决定，但冰镇后效果更好。香味越浓、甜度越大的利口酒，越适宜低温下饮用。少部分利口酒可常温下饮用或仅加冰块。香草类利口酒宜冰镇饮用。净饮利口酒时可用利口酒杯，加入冰块时用古典杯或葡萄酒杯；加苏打水或果汁饮料时，用果汁杯或高身杯；混合饮用选择平地杯，每标准份是 1 盎司。

三、甜食酒

甜食酒是一种佐助西餐甜食的酒精饮料，口味较甜，常在西餐中搭配最后一道甜点或水果饮用。甜食酒通常以葡萄酒作为基酒调配而成，可以说是加强型的葡萄酒。加强是指在基酒中添加食用酒精和白兰地，以提高酒精含量。甜食酒的酒精含量一般在 17%～21%，高酒精含量使甜食酒的稳定性远远好于普通葡萄酒。

甜食酒主要分为波特酒、雪利酒和马德拉酒等几类，主要产于西班牙、葡萄牙、意大利等国。

（一）波特酒（Porto）

波特酒是著名的加强葡萄酒之一，原产于葡萄牙，现在美国、澳大利亚也生产这种酒。品质最好的波特酒来自葡萄牙波尔图市，现在葡萄牙的波特酒已更名为波尔图。

波特酒口感浓郁芳香，醇厚绵长，最适于配合开胃菜和餐后的小吃、甜点。和普通的葡萄酒不同的是，波特酒可以在任何时候享用，不一定是在吃饭的时候。

波特酒适合净饮，采用专用的波特酒杯，容量是 2 盎司，斟 7 分满即可。白波特酒适合低温饮用，色泽较深的波特酒略低于室温饮用。优质波特酒酒精含量高，最大的好处是开瓶后仍可保存 1 个月。

1. 波特酒的制作方法

波特酒的独特之处在于其酿造过程。先将葡萄捣烂、发酵，在葡萄尚未完全发酵之前，在未发酵的葡萄中加入白兰地，人为中止发酵。由于葡萄未完全发酵，所以波特酒保留了一些葡萄酒本身的甜味。因为加入了白兰地的缘故，波特酒的酒精含量又高于一般的葡萄酒。经过二次剔除渣滓工序，然后运到维拉诺瓦盖亚酒库里陈化、贮存。一般陈化要 2～10 年时间，年限越长，酒的色泽越淡。最后按配方混合，挑出不同类型的波特酒。

2. 波特酒的种类

根据酿酒年份、陈酿期限和勾兑过程的不同，会形成不同风格的波特酒。一般来说，波特酒有以下几类。

（1）宝石红波特酒（Ruby Porto）

这是波特系列酒中的大路货，陈酿时间最短，只有 5～8 年。成品酒由数种原酒混合勾兑而成，装瓶后酒质稳定不变。酒液色如红宝石，味甘甜，后劲大，果香浓郁。

（2）白波特酒（White Porto）

由白葡萄酒酿制而成，酒液色泽越浅，口感越干，品质越好。这类就是波特酒中非常好的甜食酒。

（3）茶色波特酒（Tawany Porto）

这是波特酒中的优秀产品。一般来说，陈酿起步比宝石红波特酒长，但酒色较深，呈深红色或红中带棕。这类酒最好的产品经长期陈酿呈茶色，酒标上会注明用于混合的各种酒的平均年龄。

（4）年份波特酒（Vintage Porto）

这是最好最受欢迎的波特酒，一般由一个特别好的葡萄丰收年收获的葡萄酿造，并在酒标上注明年份。陈酿先在桶中进行，2～3 年后装瓶继续陈酿，10 年后老熟，寿命长达 35 年，装瓶后的酒质会发生变化。年份波特酒色泽深红，酒质细腻，口味醇厚，果香、酒香协调。陈化过程中会自然产生沉淀，饮用前要沥酒。后期装瓶的年份波特酒（简称 L. B. V.）是同类酒中的最高极品，陈酿时间更长，单在木桶中就要陈酿 4～6 年。

3. 波特酒名品

波特酒酒味浓郁芬芳，在世界上享有很高的声誉。较有名的品牌有道斯（Dow's）、泰勒（Taylors）、西法（Silva）、克罗夫特（Croft）、科克本（Cockbum's）、哈瑞（Harris）、桑德曼（Sandeman）、方瑟卡（Fonseca）等。

（二）雪利酒（sherry）

雪利酒英文名为 sherry，产于西班牙南部安达鲁西亚的加勒斯市（Jerez），是保护品牌。雪利酒是西班牙产的加强葡萄酒，味道清新，醇美甘甜。雪利酒以西班牙加勒斯所产的葡萄酒为酒基，勾兑当地的葡萄蒸馏酒，逐年换桶陈酿。陈酿 15～20 年时，质量最好，风格也达极点。流行的雪利酒名品有潘马丁、布里斯托等。

1. 雪利酒的制造方法

雪利酒从制造方法上分淡色的菲奴（Fino）和浓色的奥罗卢梭（Oloroso）两种。先把巴洛米诺葡萄（Palomino）制成干型葡萄酒，装入桶中约七八成满，让酒液在酒桶中酝酿，这时葡萄酒的表面会繁殖出一层白膜。如制造菲奴雪利酒，则添加酒精含量在 15％以下的葡萄蒸馏酒，使白膜得以继续繁殖，使酒液的颜色得以加深。

2. 雪利酒的分类

菲奴雪利酒（Fino）：菲奴雪利酒是雪利酒中色泽最淡的酒品，香气精细而优雅，给人清新之感。酒度 17 度～18 度，属于干型酒，口感甘洌、清爽、新鲜，需冰镇后饮用。

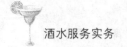

菲奴不宜久藏,最多贮存 2 年。西班牙人往往只买半瓶,喝完再购。

阿蒙提拉多(Amontiullado):阿蒙提拉多是菲奴的一个品种,酒色呈琥珀色,十分美丽沉稳,香气带有核桃仁味,口味甘洌而清淡。最少要陈酿 8 年,有绝干型和半干型,酒度在 15.2 度~22.8 度之间。此酒用途最广,销路最好。

曼赞尼拉(Manzanilla):曼赞尼拉是一种陈酿的菲奴,陈酿时间短的叫 manzannila Fino,陈酿时间长的叫 manzanilla pasada。曼赞尼拉酒液微红,透亮晶莹,香气与菲奴接近,但更醇美,常有杏仁的回香,令人舒畅。酒度在 15 度~17 度之间,是西班牙人最喜欢的酒品。

泼尔玛(Palma):泼尔玛是出口型菲奴类雪利酒的学名,分为 4 档,等级越高就越陈。

奥罗露索(Oloroso):奥罗露索与菲奴有所不同,是强香型酒,有"芬芳雪利酒"之称。该酒酒液呈黄棕色,透明度极好,香气浓郁扑鼻,具有典型的核桃仁香味,越陈越香。酒度在 18 度~20 度之间,也有 24 度、25 度的奥罗露索,但为数不多。

阿莫露索(Amoroso):阿莫露索又叫"爱情酒",是用奥罗露索与甜酒勾兑而成的雪利酒。阿莫露索呈深红色,有的近乎棕红色,加有添加剂。香气与奥罗露索接近,但不那么突出,甘甜圆正,深受英国人喜欢。

乳酒(Cream Sherry):乳酒是极甜的奥罗露索类雪利酒。此酒香气浓郁,口味甜,常用于替代波特酒在餐后饮用。此酒在全世界销量较大。

(三)马德拉酒(Madeira)

马德拉酒产于葡萄牙的马德拉岛上,是以地名命名的酒品。该酒是用当地盛产的葡萄酒和白兰地勾兑而成的一种加强葡萄酒。马德拉酒大多属于白葡萄酒类,越不甜越好。

马德拉酒酒色金黄,酒味香浓、醇厚、甘润,是一种优质的甜食酒,也是世界上寿命最长的葡萄酒,最长可达 200 年之久。马德拉酒酒精含量最多在 16%~18% 之间,是用马德拉岛上产的葡萄酒和葡萄蒸馏酒为基本原料,经勾兑陈酿制成。在发酵后的葡萄汁中添加烈酒,然后放在 50 摄氏度的高温中贮存数月之久,这时马德拉就会呈现出淡黄、暗褐色,并散发出马德拉酒的特有香味。

1. 马德拉酒的分类

舍西亚尔(Sercial):舍西亚尔是最不甜的一类。酒液呈金黄色或淡黄色,色泽艳丽,香气芬芳,人称"香魂"。舍西亚尔酒口味醇厚、浓正,西餐中常用它作料酒。

弗德罗(Verdelho):弗德罗也是干型酒,但比舍西亚尔要甜一点。该酒酒色金黄、光泽动人,香气优雅,口味甘洌,醇厚纯正。

不阿尔(Batul):不阿尔属半干型酒,色泽呈栗黄或棕黄,香气强烈有个性,口味甘润浓醇,最适合做甜食酒。

马尔姆塞(Malmsey):马尔姆塞在马德拉酒家族中享誉最高,属甜食酒。此酒呈褐色或棕红色,香气悦人,口味极佳,甜润爽适,比其他同类产品醇厚浓正,给人富贵豪华之感。

2. 马德拉酒的饮用

马德拉酒作为餐前开胃酒饮用最佳,甜型马德拉酒是著名甜型酒。饮用马德拉酒之前稍加温汤更好喝。此外,马德拉酒在烹调中常用于调味。

3. 马德拉酒著名品牌

马德拉酒著名品牌有鲍尔日(Borges)、法兰加(Franca)、利高克(Leacock)、巴贝都王冠(Crown Barbeito)等。

4. 其他甜食酒

马拉加酒(Malaga):马拉加酒产于西班牙安达鲁西亚的马拉加地区,酿造方法颇似波特酒。酒精含量在14度～23度之间。此酒在餐后甜酒或开胃酒中比不上其他同类产品,但具有显著的滋补作用,较为适合病人和疗养者饮用。较有名的有弗洛尔-海马洛斯(Florse-Hermanos)、菲利克斯(Felix)、黑交斯(Hijos)、约塞(Jose)、拉丽欧斯(Larios)、路易斯(Louis)、马大(Mata)等。

马尔萨拉酒(Marsala):马尔萨拉酒产于意大利西西里岛西北部的马尔萨拉一带,是由葡萄酒和葡萄蒸馏酒勾兑而成的,与波特酒、雪利酒齐名。该酒呈金黄带棕色,香气芬芳,口味舒爽、甘润。根据陈酿的时间不同,马尔萨拉风格也有所区别。陈酿4个月的酒称为精酿(Fine),陈酿两年的就称为优酿(Superiore),陈酿5年的酒为特精酿(Ver-fine)。较为有名的马尔萨拉酒有厨师长(Gran Chef)、弗罗里欧(Florio)、拉罗(Rallo)、佩勒克利诺(Peliegrino)等。

【项目小结】

通过前三个项目的学习,了解含酒精饮料按生产工艺分为发酵酒、蒸馏酒、配制酒这三大类;掌握这三大类酒的制作工艺、生产原料、主要品牌及产地;熟悉这三大类酒各主要品种的对客服务程序、饮用方法,及对客服务过程中的注意事项。

【关键术语】

发酵　蒸馏　配制　酒品　纯饮

【技能实训】

项目名称:啤酒的饮用服务
项目内容:啤酒斟酒、啤酒饮用的注意事项
项目要求:
1. 掌握啤酒服务的适合饮用温度;
2. 掌握啤酒斟酒的手法;
3. 掌握啤酒饮用服务事项。

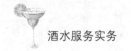

项目四　鸡尾酒

一、鸡尾酒概述

(一) 鸡尾酒的由来

关于鸡尾酒的由来,有很多种不同的说法。

传说一:某一天一次宴会过后,席上剩下各种不同的酒,有的杯里剩下四分之一,有的杯里剩下二分之一。有个清理桌子的伙计,将各种剩下的酒,用三五个杯子混在一起,一尝味道却比原来各种单一的酒要好。接着,伙计按不同组合混合,种种如此。随后他将这些混合酒分给大家喝,结果评价很高,于是,这种混合饮酒的方法出了名,并流传开来。

传说二:鸡尾酒起源于 1776 年纽约州埃尔姆斯福一家用鸡尾羽毛作装饰的酒馆。一天当这家酒馆各种酒都快卖完的时候,一些军官走进来要买酒喝。一位叫贝特西·弗拉纳根的女侍者,便把所有剩酒统统倒在一个大容器里,并随手从一只大公鸡身上拔了一根毛把酒搅匀端出来奉客。军官们看看这酒的成色,品不出是什么酒的味道,就问贝特西,贝特西随口就答:"这是鸡尾酒!"一位军官听了这个词,高兴地举杯祝酒,还喊了一声"鸡尾酒万岁!"从此便有了"鸡尾酒"之名。

传说三:相传在美国南北战争时期,盛行斗鸡风俗,有一小酒店的老板养着一只"鸡王",号称所向无敌,每赌必赢。老板的女儿长得非常漂亮,北军中有一年轻军官十分钟情于她,可是酒店老板叫女儿小心看护着自己的"鸡王"摇钱树。军官便无机会接近美丽的姑娘了。他十分生气,想办法弄死了那只"鸡王"。酒店老板一气之下说:"你要是不能使我的鸡王起死回生的话,就别再见我的女儿了。"军官听后十分烦恼,整日闷闷不乐,后来终于想方设法弄回一只"战绩"相当的公鸡送给酒店老板。老板听后非常高兴,许诺将女儿嫁予军官。新婚之夜,所有的客人都喝得酩酊大醉,酒窖也喝空了,这时还有几个酒鬼叫着闹着还要喝。酒店老板到酒窖一看,所有的酒瓶都见底了,只好将所有酒瓶里的酒倒入一瓶中并用水加满后拿出去斟给客人喝,客人一喝入口连称佳酿,问酒店老板此酒何名,酒店老板灵机一动,脱口而出"鸡尾酒",从此鸡尾酒便风行世界了。

传说四:据说在美国南北战争时期,双方为求独立而战争不断。就在圣诞节的前一天,也就是平安夜,双方约定当天停战并一起在两地之间的一间酒吧饮酒。当天,酒吧老板为庆祝南北双方没发生战争,于是特地烤了一只火鸡,老板在为这只火鸡拔去身上的羽毛时,突然觉得火鸡的羽毛非常漂亮,便把它装饰在每一杯酒中,后来大家为纪念南北双方当天没有发生战争,便把这杯酒取名为"鸡尾酒"。

传说五:鸡尾酒源于美国独立战争末期,有一个移民美国的爱尔兰少女叫蓓丝

(Beitsy)，在美国弗吉尼亚州约克镇附近开了一家客栈，还兼营酒吧生意。1779 年，美法联军官兵到客栈集合，品尝蓓丝发明的一种叫"臂章"的饮料。此饮料饮后可以提神解乏，养精蓄锐，鼓舞士气，所以深受欢迎。只不过蓓丝的邻居是一个专擅养鸡的保守派人士，敌视美法联军。尽管他所饲养的鸡肥美无比，却不被爱国人士一顾。军士们还嘲笑蓓丝为其与邻，讥笑她是"最美丽的小母鸡"。蓓丝对此耿耿于怀，就趁夜黑风高之时，将邻居的鸡全宰了，烹制成"全鸡大餐"招待那些军士们。不仅如此，蓓丝还将拔下的鸡毛装饰供饮的"臂章"，更赢得军士们兴奋无比。一位法国军官激动地举杯高喊："鸡尾酒万岁！"从此，凡是蓓丝调制的鸡尾酒，都称为"Cocktail"，由此鸡尾酒这一名称被逐渐传开。

（二）鸡尾酒的定义

"鸡尾酒"一词由英文 Cock(公鸡)和 tail(尾)两词组成的。鸡尾酒(Cocktail)是由两种或两种以上的饮料，按一定的配方、比例和调制方法，混合而成的一种含酒精的饮品。

（三）鸡尾酒的基本结构

美国韦氏词典从另外一个角度给出了鸡尾酒的定义：鸡尾酒是一种以酿造酒、蒸馏酒和配制酒为基酒，再配以果汁、汽水、矿泉水等辅助成分及其他装饰材料调制而成的色、香、味、型俱佳的艺术酒品。根据这个定义，我们可以发现鸡尾酒的结构是由基本成分(基酒)，加上调色、调味、调香等辅助成分(辅料)和装饰物三个部分组成的。

1. 基酒

基酒也称酒基，又称为鸡尾酒的酒底，是构成鸡尾酒的主体，决定了鸡尾酒的酒品风格的特色。常用作鸡尾酒的基酒主要包括各类烈性酒，如金酒、白兰地酒、伏特加酒、威士忌酒、朗姆酒、特基拉酒、中国白酒等；烧酒、清酒、葡萄酒、葡萄汽酒等酿造酒以及配制酒等亦可作为鸡尾酒的基酒；目前流行的无酒精鸡尾酒则以软饮料调制而成。

2. 辅料

辅料是鸡尾酒调味、调香、调色原料的总称。它们能与基酒充分混合，降低基酒的酒精含量，缓冲基酒强烈的刺激感。其中调香、调色材料使鸡尾酒色香味俱佳。常见的辅料有：各种果汁(苹果、菠萝、葡萄、柚子、柠檬、青柠、桃、猕猴桃)、糖浆(红石榴、覆盆子、草莓、奇异果、巧克力、杏仁、红醋栗、莫林糖浆系列)、乳脂类(牛奶、奶油)、二氧化碳汽水(干姜、苏打、汤力)、咖啡、蜂蜜、椰浆、椰汁。

3. 装饰物

鸡尾酒的装饰物是鸡尾酒的重要组成部分。装饰物的巧妙运用，有着画龙点睛般的效果，使一杯平淡单调的鸡尾酒旋即鲜活生动起来，洋溢着生活的情趣和艺术。一杯经过精心装饰的鸡尾酒不仅能捕捉自然生机于杯盏之间，而且也可成为鸡尾酒典型的

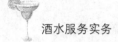

标志与象征。

常用的装饰物有:各类水果(猕猴桃、香蕉、菠萝、柠檬、青柠、橙子、草莓、鸡尾酒樱桃)、薄荷、肉桂、橄榄、胡椒粉、盐、糖、辣椒。

对于经典的鸡尾酒,其装饰物的构成和制作方式是固定的,应保持原貌,不要随意篡改。而对创新的鸡尾酒,装饰物的修饰和雕琢则不受限制,调酒师可充分发挥想象力和创造力。但是,对于不需要装饰的鸡尾酒品,加以装饰则是画蛇添足,反而会破坏鸡尾酒的意境。

(四) 鸡尾酒的分类

1. 按照饮用时间和场所分类

(1) 清晨鸡尾酒

清晨大多情绪不高,可饮用一杯蛋制鸡尾酒,以饱满的精神投入一天的工作、学习和生活。

(2) 餐前鸡尾酒

餐前鸡尾酒也称为开胃鸡尾酒。它是以增加食欲为目的的鸡尾酒,可选饮含糖量较少,微酸或稍烈的冰镇鸡尾酒。

(3) 餐后鸡尾酒

这类鸡尾酒有助于消化,多为含有多种药材的甜味鸡尾酒,也可在热咖啡中加入适量白兰地或咖啡利口酒。

(4) 晚餐鸡尾酒

这是晚餐时饮用的鸡尾酒,一般口味和所点的食物相辅相成。

(5) 寝前鸡尾酒

这类鸡尾酒多以具有滋补和安眠作用的茴香、牛奶、鸡蛋等作材料调制而成。

(6) 俱乐部鸡尾酒

在用正餐(午、晚餐)时,营养丰富的鸡尾酒可代替凉菜和汤类,这种鸡尾酒色彩鲜艳,略呈刺激性,故有利于调和入口的菜肴,可作佐餐鸡尾酒。

(7) 香槟鸡尾酒

该酒以香槟酒为基酒调制而成,其风格清爽、典雅,通常在盛夏或节日饮用。

(8) 季节鸡尾酒

有适于春、夏、秋、冬不同季节饮用和一年四季皆宜饮用的鸡尾酒之分。例如,在炎热而出汗多的夏季,饮用冰镇"长饮",可消暑解渴;而在寒冷的冬季,则更适于饮用热的鸡尾酒。

2. 按照混合方法分类

(1) 短饮类

短饮类鸡尾酒酒精含量较高,其中基酒所占比重在 50% 以上,香料味浓重,放置时间不宜过长,如马天尼(Martini)、曼哈顿(Manhattan)。

（2）热饮类

此类鸡尾酒与其他混合酒最大的区别是用沸水、咖啡或热牛奶冲兑。

（3）长饮类

长饮类是指用烈酒、果汁、汽水等混合调制的酒精含量低的饮料。其酒精含量为8％左右,是一种温和的混合酒,可放置较长时间不变质。以下介绍几种代表性的长饮。

奶露:奶露是在白兰地、朗姆酒等烈酒中加入鸡蛋、牛奶、砂糖等进行制作的鸡尾酒。奶露起源于美国南部地区,原本是圣诞节饮品,冷热皆可,也可以制作无酒精奶露鸡尾酒。饮用奶露可使用多种类型的酒杯。

洛克:洛克是将原材料倒入盛有大冰块的古典式酒杯中进行制作的鸡尾酒。

酷乐:酷乐是在烈酒中加入柠檬汁/青柠汁/糖浆,并用苏打水、姜汁汽水等碳酸饮料注满柯林杯进行制作的一种风格。酷乐的意思是"冰凉爽口具有清凉口感的饮品"。

柯林:柯林是在烈酒中加入柠檬汁和砂糖(糖浆),并用苏打水注满酒杯制作的鸡尾酒。柯林风格的鸡尾酒与菲士风格的鸡尾酒很相似。柯林类饮品使用柯林杯。

酸味:酸味鸡尾酒是在酒精类基酒中加入柠檬汁和砂糖等甜酸味物质进行制作的鸡尾酒。调制酸味鸡尾酒时,原则上不加苏打水,但在美国之外的一些国家也有的加入苏打水或香槟酒。酸味类饮品使用洛克杯。

茱莉普:茱莉普是在烈酒或葡萄酒中加入砂糖和薄荷叶,放入碎冰并充分搅拌的鸡尾酒。茱莉普类饮品大多使用柯林杯。

司令:司令是在烈酒中加入柠檬汁和甜味,并用水(矿泉水)或苏打水、姜汁汽水等注满酒杯的鸡尾酒。有时也将其倒满热水调制成热饮型鸡尾酒。"司令"一词来自德语,是"吞咽"的意思。司令类饮品大多使用柯林杯和海波杯。

戴兹:戴兹是在烈酒中加入柑橘系列果汁、糖浆或利口酒等,并放入碎冰进行制作的鸡尾酒。"戴兹"的意思是"雏菊"或"漂亮的东西"。戴兹鸡尾酒用柯林杯盛装。

托地:托地是在平底大玻璃杯或古典式酒杯中放入砂糖,倒入烈酒并用水(矿泉水)或热水注满酒杯进行制作的一种风格。在英国人们为了防寒热身,自古以来就把它调制成一款热饮加以饮用。

海波:海波是使用烈酒等各种酒品作基酒,用苏打水或姜汁汽水、可乐、果汁类软饮进行调兑的鸡尾酒。海波鸡尾酒用海波杯盛装。

霸克:霸克是往各种烈酒中加入柠檬汁和姜汁汽水后进行制作的鸡尾酒。"霸克"原意为"雄鹿",所以人们将像雄鹿一样有踢劲儿(即酒精度高)的酒品称为"霸克"鸡尾酒。霸克鸡尾酒常用海波杯或柯林杯盛装。

宾治:宾治是以葡萄酒或烈酒等为基酒,将利口酒、水果、果汁等用宾治球进行搅拌制作的鸡尾酒。宾治鸡尾酒常作为聚会饮品,供多人享用。宾治酒多用宾治盆盛装。

费克斯:费克斯是往烈酒中加入柑橘系列的果汁、糖浆或利口酒后制作的鸡尾酒。调制费克斯鸡尾酒时,在平底大玻璃杯或高脚酒杯内放入碎冰,并添加上水果或吸管。

菲士:菲士是往烈酒或利口酒中加入柠檬汁、砂糖(糖浆)将其摇匀后倒入柯林杯,

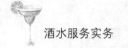

并用苏打水注满的鸡尾酒。

冰冻：冰冻鸡尾酒是将原材料与碎冰一起倒入搅拌机内，搅拌均匀的一种鸡尾酒。冰冻鸡尾酒可以使用各种类型的酒杯。

瑞基：瑞基是将新鲜青柠（或柠檬）挤压后，果汁和果肉一起放入杯中，再加入冰块和烈酒并用苏打水调兑的鸡尾酒。饮用这种鸡尾酒时一边用搅拌匙将果肉搅拌一边享受它的美味。瑞基类鸡尾酒大多使用柯林杯或海波杯。

3. 按照基酒分类

鸡尾酒按基酒分类主要有：以金酒为基酒的鸡尾酒，以威士忌为基酒的鸡尾酒，以白兰地为基酒的鸡尾酒，以朗姆酒为基酒的鸡尾酒，以伏特加为基酒的鸡尾酒，以中国白酒为基酒的鸡尾酒，以烧酒、清酒为基酒的鸡尾酒，以啤酒为基酒的鸡尾酒，以香槟为基酒的鸡尾酒和以利口酒为基酒的鸡尾酒。

二、鸡尾酒调酒常用工具

（一）调酒常用载杯

1. 鸡尾酒杯（Martini）

鸡尾酒杯又称马天尼杯，是饮用短饮风格的鸡尾酒时使用的一种玻璃器。通常标准容量为 90 毫升，也有的容量为 60～150 毫升。

图 4-1　鸡尾酒杯　　　　　　　图 4-2　古典酒杯

2. 古典酒杯（Old Fashioned）

古典酒杯又称岩石杯，是一种矮型宽口径的玻璃杯。古典酒杯的容量一般为 180～300 毫升。饮用洛克风格的鸡尾酒时习惯使用古典酒杯。

3. 葡萄酒杯（Wine Glass）

在世界各地葡萄酒杯的大小、款式不尽相同。饮用白葡萄酒与红葡萄酒时，要使用不同的葡萄酒杯。白葡萄酒杯一般细而长，红葡萄酒杯相对宽而短。葡萄酒杯的容量一般为150～300毫升。

4. 平底大玻璃杯(High Ball)

这种酒杯又称为海波杯,这种酒杯除了用来盛海波风格的鸡尾酒外,还被广泛用来盛长饮风格的鸡尾酒。平底大玻璃杯的容量一般约为240～300毫升。

5. 柯林杯(Collins)

柯林杯是一种圆筒形、高杯身形玻璃杯,又称高玻璃杯。柯林杯杯身高、口径小,多用于盛含碳酸饮料的鸡尾酒,它的容量一般为300～360毫升。

图4-3　柯林杯

6. 酸味鸡尾酒杯(Sour Cocktail Glass)

酸味鸡尾酒杯是饮用酸味风格鸡尾酒时使用的一种玻璃杯。另外,也可以用来盛其他风格的鸡尾酒。酸味鸡尾酒杯的容量一般在120毫升左右。

7. 高脚酒杯(Giblet)

饮用放入大量冰块的长饮风格等鸡尾酒时,使用高脚酒杯。高脚酒杯的标准容量为300毫升,大容量的高脚酒杯更受欢迎。

图4-4　高脚酒杯

图4-5　白兰地杯

8. 白兰地酒杯(Brandy Glass)

白兰地酒杯,又称郁金香杯,直接饮用白兰地时使用。白兰地酒杯的标准容量为240～300毫升。

9. 啤酒杯(Beer Glass/Mug)

饮用啤酒时使用啤酒杯。啤酒杯的容量多种多样,不尽相同。

图4-6　啤酒杯

图4-7　雪利杯

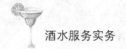
10. 雪利杯（Sherry Glass）

雪利杯是指饮用雪利酒时使用的玻璃杯。除了饮用雪利酒外，饮用威士忌以及烈性酒的时候也可以使用这种酒杯。雪利杯的标准容量为60～75毫升。

11. 香槟酒杯（Champagne Glass）

香槟酒杯分为宽口径飞碟形香槟酒杯和窄口径细杯身的长笛形香槟酒杯。这种酒杯除了可以用来盛香槟酒外，还可以用来盛各种各样的其他风格的鸡尾酒。香槟酒杯的标准容量为120毫升。

12. 热饮用酒杯（Hot Drink Glass）

这种酒杯通常带有把手，能盛热水，具有很好的耐热性。热饮用酒杯的款式多种多样。

图 4-8 热饮用酒杯

图 4-9 短杯

13. 短杯（Shot Glass）

短杯又称子弹杯，有多种型号，30毫升、45毫升、60毫升等，可用来装分层彩虹酒及烈酒。

（二）调酒常用器具

1. 调酒壶（Shaker）

调酒壶是制作摇和法鸡尾酒的器具，其可将冰块和原材料进行充分混合。调酒壶分大、中、小三个型号，常见的调酒壶有波士顿调酒壶和不锈钢调酒壶两种。

图 4-10 波士顿调酒壶

图 4-11 不锈钢调酒壶

2. 调酒杯（Mix Glass）

调酒杯是一种厚玻璃器皿，用来盛冰块以及各种饮料成分。

图 4-12 调酒杯

3. 量杯（Jigger）

量杯是用来量取酒、果汁等液体材料的器具。量杯有很多不同型号，常见的为 15 毫升与 30 毫升搭配，20 毫升与 40 毫升搭配。

图 4-13 量杯

图 4-14 酒吧匙

4. 酒吧匙（Bar Spoon）

酒吧匙最主要的作用是搅拌原材料或制作悬浮酒。它一端为汤匙，一端为叉子，汤匙的容量相当于 1 茶匙。酒吧匙也可以用来制作装饰物。

5. 水果挤压器（Squeezer）

用来榨取柠檬或青柠等水果汁的手动挤压器。

图 4-15 水果挤压器

图 4-16 滤冰器

6. 滤冰器（Strainer）

滤冰器为圆形的过滤网，不锈钢丝绕在一个柄上，并附有两个耳形的边。这是用来盖住调酒杯的上部，两个耳形的边用来固定其位置。

7. 鸡尾酒装饰针（Cocktail Garnish Pin）

鸡尾酒装饰针用来叉橄榄、酒味樱桃、水果等，作鸡尾酒装饰用。

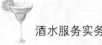

图 4-17　鸡尾酒装饰针　　　图 4-18　手动碎冰机　　　图 4-19　电动碎冰机

8.　碎冰机(Ice Crush Machine)

碎冰机是一种能将冰块粉碎成碎冰的机器,分为手动式和电动式两种。

9.　冰勺冰夹(Ice Tong)

这是一种用来从冰桶中夹出冰块的器具。

图 4-20　冰夹　　　　　　　　　图 4-21　冰桶

10.　冰桶(Ice Bucket)

冰桶是用来盛冰块的容器。

11.　开瓶器(Bottle Opener/Waiter's Friend)

开瓶器是一种用来开葡萄酒瓶塞的器具。

12.　水果刀(Bar Knife)

水果刀主要是在切鲜果时使用。

13.　砧板(Chopping Board)

酒吧常用的砧板有长方形木质的和塑料的两种。

图 4-22　开瓶器

14.　软木塞(Cork)

这里指的是葡萄酒的瓶塞。

15. 酒嘴（Pourer）

酒嘴安装在酒瓶口上,用来控制倒出来的酒量,有塑料和不锈钢两种材质,有不停和 15 毫升、30 毫升、自动停的几款。

图 4-23　酒嘴

三、鸡尾酒调酒术语与调酒原则

(一) 调酒术语

1. 悬浮

将酒吧匙抵在酒杯内壁,然后把原材料缓慢地顺着酒吧匙背部倒入杯中。

2. 润湿

往杯中滴入少许苦精酒,然后倾斜酒杯,让苦精酒将酒杯内壁全部湿润,最后倒掉多余的苦精酒。

3. 沾霜

(1) 将柠檬切口抵住酒杯杯口,并沿杯口旋转一圈,以擦拭杯口。

(2) 在蘸盐器(或平底盘)中铺上盐(或糖),等将它们均匀铺开后,杯口朝下,在盐(或糖)中轻按一下,蘸上盐(或糖)。

(3) 倒置酒杯,用手轻轻地敲打杯身以便将多余的盐(或糖)抖落。

4. 珊瑚风格

(1) 将一定量的石榴糖浆(或蓝橙酒)倒入任意大酒杯中,把香槟酒杯杯口朝下笔直地浸入其中。

(2) 在另一个大酒杯中倒入一定量的糖(或盐),再把蘸有石榴糖浆(或蓝橙酒)的香槟酒杯笔直地插入这个酒杯中。

(3) 缓慢地拿起酒杯,并用干抹布将酒杯内壁多余的糖(或盐)擦除干净。

5. 盎司

盎司是一种计量单位。1 盎司约为 30 毫升。

6. 干

干是辛口的意思。如果酒名中再带有"very dry""extra dry"的话,酒精度数就更高了。

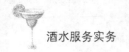

7. 滴

滴主要是用来衡量苦精酒的单位。

8. 单份（酒）/双份（酒）

这是酒的一种计量方式,1 单份大约相当于 30 毫升。与它等量的单位是 1 盎司。双份相当于 60 毫升。

9. 酒后水

酒后水是一种喝过较烈的酒之后,饮用的水或碳酸饮料,可与烈酒中和,保持味觉的新鲜。

(二) 调酒原则

(1) 要严格按照配方分量调制鸡尾酒。

(2) 倒酒水要使用量杯,不要随意把酒斟入杯中。

(3) 使用调和法时,搅拌时间不能太长,一般用中速搅拌 5～10 秒即可。

(4) 使用调和法时,动作要快,用力摇荡,摇至调酒壶表面起霜即可。

(5) 调酒壶和电动搅拌机每使用一次要清洗一次。

(6) 量杯、酒吧匙要保持清洁。

(7) 使用合格的酒水,不能用其他酒水随意代替或使用劣质酒水。

(8) 调制好的鸡尾酒要立即倒入杯中。

(9) 水果饰物要选用新鲜的水果,切好后用保鲜膜包好放入冰箱备用。隔天切的水果饰物不能使用。

(10) 不要用手去接触酒水、冰块、杯边或饰物。

(11) 上霜要均匀,杯口不可潮湿。

(12) 调好的酒应迅速服务。

(13) 调酒动作要规范、标准、快速、美观。

(14) 会起泡的配料不能放入摇酒壶、电动搅拌器或榨汁机中。

(15) 加料时先放入冰块或者碎冰,再加苦精、糖浆、果汁等副料,最后加入基酒。

(16) 酒杯装载混合酒不能太满或者太少,杯口留的空隙以 1/8 至 1/4 为宜。

(17) 制作糖浆时糖与水的比例是 1：1。

(18) 调制热饮酒时酒温不可太高,因为酒精的沸点是 78.3 ℃。

(19) 水果事先用温水泡过 5～10 分钟,在榨汁过程中会多产生 1/4 的汁。

(20) 绝大多数鸡尾酒要现喝现调,不可放置太长时间。

四、鸡尾酒调制方法

常见的鸡尾酒调制方法有兑和法、调和法、摇和法以及搅和法这四种。

（一）兑和法

"兑和法"是将配方中的酒水按分量直接倒入杯里，不需搅拌（或轻微搅拌）即可。有时候也需要用酒吧匙贴紧杯壁慢慢地将酒水倒入，以免冲撞混合（制作彩虹酒）。

（1）以冰铲或冰夹取冰，放入鸡尾酒酒杯中。

（2）将基酒用量杯量出正确的分量后，倒入鸡尾酒杯中。

（3）最后倒入其他配料至满杯即可。

（二）调和法

"调和法"是将冰块和原材料放入混合杯（调酒壶）后再用酒吧匙迅速搅动的技法。这种操作技法的关键是用酒吧匙背靠混合杯内壁朝同一方向迅速搅动。

（1）在酒杯中放入适量冰块，冰镇酒杯。在倒入鸡尾酒之前倒出冰块。

（2）在混合杯中放入一半冰块，然后用酒吧匙搅拌，以便去除冰角。

（3）盖上过滤网滤掉水分后，再倒入原材料，并用酒吧匙背靠混合杯内壁沿同一方向迅速搅拌若干次。

（4）为防止冰块倒入鸡尾酒中，将混合杯盖上过滤网。

（5）用食指按住过滤网，其他手指顺势握住混合杯，将鸡尾酒缓慢地滤入其他事先冰镇过的酒杯中。

（三）摇和法

"摇和法"就是把原材料和冰块放入调酒壶中，制作冰冷鸡尾酒的技法。采用"摇和法"手法调酒的目的有两个：一是让较难混合的原材料快速地融合在一起；二是将酒精度高的酒味压低，以便容易入口。

调酒壶的拿法：拿调酒壶的一只手的拇指按住调酒壶的壶盖，用中指和无名指夹住壶身。用另一只手的小指（或无名指）支持壶体底部，其他手指顺势放好。

（1）冰镇鸡尾酒杯（少数鸡尾酒不需要）。

（2）在调酒壶中放入适量的冰块。

（3）将原材料按照配方的顺序依次放入调酒壶中。

（4）盖上过滤网，并拧上壶盖。

（5）将调酒壶置于胸前，然后按斜上、胸前、斜下的顺序有节奏地摇动酒壶。渐渐地加快速度，斜上斜下地如此反复7～8次，至调酒壶表面结成一层薄霜、杯底冷却即可。

（6）打开壶盖用食指按住过滤网，将鸡尾酒缓慢地滤入其他事先冷却好的酒杯中。

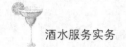

（四）搅和法

"搅和法"是使用搅拌机（酒吧专用电动果汁机）搅拌原材料的一种技法。通常在调制冰冻风格或含有新鲜水果类型的鸡尾酒时使用这种方法。注意不要放入过多的冰块，以防融化的冰水冲淡鸡尾酒的原味。如果没有酒吧专用电动果汁机，也可以使用家庭用搅拌机。

（1）在搅拌杯中放入原材料和碎冰。

（2）盖紧杯盖。

（3）将其安装到搅拌机机体上，并插入电源。用手按压好顶部，以便固定搅拌机，让杯内物体充分搅拌至果露状。

（4）使用酒吧匙将杯内的物体移入事先备好的酒杯中。

五、经典鸡尾酒酒谱

（一）基酒之金酒 Gin Base Cocktail

鸡尾酒中使用次数最多、最具有亲和力的基酒就是金酒，大多数鸡尾酒都具有干金酒的特殊香味。

1. 三叶草俱乐部（Clover Club）

17度　　中口　　摇和法

这是一款极具代表性的俱乐部鸡尾酒（进餐时代替汤品的鸡尾酒）之一，它带有石榴糖浆的鲜艳色彩。这款酒品将甜味和酸味恰到好处地结合在一起。

干金酒·····················30毫升

青柠汁（或柠檬汁）········15毫升

石榴糖浆··················15毫升

蛋清······················1个

将原材料充分摇匀后倒入大鸡尾酒杯或飞碟型香槟酒中。

2. 金菲士（Gin Fizz）

14度　　中口　　摇和法

这款鸡尾酒是菲士风格长饮的代表性作品。柠檬淡淡的酸味使得金酒的酒香更加醇厚。这是一款口感颇佳的鸡尾酒。饮用时可以根据个人喜好调整它的甜度。

干金酒·····················45毫升

柠檬汁·····················15毫升

糖浆······················2茶勺

苏打水····················适量

柠檬块、樱桃 ⋯⋯⋯⋯⋯适量

将苏打水之外的原材料摇匀后倒入盛有冰块的酒杯中,然后用冰凉的苏打水注满酒杯并轻轻地搅拌,最后可以根据个人的爱好装饰上柠檬块或酒味樱桃。

3. 干马天尼(Martini Dry)

34 度　　中口　　摇和法

这款酒被誉为"世界鸡尾酒之王",它是一款深受人们喜爱的辛口鸡尾酒。随着金酒和味美思搭配比例的改变,它的口味也会随之发生变化。

干金酒⋯⋯⋯⋯⋯⋯⋯⋯45 毫升
干味美思⋯⋯⋯⋯⋯⋯⋯15 毫升
柠檬皮、橄榄 ⋯⋯⋯⋯⋯各适量

将原材料用混合杯搅拌后倒入鸡尾酒杯中,并拧入几滴柠檬皮汁,最后可以根据个人的爱好装饰上鸡尾酒饰针穿的橄榄。

4. 甜马天尼(Martini Sweet)

32 度　　中口　　调和法

甜味的马天尼,配方中使用了甜味美思,所以它呈现出美丽透明的褐色。

干金酒⋯⋯⋯⋯⋯⋯⋯⋯45 毫升
甜味美思⋯⋯⋯⋯⋯⋯⋯15 毫升
鸡尾酒樱桃⋯⋯⋯⋯⋯⋯适量

将原材料用混合杯搅拌后倒入鸡尾酒杯中,可以根据个人爱好装饰上酒味樱桃。

5. 完美马天尼(Perfect Martini)

35 度　　中口　　调和法

这款鸡尾酒是用干甜两种味美思调制的。

干金酒⋯⋯⋯⋯⋯⋯⋯⋯45 毫升
干味美思⋯⋯⋯⋯⋯⋯⋯15 毫升
甜味美思⋯⋯⋯⋯⋯⋯⋯15 毫升
橄榄⋯⋯⋯⋯⋯⋯⋯⋯⋯适量

将原材料用混合杯搅拌后倒入鸡尾酒杯中,可以根据个人的爱好装饰上橄榄。

6. 詹姆斯·邦德马天尼(James Bond Martini)

36 度　辛口　摇和法

这款鸡尾酒是詹姆斯·邦德在电影《007》中最先调制的。它的特点是在干金酒中加入伏特加后进行摇和。配方中的开胃酒使用干味美思。

干金酒⋯⋯⋯⋯⋯⋯⋯⋯45 毫升
伏特加⋯⋯⋯⋯⋯⋯⋯⋯15 毫升

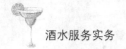

干味美思·················15毫升

柠檬皮·················适量

将原材料摇匀后倒入鸡尾酒杯,然后再装饰上柠檬皮。

7. 烟熏马天尼(Smoky Martini)

40度　　辛口　　调和法

这款鸡尾酒是"马天尼"鸡尾酒的变异饮品之一。如果把配方中的苦精酒换成麦芽威士忌的话,那么酒精度数会变得更高,还能品出烟熏的味道。

干金酒·················45毫升

麦芽威士忌酒·············15毫升

柠檬皮·················适量

把原材料用混合杯搅拌后倒入鸡尾酒杯中,然后拧入几滴柠檬皮汁。

8. 草莓马天尼(Strawberry Martini)

25度　　中口　　摇和法

饮用这款鸡尾酒时,可以感受到草莓的清甜和芳香。如果你觉得甜味已经足够,也可以选择不放糖浆。在制作这种类型的鸡尾酒时,你也可以使用凤梨、哈密瓜、桃子等。

干金酒·················45毫升

鲜草莓·················3～4个

糖浆···················1～2茶匙

将草莓切成小块,与其他原材料一起摇匀后,倒入大鸡尾酒杯中。然后拿掉摇酒壶的过滤网,把酒壶中残留的果肉也一起倒入酒杯中。

9. 新加坡司令(Singapore Sling)

17度　　中口　　摇和法

这款鸡尾酒是在1915年新加坡的莱佛士酒店首创的。它把金酒的清爽口感和雪利白兰地的浓香完美地结合在一起,是一款世界性的名酒。

干金酒·················45毫升

樱桃白兰地···············15毫升

柠檬汁·················2茶勺

苏打水·················适量

柠檬块、柳橙片、酒味樱桃········适量

将苏打水之外的原材料摇匀后倒入盛有冰块的酒杯中,再用冰凉的苏打水注满杯子并轻轻地搅拌,最后根据个人的爱好装饰上青柠片或酒味樱桃等。

10. 金戴兹（Gin Daisy）

22 度　　中口　　摇和法

这款长饮类型的鸡尾酒在色泽上呈现出极具透明感的淡淡的桃色，口味上带有翠绿薄荷叶的清凉口感。将基酒换成朗姆酒、威士忌或白兰地后再如法炮制，就会调制出不同口味的戴兹风格的鸡尾酒。

干金酒……………………45 毫升
柠檬汁……………………15 毫升
红石榴糖浆………………1 茶勺
柠檬片、薄荷叶 …………适量

将原材料摇匀后倒入盛有碎冰的鸡尾酒杯中，然后装饰上柠檬片和薄荷叶。

11. 金汤力（Gin&Tonic）

14 度　　中口　　兑和法

这款鸡尾酒洋溢着青柠（或柠檬）的果香和汤力（即奎宁）的微苦味，饮用后会让人感到十分畅快。

干金酒……………………45 毫升
汤力水……………………适量
柠檬块、青柠块 …………适量

将金酒倒入盛有冰块的酒杯中，然后放入挤榨过的青柠块（或柠檬块），最后用冰凉的苏打水注满酒杯并轻轻地调和。

12. 汤姆柯林（Tom Collins）

16 度　　中口　　摇和法

这款鸡尾酒在 19 世纪初期极为盛行，口感爽快、十分美味可口。

干金酒……………………45 毫升
柠檬汁……………………15 毫升
糖浆………………………1~2 茶勺
苏打水……………………适量
青柠块、酒味樱桃 ………适量

将苏打水之外的原材料摇匀后，倒入盛有冰块的柯林杯中，然后再用冰凉的苏打水注满杯子，并轻轻地搅拌，最后根据个人的爱好装饰上青柠片或酒味樱桃等。

13. 七重天（Seventh Heaven）

38 度　　中口　　摇和法

"Seventh Heaven"是指伊斯兰教中地位最高的天使所居住的地方，即七重天。这款酒把金酒和黑樱桃酒（樱桃利口酒）的风味极好地结合在一起。

干金酒······················45 毫升

黑樱桃酒··················15 毫升

西柚汁······················1 茶匙

绿樱桃······················适量

将原材料摇匀后倒入鸡尾酒杯中,然后让绿樱桃沉淀下来。

14. 纯洁的爱情(Pure Love)

5 度　　中口　　摇和法

日本人上田和男在 1980 年的 ANBA 鸡尾酒大赛上第一次参赛就获了奖。为了纪念这件事他特意制作了这款鸡尾酒。这款鸡尾酒中那酸中带甜的感觉让人们不禁想起自己的初恋。

干金酒······················30 毫升

草莓利口酒··············15 毫升

青柠汁······················15 毫升

姜汁汽水··················适量

青柠片······················适量

将姜汁汽水以外的原材料充分摇匀后,倒入平底大玻璃杯中,然后倒入冰块,再用冰凉的苏打水将酒杯注满,并轻轻地搅拌,最后装饰上青柠片。

15. 红粉佳人(Pink Lady)

20 度　　中口　　摇和法

这款鸡尾酒是为了纪念 1912 年在伦敦盛行一时的"红粉佳人"而创作的。石榴糖浆的甜美颜色柔和地包裹着金酒的浓郁酒香。

干金酒······················45 毫升

石榴糖浆··················15 毫升

柳橙汁······················1 茶匙

蛋清·························1 个

将原材料充分摇匀后倒入大鸡尾酒杯中。

16. 环游世界(Around The World)

30 度　　中口　　摇和法

这款酒是代表环游世界一周的意思。它呈现淡绿色,属于中口鸡尾酒。它同时带有凤梨的酸甜和薄荷的清香。饮用后,人们会有种清爽明快的感觉。

干金酒······················45 毫升

绿薄荷酒··················15 毫升

凤梨汁······················15 毫升

绿樱桃······················适量

将原材料倒入摇壶摇匀后倒入鸡尾酒杯中，然后让绿樱桃沉淀下来。

17．翡翠酷乐（Emerald Cooler）

24 度　　中口　　摇和法

这款鸡尾酒是由绿薄荷酒、柠檬汁以及苏打水共同构成的。它的特点是清润爽口。宝石般的透明显现出了翡翠酷乐的美。

干金酒……………………30 毫升

绿薄荷酒…………………15 毫升

柠檬汁……………………15 毫升

糖浆………………………1 茶勺

苏打水……………………适量

酒味樱桃…………………适量

将苏打水之外的原材料全部倒入摇壶摇匀，然后倒入盛有冰块的鸡尾酒杯中。再用冰凉的苏打水注满酒杯，并轻轻地搅拌，最后装饰上酒味樱桃。

18．长岛冰茶（Long Island Ice Tea）

19 度　　中口　　兑和法

这款鸡尾酒虽然不是红茶却带有红茶的滋味。它于 1980 年诞生于美国西海岸。由于配方中加了 4 种烈酒，所以酒精度较高。

干金酒……………………15 毫升

伏特加……………………15 毫升

白朗姆……………………15 毫升

特基拉……………………15 毫升

白橙皮或君度…………15 毫升

柠檬汁……………………30 毫升

糖浆………………………1 茶勺

可乐………………………适量

将可乐之外的原材料倒入盛有碎冰的酒杯中，然后用冰凉的可乐注满酒杯，并轻轻地搅拌，最后根据个人喜好装饰上青柠或柠檬片及酒味樱桃。

（二）基酒之伏特加 Vodka Base Cocktails

伏特加的最大特点是无色无味、口味醇正。以伏特加作基酒调制的鸡尾酒，其酒香多来自与之搭配的原材料。

1．神风（Kami-kaze）

27 度　　辛口　　摇和法

这款鸡尾酒是用原日本海军神风特攻队的名字来命名的。这款酒品在伏特加中加

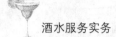

入了白橙皮酒的芳香和青柠汁的微酸。

伏特加·····················15 毫升

白橙皮酒·················1 茶勺

青柠汁·····················15 毫升

步骤:将所有原材料摇和后倒入盛有冰块的古典式酒杯中。

2. 大都会(Cosmopolitan)

22 度　　中口　　摇和法

这是一款粉红色的鸡尾酒,将白橙皮和两种果汁的风味完美地结合在一起。

伏特加·····················30 毫升

白橙皮酒·················15 毫升

青柠汁·····················15 毫升

越梅汁·····················30 毫升

将所有原材料摇匀后倒入鸡尾酒杯中。

3. 卡匹洛斯卡(Caiprosca)

28 度　　中口　　兑和法

这是一款添加了碎青柠和糖浆的鸡尾酒。

伏特加·····················30 毫升

青柠·····················1~2 个

糖浆·····················1~2 茶勺

将青柠切成细块后放入酒杯中,加入糖浆(砂糖),再将其碾碎,然后放入碎冰加入伏特加轻轻搅拌。

4. 海风(Sea Breeze)

8 度　　中口　　摇和法

这款鸡尾酒曾经于 1980 年风行美国大陆。它属于低酒精饮料,其制作要点是调制出越莓的清爽色泽和口感。

伏特加·····················30 毫升

越莓汁·····················60 毫升

西柚汁·····················60 毫升

将原材料摇匀后倒入盛有冰块的鸡尾酒杯中,还可以根据个人喜好装饰上鲜花。

5. 螺丝刀(Screwdriver)

15 度　　中口　　兑和法

这款鸡尾酒的命名来自搅拌勺的"回旋"形态。它的口感清爽滑润。

伏特加·····················45 毫升

柳橙汁······················适量

柳橙片······················适量

将伏特加倒入盛有冰块的酒杯中,然后用冰凉的柳橙汁注满酒杯,并轻轻地搅拌,最后根据个人喜好装饰上柳橙片。

6. 激情海岸(Sex On The Beach)

10度　　中口　　兑和法

这款酒品因在电影《鸡尾酒》中出现,所以人们对它十分熟悉。它融合了蜜瓜利口酒和木莓利口酒的特色,能够让人们充分地享受到那迷人的鲜果芳香。

伏特加······················15毫升

蜜瓜利口酒·················15毫升

木莓利口酒·················15毫升

蔓越莓汁···················45毫升

凤梨汁······················45毫升

凤梨块······················适量

将原材料摇匀后倒入盛有冰块的鸡尾酒杯中,还可以根据个人喜好装饰上一些水果和鲜花。

7. 咸狗(Salty Dog)

13度　　中口　　兑和法

"Salty"是"咸味、咸的"的意思。这是一种面向海事工作者的鸡尾酒。西柚汁的微酸和盐的微咸使得伏特加的酒香更加浓郁。

伏特加······················45毫升

西柚汁······················适量

盐(雪花风格)··············适量

将冰块和伏特加一起倒入盐口雪花风格的鸡尾酒杯中,然后用冰凉的柳橙汁注满酒杯,并轻轻地搅拌。

8. 黑色俄罗斯(Black Russian)

32度　　中口　　兑和法

饮用这款鸡尾酒时,可以体会到咖啡利口酒的芳香。如果在酒液上浇上15毫升鲜奶油,那么就变成了"白色俄罗斯"。

伏特加······················30毫升

咖啡利口酒·················15毫升

将所有原材料摇匀后倒入盛有冰块的古典式酒杯中,然后轻轻地搅拌。

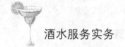

9. 血腥玛丽（Bloody Mary）

12度　　辛口　　兑和法

这款鸡尾酒名来自16世纪镇压新教徒的英国女王"血腥玛丽"的名字。可以根据个人的口味加些食盐、胡椒、柠檬块和西红柿汁等。

伏特加·················45毫升
西红柿汁···············适量
柠檬块·················适量
芹菜段·················适量

将威士忌倒入盛有冰块的酒杯中，然后用冰凉的西红柿汁将酒杯注满，并轻轻地搅拌，最后根据个人喜好装饰上柠檬块和芹菜。

10. 蓝色潟湖（Blue Lagoon）

22度　　中口　　摇和法

这款鸡尾酒的特点正如其名，显现出了蓝橙所特有的鲜亮色泽。它1960年诞生于法国巴黎，现在闻名世界。

伏特加·················30毫升
蓝橙酒·················30毫升
柠檬汁·················30毫升
柳橙片·················适量
酒味樱桃···············适量

将原材料摇匀后倒入鸡尾酒杯中，然后再装饰上柳橙片和酒味樱桃。

11. 奇奇（Chi-Chi）

7度　　中口　　摇和法

"Chi-Chi"原本是"时髦的、流行的"的意思。人们从这款产自夏威夷的热带饮料中可以清晰地体味到凤梨汁的清甜和椰奶的醇香。

伏特加·················30毫升
凤梨汁·················90毫升
椰奶···················45毫升
凤梨块、柳橙片 ··········各适量

将原材料摇匀后倒入盛有冰块的鸡尾酒杯中，您还可以根据个人喜好装饰上一些水果或鲜花。

（三）基酒之朗姆酒 Rum Base Cocktails

在鸡尾酒中，有着朗姆酒特有的甜味，并洋溢着南国风情的鸡尾酒占主流。调制鸡尾酒时，可以根据个人喜好选择白朗姆酒、金黄朗姆酒或黑朗姆酒。

1. 自由古巴(Cuba Libre)

12 度　　中口　　兑和法

1902 年,古巴人民进行了反对西班牙的独立战争,在这场战争中他们使用"Cuba Libre"作为纲领性口号,便有了这款名为自由古巴的鸡尾酒。加入可乐后,鸡尾酒口感轻柔,适合在海滩酒吧饮用。

白朗姆……………………45 毫升
青柠汁……………………15 毫升
可乐………………………适量
青柠片……………………适量

将朗姆酒和青柠汁倒入盛有冰块的酒杯后,用冰凉的可乐注满杯,然后轻轻地搅拌,可以根据个人的喜好装饰上青柠片。

2. 戴吉利(Daiquiri)

24 度　　中口　　摇和法

Daiquiri 是古巴一座矿山的名字。戴吉利鸡尾酒是用朗姆酒作基酒调制而成的代表性鸡尾酒,它的特点是透露出清凉感的酸。

白朗姆……………………45 毫升
青柠汁……………………15 毫升
糖浆………………………1 茶匙

将原材料摇匀后,倒入盛有冰块的鸡尾酒杯中。

3. 冰冻草莓戴吉利(Frozen Strawberry Daiquiri)

7 度　　中口　　摇和法

这款鸡尾酒是"冰冻戴吉利"系列的变异饮品之一,它使用新鲜草莓的味觉和视觉冲击力。

白朗姆……………………30 毫升
草莓酒……………………15 毫升
青柠汁……………………15 毫升
糖浆………………………1 茶匙
鲜草莓……………………1/3 个
碎冰………………………1 茶杯

将原材料用搅拌机搅拌后,倒入酒杯内,放入吸管,还可以根据个人喜好装饰上草莓。

4. 冰冻香蕉戴吉利(Frozen Banana Daiquiri)

7 度　　中口　　摇和法

这款鸡尾酒是"冰冻戴吉利"系列的另一个变异饮品,它使用香蕉利口酒和新鲜香蕉

作为原料。由于加入过多的香蕉,鸡尾酒会变得淡而无味,所以制作时要注意香蕉的用量。

白朗姆……………………30 毫升

香蕉酒……………………15 毫升

柠檬汁……………………15 毫升

糖浆………………………1 茶匙

鲜香蕉……………………1/3 个

碎冰………………………1 茶杯

将原材料用搅拌机搅拌后,倒入酒杯内,放入吸管。

5. 椰林飘香(Pina Colada)

8 度　　甘口　　摇和法

"Pina Colada"在西班牙语中是"凤梨地"的意思。它是一款原产于加勒比海、在美国大受欢迎的热带风情饮品。这款酒品中凤梨和椰子相互融合,使得口感协调润滑,堪称极品。

白朗姆……………………30 毫升

凤梨汁……………………30 毫升

椰子汁……………………15 毫升

凤梨块……………………适量

酒味樱桃…………………适量

将原材料摇匀后,倒入有碎冰的大酒杯中,再装饰上凤梨块和樱桃。

6. 蓝色夏威夷(Blue Hawaii)

14 度　　中口　　摇和法

这款鸡尾酒洋溢着热带风情,见到它就会让人不禁联想到常夏之岛夏威夷的蔚蓝大海。这款酒具有蓝橙酒和凤梨汁的爽快酸味。另外,还可以装饰上大量的时令鲜花和水果。

白朗姆……………………30 毫升

蓝橙酒……………………15 毫升

凤梨汁……………………30 毫升

柠檬汁……………………15 毫升

凤梨块……………………适量

酒味樱桃…………………适量

薄荷叶……………………适量

将原材料摇匀后,倒入盛有冰块的大酒杯中,再装饰上凤梨块等所喜欢的水果和花儿。

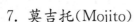

7. 莫吉托(Mojito)

25 度　　中口　　兑和法

这是一款让人享受到清凉感的、适合夏天饮用的鸡尾酒。制作这款酒品时,先在朗姆酒和青柠中加入薄荷叶,再放入冰块,充分搅拌至酒杯外面挂霜,这样才能更好地显现这款饮品的特点。

白朗姆·················45 毫升
鲜青柠·················1/2 个
糖浆···················1 茶匙
薄荷叶·················6～7 片

将青柠拧绞后连果肉带果皮一起倒入酒杯内,再放入薄荷叶和糖浆并轻轻地搅拌,最后放入碎冰,并倒入朗姆酒充分地搅拌。

8. 珊瑚(Coral)

24 度　　中口　　摇和法

这是一款颇具南国风味的鸡尾酒,它将与果汁融合性极好的白朗姆酒和杏子白兰地绝妙地混合在一起。饮用这款鸡尾酒时,您能享受到酸甜味搭配后的绝妙协调感。

白朗姆·················30 毫升
杏子白兰地·············15 毫升
西柚汁·················15 毫升
柠檬汁·················15 毫升

将原材料摇匀后,倒入鸡尾酒杯中。

8. 金色朋友(Golden Friend)

15 度　　中口　　摇和法

这款鸡尾酒是 1982 年举行的"杏仁利口酒国际大赛"上的获奖作品。这是一款长饮,它将黑朗姆酒与杏仁利口酒的醇厚风味混合在一起,令人回味无穷。

黑朗姆·················30 毫升
杏仁酒·················30 毫升
柠檬汁·················30 毫升
可乐···················适量
柠檬片·················适量

将可乐之外的饮料摇匀后,倒入盛有冰块的酒杯中,并用冰凉的可乐注满酒杯,然后轻轻地搅拌,根据个人的喜好装饰上柠檬片。

9. 天蝎座（Scorpion）

25 度　　中口　　摇和法

这是一款以"天蝎"或"天蝎座"命名的、原产于夏威夷的热带风情饮品。这款酒品中虽然加入了很多的烈酒，但它的口感宛如新鲜果汁般爽快。

白朗姆·······················45 毫升

白兰地·······················30 毫升

柳橙汁·······················30 毫升

柠檬汁·······················30 毫升

青柠汁(加糖)···············15 毫升

柳橙片、酒味樱桃 ·········各适量

将原材料摇匀后，倒入装有碎冰的酒杯内，可以根据个人的喜好装饰上柳橙片和酒味樱桃。

10. 哈瓦那海滩（Havana Beach）

17 度　　甘口　　摇和法

这款鸡尾酒以著名的朗姆酒产地——古巴首都哈瓦那命名。这款酒品使用大量的凤梨汁以象征加勒比的众多岛屿，从而使整个饮品极具热带风情。由于它是甜味饮品，所以少放或者不放糖浆也可以。

白朗姆·······················30 毫升

凤梨汁·······················30 毫升

糖浆·························1 茶匙

将原材料摇匀后，倒入鸡尾酒杯中。

11. 朗姆酷乐（Rum Cooler）

28 度　　中口　　兑和法

这是一款以朗姆酒作为基酒的酷乐风格的长饮。这款酒品颇具青柠汁的爽快感，十分美味可口。

白朗姆酒·····················45 毫升

青柠汁·······················15 毫升

石榴糖浆·····················1 茶匙

苏打水·······················适量

将原材料摇匀后倒入装有冰块的柯林杯内，再用冰凉的苏打水注满柯林杯并轻轻地搅拌。

12. 朗姆柯林(Rum Collins)

14度　　中口　　摇和法

这款鸡尾酒是将"汤姆柯林"中的金酒基酒换成朗姆酒后调制而成的。这款酒品清凉爽快,十分美味可口。另外,制作这款鸡尾酒时,也可以使用黑朗姆酒之外的其他颜色的朗姆酒作基酒。

黑朗姆……………………45 毫升
柠檬汁……………………15 毫升
糖浆………………………1～2 茶匙
苏打水……………………适量
柠檬片……………………适量

将苏打水以外的原材料摇匀后,倒入装有冰块的柯林杯内,用冰凉的苏打水注满酒杯并轻轻地搅拌。另外,可以根据个人喜好装饰柠檬片。

13. 朗姆茱莉普(Rum Julep)

25度　　中口　　兑和法

这是一款口感爽快、适合夏天饮用的鸡尾酒。它是使用白色和黑色两种朗姆酒制作而成的"茱莉普风格"的长饮。为了使这款饮品更美味可口,需要充分搅拌至酒杯外面挂霜。

白朗姆……………………30 毫升
黑朗姆……………………30 毫升
砂糖(或糖浆)……………2 茶匙
水…………………………30 毫升
薄荷叶……………………4～5 片

将朗姆酒以外的原材料倒入柯林杯内,并一边将砂糖溶化,一边加入薄荷叶进行搅拌。然后将搅拌好的朗姆酒倒入盛有碎冰的酒杯中,等充分搅拌均匀后放入吸管。

(四) 基酒之特基拉 Tequila Base Cocktails

我们可以充分利用墨西哥产的特基拉酒调制出种类繁多、口味丰富的鸡尾酒。特基拉酒可以与利口酒和果汁完美地融合在一起。

1. 常青树(Ever Green)

11度　　中口　　摇和法

这是一款漂亮的、水果味的鸡尾酒。这款酒品是将极具清凉感的绿薄荷汁与具有香草和茴芹香气的甜加利安奴酒调和在一起的。

特基拉……………………30 毫升
绿薄荷……………………15 毫升

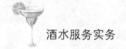
加利安奴·················15毫升

凤梨汁·················90毫升

凤梨块·················适量

薄荷叶·················适量

酒味樱桃·················适量

绿樱桃·················适量

将原材料调和后倒入盛有冰块的酒杯中,可以根据个人的喜好装饰上凤梨块、薄荷叶、酒味樱桃、绿樱桃。

2. 耶稣山(Coreovado)

20度　　中口　　摇和法

"Coreovado"是巴西东南部的里约热内卢郊区附近的一座山的名字,在这座山上建造了一尊巨大的耶稣像,它由此而闻名。这是一款将特基拉酒的独特风味与苏格兰威士忌的橡木香味交织在一起、口感爽快的鸡尾酒。它鲜艳漂亮的蓝色让人不禁联想到南方的大海。

特基拉·················30毫升

苏格兰威士忌·············30毫升

蓝橙酒·················30毫升

苏打水·················适量

青柠片·················适量

将苏打水以外的原材料摇匀后,倒入盛有冰块的酒杯中并轻轻地搅拌,可以根据个人的喜好装饰上青柠片。

3. 特基拉日出(Tequila Sunrise)

12度　　中口　　兑和法

这是一款让人联想到墨西哥朝霞的、充满热情的鸡尾酒。20世纪70年代滚石乐队的成员迈克·杰格在墨西哥演出时特别喜欢喝这款鸡尾酒,由此使得这款鸡尾酒更加出名。

特基拉酒·················45毫升

柳橙汁·················90毫升

石榴糖浆·················2茶匙

柳橙片·················适量

将特基拉酒和柳橙汁倒入盛有冰块的酒杯中,轻轻地搅拌后,让石榴糖浆缓慢地沉淀下来,可以根据个人喜好装饰上柳橙片。

4. 玛格丽特（Margarita）

26 度　　中口　　摇和法

本款鸡尾酒是 1949 年"全美鸡尾酒大赛"上的冠军作品。这款酒品的创作者为了纪念死去的恋人，将自己的作品以恋人的名字来命名。这款鸡尾酒略带酸味。

特基拉……………………30 毫升

君度………………………15 毫升

柠檬汁……………………15 毫升

将原材料摇匀后，倒入撒有盐口雪花风格的鸡尾酒杯中。

5. 冰冻蓝色玛格丽特（Frozen Blue Margarita）

7 度　　中口　　搅合法

这款酒品是"玛格丽特"鸡尾酒的冰冻风格饮品。它将"玛格丽特"鸡尾酒中的基酒由君度换成了蓝橙酒，以调制出美丽的蓝色。酸味突出。

特基拉……………………30 毫升

蓝橙酒……………………15 毫升

柠檬汁……………………15 毫升

砂糖（糖浆）……………1 茶匙

碎冰………………………1 茶杯

将原材料用搅拌机搅拌后，倒入撒有盐口雪花风格的酒杯中。

6. 破冰船（Ice-Breaker）

20 度　　中口　　摇和法

"Ice-Breaker"意为"破冰船"或"破冰器"，引申意为"调和物"。这是一款口感爽快的粉红色鸡尾酒。这款酒品以特基拉酒作为基酒，并兑入略带苦味的西柚汁。

特基拉酒…………………30 毫升

君度………………………15 毫升

西柚汁……………………15 毫升

石榴糖浆…………………1 茶匙

将原材料摇匀后，倒入盛有冰块的古典式酒杯中。

7. 伯爵夫人（Contessa）

20 度　　中口　　摇和法

"Contessa"在意大利语中是"伯爵夫人"的意思。这是一款水果口味、美味可口的鸡尾酒。这款酒品将西柚汁和荔枝利口酒极其和谐地融合在一起。

特基拉酒…………………30 毫升

荔枝利口酒………………15 毫升

西柚汁·················15 毫升

将原材料摇匀后,倒入鸡尾酒杯中。

8. 仙客来(Cyclamen)

26 度　　中口　　摇和法

这款鸡尾酒让人不禁联想到那美丽的仙客来花,它甜度适中、呈水果口味。那沉淀下来的石榴糖浆与柳橙汁颜色对比强烈,十分美丽。

特基拉酒·················30 毫升

君度酒·················15 毫升

柳橙汁·················15 毫升

柠檬皮汁·················15 毫升

石榴糖浆·················1 茶匙

柠檬皮·················适量

将石榴糖浆以外的原材料摇匀后,倒入鸡尾酒杯中。等石榴糖浆缓慢地沉淀下来后,再拧入几滴柠檬皮汁。

9. 斗牛士(Matador)

15 度　　中口　　摇和法

"Matador"是指斗牛比赛中最后出场并刺死牛的"斗牛场上的英雄"。这是一款使用特基拉酒制作出的代表性的鸡尾酒之一。饮用该酒品入喉时可微微感到甜甜的水果味。

特基拉酒·················30 毫升

凤梨汁·················45 毫升

青柠汁·················15 毫升

将原材料摇匀后,倒入盛有冰块的古典式酒杯中。

10. 墨西哥人(Mexican)

17 度　　甘口　　摇和法

这是一款将墨西哥产的特基拉酒与南方特产的凤梨汁调和在一起的甜味鸡尾酒。该酒品加入石榴糖浆后,更带有甜味。

特基拉酒·················30 毫升

凤梨汁·················30 毫升

石榴糖浆·················适量

将原材料摇匀后,倒入鸡尾酒杯中。

11. 八哥（Mockingbird）

25 度　　中口　　摇和法

"Mockingbird"是一种原产于墨西哥的、能模仿其他鸟鸣叫的"八哥"。这款鸡尾酒在色泽上，绿薄荷酒那鲜艳夺目的色彩让人不禁联想到绿色的森林；在口感上让人越喝心情越畅快。

特基拉酒……………………45 毫升
绿薄荷酒……………………15 毫升
青柠汁………………………15 毫升

将原材料摇匀后，倒入鸡尾酒杯中。

（五）基酒之威士忌 Whisky Base Cocktail

用作基酒的威士忌是以数种精选酒品为原料酿成的，既清爽可口又有悠久历史的原产鸡尾酒数不胜数。

1. 威士忌酸味鸡尾酒（Whisky Sour）

23 度　　中口　　摇和法

这是一款在威士忌中加入了苦精酒的苦味和糖浆的甜味后调制而成的正宗鸡尾酒。在制作这款酒品时，多使用苏格兰威士忌、黑麦威士忌或者波本威士忌等威士忌作为基酒。

威士忌………………………45 毫升
柠檬汁………………………15 毫升
砂糖（糖浆）…………………1 茶匙
柳橙片………………………适量
酒味樱桃……………………适量

将原材料摇匀后，倒入酸味鸡尾酒杯内，并装饰上柳橙片和酒味樱桃。

2. 曼哈顿（Manhattan）

32 度　　中口　　调和法

这款鸡尾酒被誉为"鸡尾酒女王"，从 19 世纪中叶开始，它陆续被世界各地的人们饮用。原材料中甜味美思的香甜口味使得该酒品口感极佳，因此也深受女性们的青睐。

黑麦威士忌…………………45 毫升
甜味美思……………………15 毫升
安哥斯特拉苦精酒……………适量
酒味樱桃……………………适量
柠檬皮………………………适量

将原材料用混合杯搅拌均匀后，倒入鸡尾酒杯内，并装饰用鸡尾酒饰针穿的酒味樱

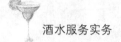

桃,最后拧入几滴柠檬皮汁。

3. 曼哈顿一干(Manhattan-Dry)

35 度　辛口　调和法

这款鸡尾酒是将"曼哈顿"鸡尾酒中的甜味美思换成干味美思后调制而成的。因为该酒品中威士忌所占的比例增大,所以饮用时能够品尝到的口味更加清香。

黑麦威士忌·················45 毫升

干味美思·················15 毫升

安格斯特拉苦精酒·········适量

绿樱桃·················适量

将原材料摇匀后,倒入鸡尾酒杯内,并装饰上用鸡尾酒饰针穿的绿樱桃。

4. 曼哈顿—中性(Manhattan-Medium)

30 度　中口　调和法

这款鸡尾酒口味介于"曼哈顿"和"曼哈顿一干"之间,又名"完美曼哈顿"。在这款酒品的配方中,也有的不使用安格斯特拉苦精酒,而是拧入几滴柠檬皮汁。

黑麦威士忌·················45 毫升

干味美思·················15 毫升

甜味美思·················15 毫升

安格斯特拉苦精酒·········适量

酒味樱桃·················适量

将原材料用混合杯搅拌均匀后,倒入鸡尾酒杯内,并装饰上用鸡尾酒饰针穿的酒味樱桃。

5. 生锈钉(Rusty Nail)

36 度　甘口　兑和法

这款鸡尾酒将酿制杜林标和威士忌调配在一起,使得口味甜美,芳香四溢。因为这款酒品在色泽上类似生锈的钉子,所以被称作生锈钉。

威士忌·················30 毫升

杜林标·················30 毫升

将原材料倒入盛有冰块的古典式酒杯中并轻轻地搅拌。

6. 罗伯罗伊(Rob Roy)

32 度　中口　调和法

这是将"曼哈顿"鸡尾酒中的基酒换成苏格兰威士忌后调制而成的一款鸡尾酒。

苏格兰威士忌·················45 毫升

甜味美思·················15 毫升

安哥斯特拉苦精酒·········适量

酒味樱桃·················适量

柠檬皮·················适量

将原材料用混合杯搅拌均匀后,倒入鸡尾酒杯内,并装饰上用鸡尾酒饰针穿的酒味樱桃,最后拧入几滴柠檬皮汁。

7. 爱尔兰咖啡(Irish Coffee)

10 度　　中口　　兑和法

这款以爱尔兰威士忌作为基酒的鸡尾酒是热饮的鼻祖。据说此款鸡尾酒是一位吧员为心爱的空姐调制,充满着醇香而又苦涩的爱意。

爱尔兰威士忌··········30 毫升

砂糖·················1 茶匙

浓热咖啡···············适量

鲜奶油···············适量

将砂糖放入加热过的爱尔兰咖啡杯内,倒入热咖啡,再注入威士忌并轻轻搅拌,最后让纯鲜奶油缓慢地悬浮上来。

8. 帝王菲士(Imperial Fizz)

17 度　　中口　　摇和法

这是一款菲士风格的鸡尾酒。这款饮品将威士忌和白朗姆酒调制在一起,口感清凉畅快。

威士忌···············45 毫升

白朗姆酒·············15 毫升

柠檬汁···············15 毫升

砂糖(糖浆)···········1～2 茶匙

苏打水···············适量

将苏打水以外的原材料摇匀后,倒入盛有冰块的酒杯内,用冰凉的苏打水注满并轻轻地搅拌。

9. 老朋友(Old Pal)

24 度　　中口　　调和法

这款鸡尾酒名为"老朋友"或"难忘的友人",它很早以前就为人们所熟知。它那隐约的苦味中夹杂着少许甜味,使得口感极佳。

黑麦威士忌···········30 毫升

干味美思·············30 毫升

金巴利酒·············30 毫升

将原材料用混合杯搅拌后,倒入鸡尾酒杯内。

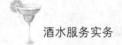

10. 东方(Oriental)

25度　　中口　　摇和法

"Oriental"是"东方"或"东方人"的意思。这是一款口味极佳的鸡尾酒,它既有黑麦威士忌的独特风格,又融入了甜味美思的醇厚口感和柑橘系列的酸味。

黑麦威士忌⋯⋯⋯⋯⋯⋯30毫升
甜味美思⋯⋯⋯⋯⋯⋯⋯15毫升
君度⋯⋯⋯⋯⋯⋯⋯⋯⋯15毫升
青柠汁⋯⋯⋯⋯⋯⋯⋯⋯15毫升

将原材料摇匀后,倒入鸡尾酒杯内。

11. 快吻我(Kiss Me Quick)

24度　　中口　　调和法

这款鸡尾酒是1998年"苏格兰威士忌鸡尾酒大赛"上的冠军作品。它的创作者是宫尾孝宏。这款酒品洋溢着杜本内酒和木莓利口酒的水果芳香。

苏格兰威士忌⋯⋯⋯⋯⋯30毫升
杜本内酒⋯⋯⋯⋯⋯⋯⋯30毫升
木莓利口酒⋯⋯⋯⋯⋯⋯15毫升
柠檬皮⋯⋯⋯⋯⋯⋯⋯⋯适量

将原材料用混合杯搅拌后,倒入鸡尾酒杯内,最后拧入几滴柠檬皮汁。

12. 教父(God-Father)

34度　　中口　　兑和法

这款鸡尾酒因《教父》这部电影而得名。这款酒品有着威士忌的馥郁芳香和杏仁利口酒的浓厚味道,最适合大人们饮用。

威士忌⋯⋯⋯⋯⋯⋯⋯⋯45毫升
杏仁利口酒⋯⋯⋯⋯⋯⋯15毫升

将原材料倒入古典式酒杯内,并轻轻地搅拌。

13. 飓风(Hurricane)

30度　　中口　　摇和法

这是一款诞生于美国的正宗派鸡尾酒。虽然本款鸡尾酒使用了威士忌和金酒这两种浓烈型烈酒,但饮完后口中存留着薄荷酒清爽的余味。"Hurricane"是"飓风"或"台风"的意思。

威士忌⋯⋯⋯⋯⋯⋯⋯⋯15毫升
干金酒⋯⋯⋯⋯⋯⋯⋯⋯15毫升
白薄荷酒⋯⋯⋯⋯⋯⋯⋯15毫升

柠檬汁······················15 毫升

将原材料摇匀后，倒入鸡尾酒杯内。

14. 薄荷酷乐（Mint Cooler）

13 度　　辛口　　兑和法

这款鸡尾酒将威士忌与薄荷酒的香气和谐地融合在一起，使得口味清新凉爽，特别适合夏季饮用。如果不放入过量的白薄荷酒，那么威士忌的风味将更加突出。

威士忌······················45 毫升

白薄荷酒···················2～3 点

苏打水······················适量

薄荷叶······················适量

将原材料倒入盛有冰块的酒杯内，再用冰凉的苏打水注满酒杯，并轻轻地搅拌，可以根据个人的喜好装饰上薄荷叶。

15. 薄荷茉莉普（Mint Julep）

26 度　　中口　　兑和法

这款鸡尾酒是茉莉普风格的长饮，它飘溢着新鲜薄荷叶的清爽香气。饮用时，充分搅拌直至酒杯外挂霜，这样才更加美味。

波本威士忌···············60 毫升

砂糖（糖浆）···············2 茶匙

水或苏打水···············2 茶匙

薄荷叶······················5～6 片

将威士忌以外的原材料倒入酒杯内，并一边搅拌以使砂糖溶化，一边搅入薄荷叶。然后将碎冰放入酒杯内，再倒入威士忌并充分搅拌，最后装饰上薄荷叶。

（六）基酒之白兰地 Brandy Base Cocktails

极具白兰地浓郁酒香又略带甜味的鸡尾酒很有情调，调制鸡尾酒时，应尽量选用上等白兰地。

1. 亚历山大（Alexander）

23 度　　甘口　　摇和法

这款鸡尾酒深受 19 世纪中叶英国国王爱德华七世的王妃亚历山大的青睐。本款酒品具有奶油般的口感，巧克力般的甜味。因为使用了鲜奶油，所以在摇动的过程中要快速、强烈、有力。

白兰地······················30 毫升

棕可可酒···················30 毫升

鲜奶油······················30 毫升

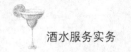

将原材料充分摇匀后倒入鸡尾酒杯中。

2. 边车(Sidecar)

26度　　中口　　摇和法

第一次世界大战期间,军队常用"垮斗摩托"作为交通工具,这款鸡尾酒由此得名。本款鸡尾酒将白兰地基酒和利口酒、果汁的甜酸味绝妙地搭配在一起,使得口感协调。

白兰地·······················30毫升
君度·························15毫升
柠檬汁·······················15毫升

将原材料摇匀后倒入鸡尾酒杯中。

3. 奥林匹克(Olympic)

26度　　中口　　摇和法

这是为了纪念1900年奥林匹克运动会而特别调制的一款鸡尾酒。芬芳醇厚的白兰地中加入柳橙香味,一款水果风味、口感浓厚的鸡尾酒就呼之欲出了。

白兰地·······················30毫升
橘子酒·······················30毫升
柳橙汁·······················30毫升

将原材料摇匀后倒入鸡尾酒杯内。

4. 白兰地奶露(Brand Egg Nogg)

12度　　中口　　摇和法

这款鸡尾酒是以白兰地作基酒的、蛋诺风格的长饮。由于在这款酒品中放入了鸡蛋和牛奶,所以它作为一款具有极高营养价值的滋补型饮品而闻名。另外,夏季将它做成凉饮,冬季则做成热饮。

白兰地·······················30毫升
黑朗姆酒·····················15毫升
鸡蛋·························1个
砂糖·························2茶匙
牛奶·························适量
豆蔻粉·······················适量

将牛奶以外的原材料充分摇匀后倒入酒杯中,用牛奶将酒杯注满,再放入冰块轻轻地搅拌,还可以根据个人的喜好撒上豆蔻粉。

5. 白兰地酸味鸡尾酒(Brandy Sour)

23度　　中口　　摇和法

"Sour"是"酸"的意思。白兰地芬芳醇厚的香气,加上柠檬汁的酸味,一款爽口的正宗鸡尾酒调制而成了。

> 白兰地······················45毫升
> 柠檬汁······················15毫升
> 砂糖(糖浆)···············1茶匙
> 青柠片、酒味樱桃 ········各适量

将原材料摇匀后倒入酸味鸡尾酒杯中，根据个人的喜好装饰上青柠片和酒味樱桃。

6. 白兰地司令（Brandy Sling）

14度　　中口　　兑和法

这款美味可口的鸡尾酒是在白兰地中加入柠檬汁的酸味和砂糖的甜味调制而成的。

> 白兰地······················45毫升
> 柠檬汁······················15毫升
> 砂糖(糖浆)···············1茶匙
> 矿泉水······················适量

将柠檬汁和砂糖放入酒杯中充分搅拌后倒入白兰地，放入冰块后用冰凉的矿泉水注满酒杯并轻轻地搅拌。

7. 白兰地牛奶宾治（Brandy Milk Punch）

13度　　中口　　摇和法

这款鸡尾酒是宾治风格的长饮，它用白兰地作基酒，并放入大量牛奶。这款酒品口感柔和，美味可口，可以根据个人喜好放入磨好的豆蔻粉。

> 白兰地······················45毫升
> 牛奶·························120毫升
> 砂糖(糖浆)···············1茶匙

将原材料摇匀后，倒入盛有冰块的高脚酒杯内。

（七）基酒之利口酒 Liqueur Base Cocktails

使用香草和药草系列、果肉系列、坚果种子系列利口酒调制而成的鸡尾酒纷繁各异。

1. 绿色蚱蜢（Grasshopper）

14度　　甘口　　摇和法

这是一款将薄荷和可可豆的芳香融合在一起的餐后鸡尾酒。

> 白可可利口酒···········30毫升
> 绿薄荷酒···············30毫升
> 鲜奶油···················30毫升

将原材料充分摇匀后，倒入鸡尾酒杯中。

2. 金色梦想（Golden Dream）

16 度　　甘口　　摇和法

这款鸡尾酒融合了紫罗兰的芳香和柳橙的清爽。它属于奶油甘口类，特别适合在睡前饮用。

加利安奴·················30 毫升

君度·····················30 毫升

鲜奶油···················30 毫升

柳橙汁···················30 毫升

将原材料充分摇匀后，倒入鸡尾酒杯中。

3. 中国蓝（China Blue）

5 度　　中口　　兑和法

这款水果口味的鸡尾酒在相融性极好的荔枝利口酒中加入了西柚汁和具有爽快口感的汤力水。另外，酒杯中漂浮的蓝橙酒十分美丽。

荔枝利口酒···············30 毫升

西柚汁···················45 毫升

汤力水···················适量

蓝橙酒···················1 茶匙

将荔枝利口酒和西柚汁倒入盛有冰块的酒杯中，然后用冰凉的汤力水将酒杯注满，并轻轻地搅拌，最后让蓝橙酒沉淀下来。

4. 彩虹（Pousse-Café）

28 度　　甘口　　兑和法

这是一款利用各种酒品所含糖分比重不同的特性，将它们进行分层的鸡尾酒。通过改变利口酒和所调出的层数，可以调制出此种类型其他款式的鸡尾酒。

石榴糖浆·················10 毫升

甜瓜利口酒···············10 毫升

蓝橙酒···················10 毫升

荨麻酒···················10 毫升

白兰地···················10 毫升

将石榴糖浆、甜瓜利口酒、蓝橙酒、荨麻酒、白兰地依次倒入利口酒杯中，然后让它们慢慢地悬浮上来。

5. 甜瓜牛奶（Melon & Milk）

7 度　　甘口　　兑和法

这款鸡尾酒融合了牛奶和蜜瓜利口酒的风味，香甜可口，深受女士们的喜爱。

甜瓜利口酒·················30～45毫升

牛奶·····················适量

将甜瓜利口酒倒入盛有冰块的酒杯中,然后用冰凉的牛奶将酒杯注满并轻轻搅拌。

6. 荔枝与西柚(Litchi&Grapefruit)

5度　　中口　　兑和法

这款鸡尾酒将荔枝利口酒的甜水果味与西柚汁的弱苦味巧妙地搭配在一起。

荔枝利口酒·················45毫升

西柚汁·····················适量

绿樱桃·····················适量

将荔枝利口酒倒入盛有冰块的酒杯中,然后用冰凉的西柚汁将酒杯注满,并轻轻地搅拌,可以根据个人的喜好装饰上绿樱桃。

7. 杏仁酷乐(Apricot Cooler)

7度　　中口　　摇和法

这款鸡尾酒色泽鲜亮,是由杏子白兰地和石榴糖浆调制而成的。它属于酷乐类的长饮。

杏子白兰地·················45毫升

柠檬汁·····················30毫升

石榴糖浆···················1茶匙

苏打水·····················适量

青柠片、酒味樱桃 ·········适量

将苏打水以外的原材料摇匀后,倒入盛有冰块的酒杯中,然后用冰凉的苏打水将酒杯注满,并轻轻地搅拌,可以根据个人的喜好装饰上青柠片和酒味樱桃。

8. 可可豆菲士(Cacao Fizz)

30度　　甘口　　摇和法

这款鸡尾酒使用可可豆利口酒做基酒,它属于菲士风格的长饮。它把巧克力的芳香和柠檬的果酸味很好地结合在一起。

棕可可利口酒···············45毫升

柠檬汁·····················30毫升

糖浆·······················1茶匙

苏打水·····················适量

柠檬片、酒味樱桃 ·········适量

将苏打水以外的原材料摇匀后,倒入盛有冰块的酒杯中,然后用冰凉的苏打水将酒杯注满,并轻轻地搅拌。此外,可以根据个人的喜好装饰上柠檬片和酒味樱桃。

9. 卡路尔牛奶(Kahlua & Milk)

7度　甘口　兑和法

这款鸡尾酒是用众所周知的咖啡利口酒制成的,它常年盛行。饮用这款酒品就如同在喝咖啡牛奶,它的酒精度数较低,所以非常适合女性饮用。

咖啡甘露酒·················30~45毫升

牛奶·····················适量

将咖啡甘露酒倒入盛有冰块的酒杯中,然后用冰凉的牛奶将酒杯注满,并轻轻地搅拌。

10. 金色卡迪拉克(Golden Cadillac)

16度　甘口　摇和法

这款鸡尾酒是将香草系列利口酒的加利安奴酒、带有咖啡味的可可豆利口酒混合而来的。它甘甜可口、爽润舒滑。

加利安奴酒················30毫升

白可可利口酒··············30毫升

鲜奶油···················30毫升

将原材料充分摇匀后,倒入鸡尾酒杯中。

11. 甜瓜球(Melon Ball)

19度　甘口　兑和法

这是使用甜瓜利口酒调制的、最具代表性的一款鸡尾酒。本款酒品中甜瓜利口酒的丰富口味和柳橙的酸甜味恰到好处地搭配在一起。

甜瓜利口酒················60毫升

柳橙汁···················60毫升

柳橙片···················适量

将甜瓜利口酒和伏特加倒入盛有碎冰的酒杯中,然后用冰凉的柳橙汁将酒杯注满,并轻轻地搅拌。此外,可以根据个人的喜好装饰上柳橙片。

(八) 无酒精型鸡尾酒 Non-Alcoholic Cocktails

所有无酒精型鸡尾酒和普通的鸡尾酒一样口感鲜美、酒香浓郁。酒量小的人士在不适合喝酒的日子里可以饮用这种鸡尾酒。

1. 冰果酒(Cool Collins)

0度　中口　兑和法

这是一款以柠檬汁为基酒的、柯林风格的无酒精型鸡尾酒。如果柠檬汁是现拧的新鲜汁液的话,味道将更加鲜美。

柠檬汁···················60毫升

糖浆·······················1 茶匙

薄荷叶·····················5～6 片

苏打水·····················适量

将苏打水以外的原材料倒入柯林杯中,然后搅入薄荷叶。再将冰块放入杯中并用冰凉的苏打水将酒杯注满,并轻轻地搅拌。

2. 拉多加酷乐(Saratoga Cooler)

0 度　　中口　　兑和法

"莫斯科骡马"鸡尾酒是用伏特加作基酒调制而成的,而这款鸡尾酒是它的无酒精型版。青柠的酸味及姜汁汽水的爽快口感使得这款酒品口感清凉、美味可口。如果不喜欢喝甜饮,也可以不放糖浆。

青柠汁·····················30 毫升

糖浆·······················1 茶匙

姜汁汽水···················适量

青柠片·····················适量

将青柠汁和糖浆倒入盛有冰块的酒杯中,然后用冰凉的姜汁汽水将酒杯注满,并轻轻地搅拌。此外,可以根据个人的喜好放入切细的青柠片。

3. 秀兰·邓波(Shirley Temple)

0 度　　甘口　　兑和法

这款无酒精型鸡尾酒是用 20 世纪 30 年代在美国风靡一时的童星——"秀兰·邓波"的名字命名的。

石榴糖浆···················15 毫升

姜汁汽水···················适量

柠檬块、酒味樱桃 ·········各适量

将石榴糖浆倒入盛有冰块的酒杯中,然后用冰凉的姜汁汽水将酒杯注满,并轻轻地搅拌。此外,可以根据个人的喜好装饰上柠檬块和酒味樱桃。

4. 灰姑娘(Cinderella)

0 度　　中口　　摇和法

这是一款将三种果汁混合在一起的、清新爽口的无酒精型鸡尾酒。制作这款饮品时,使用摇和的方法,口感更柔和,果汁味更精湛。

柳橙汁·····················30 毫升

柠檬汁·····················30 毫升

凤梨汁·····················30 毫升

酒味樱桃、薄荷叶 ·········各适量

将原材料摇匀后倒入鸡尾酒杯中,可以根据个人的喜好装饰上酒味樱桃和薄荷叶。

5. 纯真清风(Virgin Breeze)

0度　中口　摇和法

"海风"鸡尾酒是用伏特加作基酒调制而成的,而这款鸡尾酒是它的无酒精型版。本款冷饮将两种略带甜味的果汁调和在一起,口感如清风般爽快。

西柚汁·················60毫升

越橘汁·················60毫升

将原材料摇匀后倒入盛有冰块的柯林杯中。

6. 蜜桃冰激凌(Peach Melba)

0度　中口　摇和法

法国餐饮界巨匠埃斯考菲曾将"蜜桃冰激凌"甜点和一款鸡尾酒献给当时著名的女歌手普莉玛顿娜·梅露芭,于是这款鸡尾酒就使用那个甜点的名字。本款无酒精型鸡尾酒,略带桃子的甜香味,有着大人般的成熟口感。

桃子汁·················60毫升

柠檬汁·················15毫升

青柠汁·················15毫升

石榴糖浆·················10毫升

将原材料摇匀后倒入盛有冰块的古典式酒杯中。

7. 猫步(Pussyfoot)

0度　中口　摇和法

"Pussyfoot"的原意是"像猫一样悄悄地走路"。据说这款鸡尾酒是用美国著名的禁酒运动员威廉姆·E.约翰的绰号命名的。本款酒品口味醇厚、口感柔和。

柳橙汁·················45毫升

柠檬汁·················15毫升

石榴糖浆·················1茶匙

蛋黄·················1个

将原材料充分摇匀后倒入香槟酒杯或大号的鸡尾酒杯中。

8. 佛罗里达(Florida)

0度　中口　摇和法

这是一款美国禁酒法时代(1920—1933)诞生的无酒精型鸡尾酒。本款饮品既有柑橘系列的清凉口感,又有安哥斯特拉苦精酒的苦味。

柳橙汁·················45毫升

柠檬汁·················30毫升

砂糖(糖浆)·················1茶匙

安哥斯特拉苦精酒………适量

将原材料摇匀后倒入鸡尾酒杯中。

【项目小结】

1. 关于鸡尾酒的由来,有几个美丽的传说。

2. 鸡尾酒是由两种或两种以上的饮料,按一定的配方、比例和调制方法,混合而成的一种含酒精的饮品。

3. 鸡尾酒的基本结构由基酒、辅料和装饰物三个部分组成。

4. 鸡尾酒可以按照饮用时间和场所分类、按照混合方法分类、按照基酒的种类分类。

5. 调制鸡尾酒所需的载杯和器具各不相同。

6. 调制鸡尾酒需要遵循相应的原则。

7. 调酒方法主要有四种:兑和法、调和法、摇和法以及搅和法。

8. 鸡尾酒酒谱中列举了数十种常见的鸡尾酒的配方和调制方法。

【关键术语】

鸡尾酒　　调酒　　酒谱

【技能实训】

调制七色彩虹酒

项目名称	Pousse Cafe(彩虹酒)
调酒配方	红石榴糖浆、绿薄荷、棕色可可酒、紫罗兰酒、蓝橙利口酒、君度橙皮甜酒、白兰地
装饰物	无
使用工具	量酒器,酒吧匙
使用载杯	雪利酒杯
调制方法	兑和法
操作程序	用酒吧匙依次将红石榴糖浆、绿薄荷、棕色可可酒、紫罗兰酒,蓝橙利口酒,君度橙皮甜酒,白兰地倒入雪利酒杯。

制作要点:

1. 每次注入的量要准确;

2. 下料的顺序正确;

3. 握酒吧匙的手法正确;

4. 缓慢注入所需配料。

中 篇 无酒精饮料

本 篇 导 学

当今社会,人们越来越意识到饮食习惯健康、营养的重要性,无酒精饮料日益受到消费者的青睐。消费者的习惯和口味发生变化,使得对无酒精饮料需求的不断增加。无酒精饮料也逐渐从普通单一的牛奶、果汁逐步发展形成各色品种,本篇将和大家一起走入无酒精饮料的世界。

茶艺师属于新兴的职业,随着经济的发展和大众生活水平的提高,作为绿色饮品的茶和修身养性的茶文化将被越来越多的人接受和喜爱。

学 习 目 标

通过本项目的学习,掌握茶的基本成分和分类;了解茶具的发展演变过程及茶具的种类;掌握现代常用茶具的功能、茶具的选配要求与方法;了解茶的冲泡流程;掌握常见茶类的冲泡要领和技法。熟悉咖啡的效用和种类;了解咖啡的加工与制作过程;熟悉常见咖啡的冲泡方式;熟练掌握经典咖啡的制作方法。了解乳饮料、矿泉水、碳酸饮料、果蔬饮料的相关知识;掌握果蔬饮料制作的基本原则;学会使用制作果蔬饮料的常用工具及设备;掌握果蔬饮料制作的基本要点;熟练掌握常见果蔬饮料的制作方法。

✓音视频资源
✓拓展文本
✓在线互动

项目一　茶

一、悠久的茶文化

茶,是中华民族的举国之饮。发于神农,闻于鲁周公,兴于唐朝,盛于宋代。中国茶文化糅合了中国儒、道、佛诸派思想,独成一体,是中国文化中的一朵奇葩,芬芳而甘醇。茶文化是中国具有代表性的传统文化。茶文化的内涵即通过沏茶、赏茶、闻茶、饮茶、品茶等习惯和中华的文化内涵和礼仪相结合形成的一种具有鲜明中国文化特征的文化现象。

(一) 唐前茶史

(1) 茶发现与神农的传说

据《神农本草》记载:"神农尝百草,一日遇七十二毒,遇茶而解之。"传说神农寻找为百姓治病的草药,亲自尝试百草,有一天遇到七十二种毒物,遇茶吃而解毒得救。该传说反映了中国古代人民发现茶功效漫长艰苦的历程,如发现茶的益思功效,发现茶解酒作用,可令人不眠等。茶成为饮料是无数先人探索的结果。

(2) 广陵耆老传

晋元帝时有老姥,每旦独提一器茗,往市鬻之,市人竞买,自旦至夕,其器不减,所得钱散路旁孤贫乞人,人或异之,州法曹絷之狱中。至夜,老姥执所以鬻茗器,从狱牖中飞出。此故事间接说明晋元帝时期,时人对卖茶水是感到怪异的。

(3) "水厄"之说

《世说新语》南北朝宋刘义广撰:"晋、司徒长史王濛好饮茶。人至辄命饮之,士大夫皆患之。每欲往候。必云今日有水厄。"说明西晋王濛时代已有个别人嗜好饮茶,但绝大多数人是不愿意饮茶的,通览唐前茶文化史,王濛是第一个倡导饮茶的人。

(4) 茶的煎煮羹饮及茶道萌芽时期

东晋杜育《荈赋》:"灵山惟岳,奇产所锺。厥生舛草,弥谷被岗。承丰壤之滋润,受甘灵之霄降。月惟初秋,农功少林,结偶同族,是采是求,水则岷方之注,挹彼清流。器泽陶拣,出自东瓯,酌之经瓢,取式公刘。"这段记载说明杜育时人们是现采煮饮茶的,所谓茶的"生煮羹饮"时代,从饮茶需用岷山方向流来的水,需用东隅越窑的茶碗等论,已有茶道之雏形。

(5) 南北朝后魏时期的制茶、饮茶方法(公元 485 年左右)

张揖撰的《广雅》:"荆巴间采茶作饼,成以米膏之,若煮茗饮,先炙令色赤。捣末置瓷器中,以汤浇覆之。用葱姜芼之,其饮醒酒。令人不眠。"其介绍的制茶、饮茶方法比较明确。

（二）唐代茶文化

在中国茶文化发展史中，唐代是中国茶文化空前发展的一个时代，是茶文化发展中的重要里程碑。

1. 陆羽与《茶经》

陆羽（公元733—804年），中唐时期，湖北天门人，作为弃婴，幼时被龙盖寺长老智积禅师所收养。从小不喜好佛经，却对儒家文化很痴迷，后曾在戏班学戏。因受太守李齐物赏识，被推荐至火门山邹夫子处学习。"安史之乱"时从天门辗转至浙江湖州（今余杭），史称"隐居苕溪"。陆羽著《茶经》三卷，（765年）创作了世界上第一部茶叶专著。《茶经》系统地介绍了茶叶的种植、采摘、制作、贮藏、饮用等方法与器具，还介绍了饮茶用水、饮茶用具及饮茶史料。"自从陆羽生人间，人间相学事新茶。"因而陆羽被后人誉为"茶圣"。

2. 《封氏闻见记》（反映的"茶禅一味"及茶叶商品化的发展）

唐代封演的《封氏闻见记》生动地记载了佛教促进了饮茶的传播与茶叶商品经济的发展，"南人好饮之，北人初不多饮。开元中，泰山灵岩寺有降魔师，大兴禅教，学禅务于不寐，又不夕食，皆许其饮茶。人自怀挟，到处煮饮，从此传相仿效，遂成风俗。自邹、齐、沧、棣、浙至京邑城市，多开店铺，煎茶卖之，不问道俗，投钱取饮。其茶至江淮而来，舟车相继，所在山积，色额甚多"。

白居易"商人重利轻别离，前月浮梁买茶去"，也反映了茶叶贸易的一个侧面。

3. 饮茶的传播

唐代饮茶从长江中下游向北传播之后，又传到了日本和西藏等地，文成公主奉皇上之命，远嫁松赞干布。文成公主不仅带去中原文化，先进的农业生产技术，还带去了饮茶的生活习俗，从此干冷的西藏高原有了热腾腾的酥油茶。"宁可三日无粮，不可一日无茶"，茶成为西藏同胞生活中的必需品。

公元805年，日本遣唐使僧人最澄来到中国学习佛教，回国时带去中国的茶籽，种植于日本，一批一批的遣唐使自唐代到明代把每一个时代的中国茶文化都传到了日本。

4. 法门寺银质鎏金茶具

从陕西省扶风县法门寺地宫中发现的唐僖宗皇帝供奉佛舍利子的系列银质鎏金茶具，茶碾子、茶筛子、风炉、盐合、茶笼、茶匙、秘色瓷窑茶碗，其精美、华贵的程度，反映了唐代宫廷茶文化的博大精深，也提供了唐代茶文化的实物依据。

（三）宋代的茶文化

1. 黑釉盏、龙凤团茶的制作

发展到宋代，在饮茶方法上，唐及唐前大都是煮饮，至宋代逐渐改变为冲泡饮用，即所谓的"唐煮宋点"，饮茶器具也从唐代的茶碗演变成茶盏。这一时期的茶具多选用建窑黑釉盏系列，如兔毫盏、油滴盏、玳瑁盏等为时人所珍，日本僧侣从浙江带回国后被日本茶道中人称为"天目碗"。

"龙凤团茶"是北宋的贡茶。在北宋初期的太平兴国三年（978），宋太宗遣使至建安北苑（今福建省建瓯市东峰镇），监督制造一种皇家专用的茶，因茶饼上印有龙凤形的纹饰，就叫"龙凤团茶"。皇帝用的龙凤茶，茶饼表面的花纹用纯金镂刻而成。

2. 宋徽宗《大观茶论》

宋徽宗亲著《大观茶论》，为茶史增添浓重一笔。《大观茶论》约成书于宋大观元年（1107）。自《说郛》刻本始改今名。另有《古今图书集成》刊本。全书二千八百余字，首为绪言，次分地产、天时、采摘、蒸压、制造、鉴别、白茶、罗碾、盏、筅、瓶、杓、水、点、味、香、色、藏焙、品名、外焙 20 目。对于当时蒸青团茶的产地、采制、烹试、品质等均有详细论述。其中论及采摘之精、制作之工、品第之胜、烹煮之妙尤为精辟，反映北宋以来茶业发达和制茶业发展的一个侧面。有些论述至今仍有参考价值。

3. 斗茶

宋代文人雅士还时兴斗茶、撵茶、分茶以及运匕成象的"茶百戏"，讲究"水痕""汤花"等。北宋"妇女烹茶画像砖"较细腻地刻画了北宋妇女从事茶道的场景，元赵勐的"斗茶图"也生动地反映了茶水人之间比试的情景。

（四）明代散茶与紫砂壶的兴起

1. 散茶制作

明代朱元璋下诏罢龙凤团茶，提倡芽茶（散茶）进贡，文人雅士朱权（朱元璋的第 17 个儿子）《茶谱》也倡导"莫若叶茶，烹而之，以然其自然之性也"。这是制茶史上的重大变革，长达千年的蒸青团茶逐渐被散茶所替代，产生了炒青茶、黄茶、黑茶及散茶的花茶。

2. 紫砂壶的兴起

与沏泡散茶相适应，江苏宜兴的紫砂壶开始了它的发展时期，出现了卓越的紫砂工艺大师如供春、时大彬等。紫砂壶以其古朴淳雅的特点，各种简练大方的造型，配以金石篆刻书画艺术等，使之成为人们的雅玩。此外，紫砂茶壶沏茶不烫手，冬天茶汤不易变冷,热天茶汤不易酸馊,使用越久越古朴美观等优点,是饮茶文化中典型的中国特色的茶具。

(五) 清代的茶叶外销及"鸦片战争"

17—18 世纪的英国人习惯于饮酒,英国各地有许多酒吧、酒馆。18 世纪后期—19世纪初期由于连续几年的粮食欠收等原因,政府曾下达"禁酒令",因而许多酒馆、酒吧转向经营茶馆,饮酒的人迫不得已转向饮茶,茶馆中集聚了各阶层的人物,形成了英国的茶馆文化。茶叶的需求量大增,英国不产茶,都是从东方中国运茶,东印度公司的快船专门从中国泉州、胶州运茶至西欧,茶叶外贸的快速发展,促使了中国茶叶生产的大发展,红茶、乌龙茶也随之产生。

茶叶贸易使英国产生了巨额的外贸赤字,英国人对此作出两项对策:其一派遣人员(如罗伯特·福琼)至中国内地收集茶种,种植于英国的殖民地(如印度阿萨姆);其二运鸦片进中国销售。为抵制毒品,林则徐发动了"虎门销烟"运动,而英国政府为了保护所谓的"自由贸易"发动了侵略中国的鸦片战争。鸦片战争后的 1886 年中国茶叶出口达到 286 万担,创历史最高纪录,至今没有突破过。

(六) 民国与新中国的茶业复兴

鸦片战争后的中国逐渐成为半殖民地半封建的国家,农民战争、外国列强的干涉、军阀混战、日本侵华战争,使中国人民陷入水深火热之中,民不聊生,茶叶生产一落千丈,茶园荒芜。以吴觉农为代表的茶人,立志实业救国,振兴中国的茶叶事业,建立示范种植场,引进制茶机器,进行茶树良种培育与改良,建立茶叶学校,培养茶叶生产技术人员,成立茶叶研究所及中国茶叶进出口公司。从茶叶的种植、生产、加工、外贸、科研院所及茶叶学校,奠定了新中国茶业发展的基础体系,吴觉农先生被茶叶界公认为当代"茶圣"。

二、中国茶区

中国是茶的故乡,其产区区域广阔。根据茶叶的生态环境、茶树种类、品种结构等,我国茶区主要分为四大茶区,即江南茶区、西南茶区、华南茶区和江北茶区。

(一) 江南茶区

江南茶区是指位于长江以南的产茶区,包括广东、广西北部、福建大部、湖南、江西、浙江、湖北南部、安徽南部、江苏南部。江南茶区多以低矮丘陵地区为主,但也有海拔1 000 米的高山,如安徽的黄山、浙江天目山、江西庐山等。江南茶区四季分明,气候温暖,而且雨水充足。土壤多以红壤、黄壤为主,有机质含量较高。因此,该茶区的自然条件十分适宜茶树生长,而其茶叶产量约占全国总产量的三分之二,名优茶品种多,经济效益高,是我国的重点茶区。生产的茶类有绿茶、乌龙茶、白茶、黑茶等,其中以绿茶为

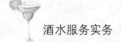

主要品种。

（二）西南茶区

西南茶区是我国最古老的茶区，包括云南中北部、广西北部、贵州、四川、重庆及西藏东南部。该茶区地势较高，属于高原茶区。西南茶区雨水充足，土壤类型较多，主要有红壤、黄红壤、褐红壤、黄壤等，有机质含量比其他茶区高，十分有利于茶树生长。西南茶区茶类品种十分丰富，有工夫红茶、绿茶、沱茶、紧压茶等。

（三）华南茶区

华南茶区包括福建东南部、台湾、广东中南部、广西南部、云南南部以及海南省。该茶区的气温是四大茶区中最高的。土壤多为红壤和砖红壤，土质疏松，有机质含量高，十分肥沃，是四大茶区中最适宜茶树生长的茶区。华南茶区的茶类品种主要有乌龙茶、工夫红茶、普洱茶、绿茶等。

（四）江北茶区

江北茶区是指位于长江以北的产茶区，包括江苏北部、山东东南部、安徽北部、湖北北部、河南南部、陕西南部和甘肃南部。江北茶区年降水量普遍偏少，土壤以黄棕壤为主，茶树大多为灌木型中叶和小叶种。江北茶区的茶类品种以绿茶为主。

三、茶叶分类标准

谈到分类先要表明分类标准，不同的标准会有不同的组合。我国茶类品种丰富多样，茶叶的分类也呈现多样化。

（一）按原料采摘季节分类

根据原料采摘季节分类，茶叶主要分为：春茶、夏茶、秋茶和冬茶。

春茶：当年立春后到5月中旬之前采制的茶叶，开采时间由天气变暖来决定。春季茶芽肥硕，色泽翠绿，叶质柔软，且含有丰富的维生素，特别是氨基酸。故春茶滋味鲜活且香气怡人，富有保健作用。

夏茶：5月初至7月初采制的茶叶。夏茶的茶汤滋味、香气多不如春茶强烈，由于带有苦涩味的花青素、咖啡因、茶多酚含量高于春茶，因此滋味显得较为苦涩。

秋茶：8月中旬以后采制的茶叶。秋季气候条件介于春夏之间，叶片大小不一，叶底发脆，叶色发黄，滋味和香气显得比较平和。有些树种适宜做秋茶，例如铁观音。

冬茶：是在秋茶采完后，气候逐渐转冷后生长的，大约在10月下旬霜降以后开始采制。冬茶一般不采摘，但其新梢芽生长缓慢，内含物质逐渐增加，所以滋味醇厚，香气浓烈。台湾等地的乌龙茶把冬茶上品称为冬片，品质很好。

（二）按其生长环境来分

根据茶树生长的环境分类,茶叶主要分为:平地茶和高山茶。

平地茶:茶芽叶较小,叶底坚薄,叶张平展,叶色黄绿欠光润。香气低,滋味淡。

高山茶:由于茶树有喜温、喜湿、耐阴的习性,故有高山出好茶的说法。高山茶芽叶肥硕,颜色绿,茸毛多。加工之后的茶叶,条索紧结,肥硕,白毫显露,香气浓郁耐冲泡。

（三）按干茶外形分

根据干茶外形分类,茶叶主要分为:扁平状、针状、球状、雀舌状、片状、末状等。

（四）按我国出口茶的类别分

茶叶分为绿茶、红茶、乌龙茶、白茶、花茶、紧压茶和速溶茶等几大类。

（五）按六大基本茶类分

已故安徽农业大学教授陈椽(1908—1999 年)提出"六大茶类分类系统",按制法和品质将茶叶分为:绿茶、黄茶、青茶、白茶、黑茶、红茶。

（六）按茶叶销路分

根据销路不同,商业上把茶分为:内销茶、出销茶和出口茶。

四、茶叶的识别

我国茶的种类很多,名称复杂、制法各一。为了便于识别各种茶,了解其品质特征与制法很有必要。

（一）绿茶

绿茶是世界上最早加工的茶类,也是我国产量最多、饮用最广的茶类,被誉为"国饮"。绿茶属于不发酵茶类,其制作工艺一般经过杀青、揉捻、干燥的过程。品质特征为"清汤绿叶"。绿茶具有内敛的特性,冲泡后水色清冽,香气馥郁清幽,十分适合浅啜细品。绿茶茶性寒,工艺中没有发酵环节,叶绿素含量较多,对肠胃刺激较大,胃溃疡病患者不能喝绿茶。

1. 分类

绿茶品种复杂,我们通常按其杀青干燥工艺不同把它细分为:炒青绿茶、烘青绿茶、蒸青绿茶、晒青绿茶。

炒青绿茶:是一种经锅炒杀青、干燥的绿茶,具有"外形秀丽,香高味浓"的特点。主要品种有:长炒青(眉茶)、圆炒青(珠茶)、细嫩炒青(龙井、碧螺春)。

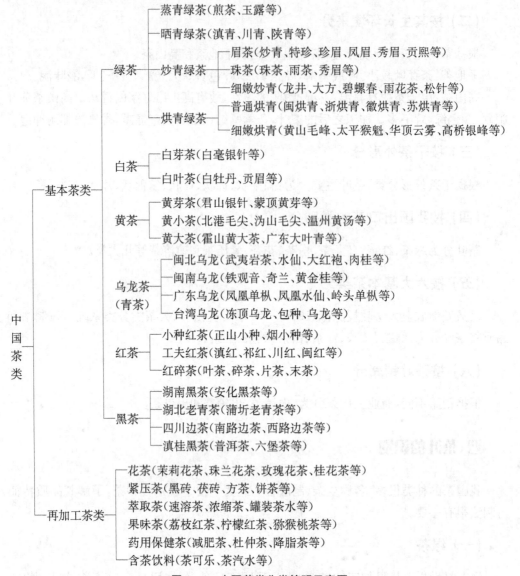

图1-1 中国茶类分类简明示意图

烘青绿茶:用炭火或烘干机烘干的绿茶,其品质特征是茶叶的芽叶较完整,外形较松散。主要品种有:普通烘青(闽烘青、浙烘青等)、细嫩烘青(黄山毛峰、太平猴魁等)。

晒青绿茶:是利用太阳直接晒干的绿茶,最明显的特征是有日晒"太阳"的味道。主要品种有:滇青、川青、陕青。

蒸青绿茶:是采用热蒸汽杀青而制成的绿茶,有叶绿、汤绿、叶底绿的"三绿"品质。主要品种有:煎茶、玉露、碾茶等。

2. 品质特征

形状:不同的绿茶品种其外形也不同,主要有扁形茶(龙井)、曲螺形茶(碧螺春)、兰花形茶(太平猴魁)、针形茶(南京雨花茶)、片形茶(六安瓜片)等。

汤色:汤色为浅绿色、浅黄色且清澈明亮。

叶底:绿茶叶底以鲜绿、嫩绿、浅黄绿为主,色泽明亮、均匀。

香气:香气自然芬芳、淡雅悠长,有清香型、嫩香性、花香型等。

滋味:鲜爽、醇厚,回味甘甜。

西湖龙井鉴别	
	形状:外形扁平光滑,形状犹如"碗钉"。 色泽:嫩绿为优,嫩黄为中,暗褐色为下。
	茶汤:高档龙井的汤色显嫩绿、嫩黄为主,中低档的茶汤色偏黄褐色。 口感:滋味鲜醇甘爽,沁人心脾,饮之齿间留芳,回味无穷。
	闻香:优雅清高,隐有豆香。 叶底:嫩绿明亮,匀齐,芽芽直立,细嫩成朵。

图1-2 西湖龙井鉴别

3. 茗品鉴赏

(1) 杭州西湖龙井

西湖龙井茶以"狮峰、龙井、云栖、虎跑、梅家坞"排列品第,以西湖狮峰龙井茶为最。龙井茶外形挺直削尖、扁平俊秀、光滑匀齐,色泽绿中显黄。冲泡后,香气清高持久,香馥若兰,汤色杏绿,清澈明亮,叶底嫩绿,匀齐成朵,芽芽直立,栩栩如生。品饮茶汤,沁人心扉,齿间留芳,回味无穷。

龙井茶采摘向来以早为贵,通常以清明前采制的龙井品质最佳,称"明前茶";谷雨前采制的品质次之,称"雨前茶"。

(2) 洞庭碧螺春

洞庭碧螺春产于江苏省苏州太湖的洞庭山,当地人称"吓煞人香",是我国名茶的珍品,中国十大名茶之一,以"形美、色艳、香浓、味醇"闻名中外,其外形条索纤细,茸毛遍布,白毫隐翠。洞庭碧螺春产区茶、果间作,茶树、果树枝丫相连,根脉相通,茶吸果香,花窨茶味,陶冶出了碧螺春花果香味的天然品质。

碧螺春鉴别	
	形状:条索纤细、卷曲成螺,表面覆一层细白茸毛。 色泽:上等碧螺春银绿隐翠,毫毛毕露。 茶汤:碧绿清澈。 口感:头道茶色淡、幽香、鲜雅;二道茶翠绿、芬芳、味醇;三道碧青、回甘。 闻香:香气清高,上好的碧螺春具有特殊的花果香,次之的带有沃土和青叶气。 叶底:嫩绿明亮。

图 1－3　碧螺春鉴别

（3）太平黄山毛峰

黄山毛峰产于安徽省太平县以南、歙县以北的黄山。该茶茶芽格外肥壮,柔软细嫩,外形微卷,状如雀舌,绿中泛黄,银毫显露,汤色清澈带杏黄,入杯冲泡雾气结顶,汤色清碧微黄,叶底黄绿有活力,滋味醇甘,香气如兰,韵味深长。

黄山毛峰鉴别		
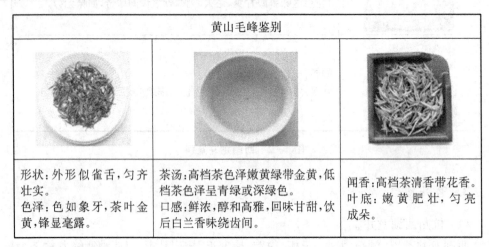		
形状:外形似雀舌,匀齐壮实。 色泽:色如象牙,茶叶金黄,锋显毫露。	茶汤:高档茶色泽嫩黄绿带金黄,低档茶色泽呈青绿或深绿色。 口感:鲜浓,醇和高雅,回味甘甜,饮后白兰香味绕齿间。	闻香:高档茶清香带花香。 叶底:嫩黄肥壮,匀亮成朵。

图 1－4　黄山毛峰鉴别

（4）太平猴魁

太平猴魁产于安徽省黄山市新明乡的猴坑一带。太平猴魁外形两叶抱芽,扁平挺直,自然舒展,白毫隐伏,有"猴魁两头尖,不散不翘不卷边"之称。叶色苍绿匀润,叶脉绿中稳红,兰香高爽,滋味醇厚回甘,有独特的猴韵,汤色清绿明澈,叶底嫩绿匀亮,芽叶成朵肥壮。

太平猴魁鉴别		

形状:外形扁平光滑,形状犹如"碗钉"。 色泽:嫩绿为优,嫩黄为中,暗褐色为下。	茶汤:高档龙井的汤色显嫩绿、嫩黄为主,中低档的茶汤色偏黄褐色。 口感:滋味鲜醇甘爽,沁人心脾,饮之齿间留芳,回味无穷。	闻香:优雅清高,隐有豆香。 叶底:嫩绿明亮,匀齐,芽芽直立,细嫩成朵。

图 1-5　太平猴魁鉴别

（5）六安瓜片

六安瓜片产于安徽西部大别山茶区,其中以六安、金寨、霍山三县所产质量最佳。六安瓜片的外形,似瓜子形的单片,自然平展,叶缘微翘,色泽宝绿,大小匀整,不含芽尖、茶梗,清香高爽,滋味鲜醇回甘,汤色清澈透亮,叶底绿嫩明亮。

六安瓜片鉴别		

形状:似瓜子形的单叶,自然平展,大小匀整,叶缘背卷。 色泽:宝绿,富有白霜的品质好,发黄、发暗的品质差。	茶汤:清澈透亮,黄绿明亮为上品。 口感:香气清高,鲜爽醇厚,回甘带有栗香。不耐泡,味道清淡。	闻香:清香高爽为好茶,有栗香为次之。 叶底:嫩绿、明亮、厚实。

图 1-6　六安瓜片鉴别

（二）红茶

红茶是完全发酵茶,它是我国最大的出口茶。红茶最早出现于福建崇安一带,称为小种红茶。后小种红茶发展演变为工夫红茶。20 世纪 20 年代,印度将茶叶切碎加工而成红碎茶。不同种类的红茶其工艺技术各有侧重,但都要经过萎凋、揉捻、发酵和干燥等四个基本工序。品质特征为"红汤红叶"。红茶茶性温和,适合胃肠比较弱的人或

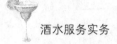

冬季饮用。

1. 分类

红茶根据制作工艺的不同分为以下三种：小种红茶、工夫红茶、红碎茶。

（1）小种红茶

小种红茶是我国红茶生产历史最悠久的传统红茶，其制作中心是福建省崇安县桐木关星村一带，又称为正山小种。其他地区仿照正山品质所产的红茶，称为外山小种。

（2）工夫红茶

它是中国独特的传统出口茶叶，因制作过程十分精细，颇费工夫而得名。

（3）红碎茶

国际茶叶市场上大宗产品，分为叶茶、碎茶、片茶和末茶四种，其品质以云南、广东、广西的最好。红碎茶多被加工成袋泡茶，方便人们饮用。

2. 品质特征

形状：条索肥实、紧细，匀齐一致。

汤色：汤色红浓明亮。

原料：大叶、中叶、小叶都有，一般是切青、碎型和条型。

香气：麦芽糖香、焦糖香。

滋味：醇厚略带涩味。

3. 名品鉴赏

（1）祁门红茶

产于安徽省祁门县，其外形条索紧细匀整，锋苗秀丽，色泽乌润；内质清芳并带有蜜糖香味，其中的上品茶更蕴含兰花香，称为"祁门香"。在国际市场上，祁门红茶与印度大吉岭红茶、斯里兰卡的乌伐茶，并称为世界三大高香茶。

祁门红茶鉴别		
 形状：条索紧细苗秀。 色泽：色泽乌润、金毫显露。	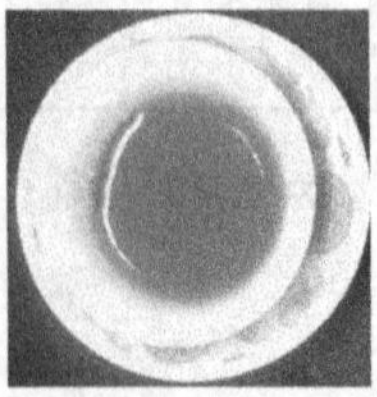 茶汤：汤色红艳明亮。 口感：鲜醇酣厚。	 闻香：清香持久，似以花、果、蜜的"祁门香"而闻于世。 叶底：鲜红明亮。

图 1-7　祁门红茶鉴别

（2）金骏眉

产于福建省武夷山，创建于 2005 年，是武夷山正山小种茶的顶级品种，该茶茶青为野生茶芽尖，摘于海拔 1 200～1 800 米高的武夷山中的国家级自然保护区内的原生态野茶树，用 6 万～8 万颗芽尖方制成 500 克金骏眉，结合正山小种传统工艺，由师傅全程手工制作而成，是茶中珍品。

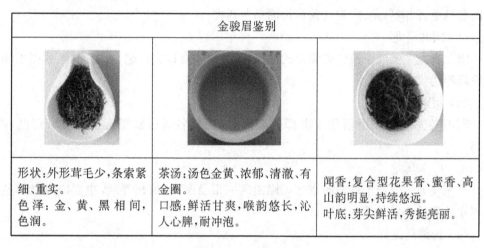

金骏眉鉴别		
形状：外形茸毛少，条索紧细、重实。 色泽：金、黄、黑相间，色润。	茶汤：汤色金黄、浓郁、清澈、有金圈。 口感：鲜活甘爽，喉韵悠长，沁人心脾，耐冲泡。	闻香：复合型花果香、蜜香、高山韵明显，持续悠远。 叶底：芽尖鲜活，秀挺亮丽。

图 1-8　金骏眉鉴别

（3）正山小种

产地在福建省武夷山市。正山小种红茶，是世界红茶的鼻祖。因为熏制的原因，茶叶呈黑色，茶汤橙黄明亮。

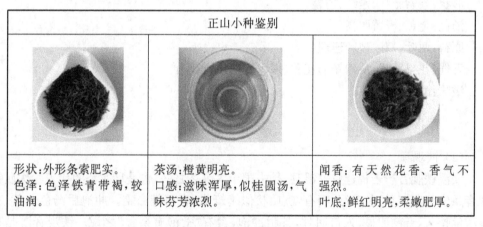

正山小种鉴别		
形状：外形条索肥实。 色泽：色泽铁青带褐，较油润。	茶汤：橙黄明亮。 口感：滋味浑厚，似桂圆汤，气味芬芳浓烈。	闻香：有天然花香、香气不强烈。 叶底：鲜红明亮，柔嫩肥厚。

图 1-9　正山小种鉴别

（三）青茶

青茶属于半发酵茶，其发酵程度介于绿茶（不发酵）和红茶（全发酵）之间，所以其既有绿茶的鲜爽之味，又有红茶的甜醇之美。青茶一般经过萎凋、做青、杀青、揉捻、干燥等工序。典型的青茶，叶缘呈红色，叶片中间呈绿色，因而有"绿叶红镶边"之称。汤色

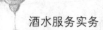

黄红,香味浓醇,有独特的天然花香,韵味无穷。青茶茶性不寒不热,辛凉甘润,具有较强的分解、消除脂肪的功效。

1. 分类

青茶发源于闽北武夷山,后传播到闽西、广东、台湾等地。从地域分布,可将青茶分为闽北乌龙、闽南乌龙、广东乌龙和台湾乌龙四类。

(1) 闽北乌龙

闽北乌龙主要产于福建省北部的武夷山一代,主要以大红袍、武夷肉桂、武夷水仙、铁罗汉等为代表。

(2) 闽南乌龙

闽南乌龙主要产于福建省南部的安溪县,主要名茶有铁观音、黄金桂、奇兰、本山等。

(3) 广东乌龙

广东乌龙主要产于广东省东部凤凰山区一带及潮州、梅州等地,主要以凤凰单丛、凤凰水仙和岭头单丛等为代表。

(4) 台湾乌龙

台湾乌龙主要产于阿里山山脉等地,名品有冻顶乌龙、文山包种、阿里山乌龙、白毫乌龙等。

2. 品质特征

形状:条索肥壮、紧结、匀整。

汤色:金黄、橙黄明亮。

原料:两叶一芽、枝叶连理。

香气:花果香味,从清新的花香、果香到熟果香都有。

滋味:醇厚回甘。

3. 茗品鉴赏

(1) 铁观音

安溪铁观音产于福建省安溪县,是中国十大名茶之一,也是乌龙茶的代表。优质铁观音条索壮实沉重,色砂绿,间有红点,状似蜻蜓头,表面带白霜。冲泡后汤色金黄,香气浓郁持久,音韵明显,入口回甘,且耐冲泡,素有"七泡有余香"之说。铁观音既是茶名,也是茶树名。其制作工艺十分精细,要经过晒青、摇青、凉青、杀青、切揉、初烘、包揉、复烘、烘干9道工序始成。铁观音一年可采四期茶,其中春茶的口感品质为上,秋茶的香气更胜一筹。

铁观音鉴别		

形状:条索肥壮、圆整,呈蜻蜓头状,沉重。 色泽:乌黑油润,砂绿明显。	茶汤:呈金黄、橙黄色。 口感:醇厚甘鲜,回甘带蜜,韵味无穷。	闻香:香气浓郁持久,带有兰花香或椰香等各种清香味。 叶底:肥厚明亮,具有绸面光泽。

图 1-10 铁观音鉴别

（2）大红袍

大红袍产于福建省武夷山天心岩九龙窠的悬崖峭壁之上。大红袍是乌龙茶的极品,素有"茶中之圣"的美称。大红袍条索紧结壮实、稍扭曲。干茶带宝色或油润,香气高锐,浓长清远,滋味岩韵明显,醇厚,回味甘爽,杯底余香,汤色清澈艳丽,呈深橙黄色,叶底软亮匀齐,红边明显。与其他茶叶相比,大红袍冲泡至九次仍不失真味。

大红袍鉴别		
形状:条索紧结、壮实,稍扭曲。 色泽:色泽油润带宝色。陈茶则色泽灰褐。	茶汤:橙黄明亮。 口感:岩韵明显,醇厚,回味甘爽,杯底有香气。	闻香:香气馥郁有兰花香,香高而持久。 叶底:软亮匀齐、红边或带朱砂色。

图 1-11 大红袍鉴别

（3）肉桂

武夷肉桂,亦称玉桂,产于福建省武夷山慧苑岩,由于它的香气滋味又似桂皮香,因而得名"肉桂",是武夷名茶之一。武夷肉桂干茶条索肥壮紧结、匀整。色泽油润,砂绿明显,红点明显,桂皮香气浓郁持久,似有乳香,清高悠长。滋味醇厚鲜爽,岩韵明显。汤色金黄,清澈明亮。叶底肥厚软亮,匀齐,红边明显。

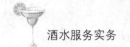

武夷肉桂鉴别		

形状:条索匀整,卷曲。 色泽:褐绿,油润有光泽。	茶汤:橙黄清澈。 口感:入口醇厚回甘,咽后齿颊留香。	闻香:具奶香、花果、桂皮般香气。 叶底:叶底匀亮,呈淡绿底红镶边。

图 1-12　武夷肉桂鉴别

（4）冻顶乌龙

冻顶乌龙茶俗称冻顶茶,原产地在台湾南投县的鹿谷乡,主要是以青心乌龙为原料制成的半发酵茶,是台湾知名度极高的茶。台湾冻顶乌龙茶成品外形呈半球形弯曲状,色泽墨绿,有天然的清香气。冲泡后汤色黄绿明亮,香气高,有花香略带焦糖香,滋味甘醇浓厚,后韵回甘味强,饮后杯底不留残渣。其茶品质,以春茶最好,香高味浓,色艳;秋茶次之;夏茶品质较差。

台湾冻顶乌龙鉴别		
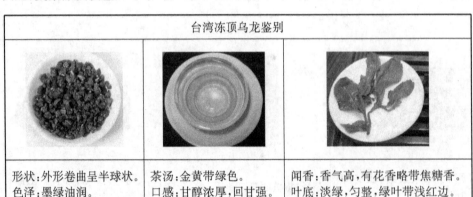		
形状:外形卷曲呈半球状。 色泽:墨绿油润。	茶汤:金黄带绿色。 口感:甘醇浓厚,回甘强。	闻香:香气高,有花香略带焦糖香。 叶底:淡绿,匀整,绿叶带浅红边。

图 1-13　台湾冻顶乌龙鉴别

（5）凤凰单丛

凤凰单丛主要产于广东省潮州市凤凰山,是凤凰水仙种的优异单株,各个单株形态或品味各具特点,自成品系,因须单株采收、单株制作,故称单丛,而凤凰单丛是众多优异单丛的总称。凤凰单丛外形紧结沉重,匀净完整,色泽乌油润,干香清新纯正。内质香气清高馥郁。花香细锐,汤色金黄鲜亮,滋味鲜醇,回味滑润,具有独特的山谷韵味。

凤凰单丛鉴别		

形状：条索粗壮，匀整挺直。色泽：黄褐油润，并有朱砂红点。	茶汤：金黄清澈明亮。口感：口感醇厚，回甘，耐人寻味。	闻香：清香持久，有独特的兰花香。叶底：肥厚柔软，边缘朱红，叶腹黄亮。

图1-14　凤凰单丛鉴别

（四）白茶

白茶是中国特产，主要产于福建的福鼎、政和、松溪和建阳等县。白茶制法特异，经萎凋、干燥等工序而制成，工艺中重萎凋，有轻氧化现象，属于轻发酵茶。白茶最主要的特点是毫色银白，芽头肥壮，汤色黄亮，滋味鲜醇，叶底嫩匀。冲泡后品尝，滋味鲜醇可口。白茶加工时不炒不揉，因而最大限度地保持了茶叶的内涵物质，并且化掉茶中过多的寒气，茶性转寒为凉，具有祛暑、退热、解毒的功效。

1. 分类

白茶的种类因采摘标准不同而分为芽茶（白毫银针）和叶茶（白牡丹、新工艺白茶、贡眉、寿眉）。又因其茶树品种不同而分小白、大白、水仙白三类；采自福鼎本地菜茶茶树者称小白，采自大白茶茶树者称大白，采自水仙茶树者称水仙白；先有小白，后有大白，再有水仙白。在大白茶茶树只采一芽者，其制成品称白毫银针；在大白茶或水仙茶树采一芽二三叶者，其制成品称白牡丹；在福鼎本地菜茶茶树采一芽二三叶者，制成品称贡眉、寿眉。以制茶种类说，先有白毫银针，后有白牡丹、贡眉、寿眉、新工艺白茶。

2. 品质特征

形状：色白隐绿，干茶外表满披白色茸毛。
汤色：杏黄色。
原料：福鼎大白茶种的壮芽或嫩芽制造，大多是针形或长片形。
香气：毫香显现。
滋味：清鲜爽口，甘醇。

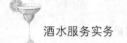

3. 茗品鉴赏

(1) 白毫银针

白毫银针是白茶中的珍品,因其成茶芽头肥壮、肩披白毫、挺直如针、色白如银而得名。主产地有福鼎和政和,尤以福鼎生产的白毫银针品质为高。白毫银针外形芽壮肥硕显毫,色泽银灰,熠熠有光。汤色杏黄,滋味醇厚回甘,冲泡后,茶芽徐徐下落,慢慢沉至杯底,条条挺立。白毫银针性寒,有退热、降火解毒之功效。

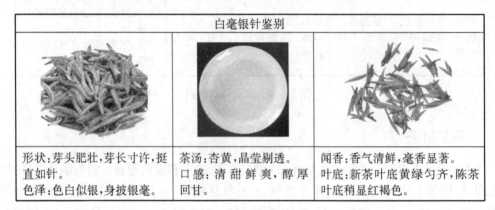

白毫银针鉴别		
形状:芽头肥壮,芽长寸许,挺直如针。 色泽:色白似银,身披银毫。	茶汤:杏黄,晶莹剔透。 口感:清甜鲜爽,醇厚回甘。	闻香:香气清鲜,毫香显著。 叶底:新茶叶底黄绿匀齐,陈茶叶底稍显红褐色。

图 1-15　白毫银针鉴别

(2) 白牡丹

白牡丹是福建历史名茶,采自大白茶树或水仙种的短小芽叶新梢的一芽一二叶制成。白牡丹外形毫心肥壮,叶张肥嫩,呈波纹隆起,芽叶连枝,叶缘垂卷,叶态自然,叶色灰绿,夹以银白毫心,呈"抱心形",叶背遍布洁白茸毛,叶缘向叶背微卷,芽叶连枝。汤色杏黄或橙黄清澈,叶底浅灰,叶脉微红,香味鲜醇。

白牡丹冲泡后,碧绿的叶子衬托着嫩嫩的叶芽,形状优美,好似牡丹蓓蕾初放,绚丽秀美;滋味清醇微甜,毫香鲜嫩持久,汤色杏黄明亮,叶底嫩匀完整,叶脉微红,布于绿叶之中,有"红装素裹"之誉。

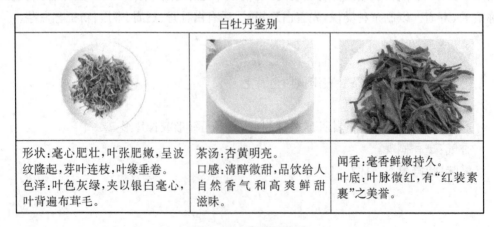

白牡丹鉴别		
形状:毫心肥壮,叶张肥嫩,呈波纹隆起,芽叶连枝,叶缘垂卷。 色泽:叶色灰绿,夹以银白毫心,叶背遍布茸毛。	茶汤:杏黄明亮。 口感:清醇微甜,品饮给人自然香气和高爽鲜甜滋味。	闻香:毫香鲜嫩持久。 叶底:叶脉微红,有"红装素裹"之美誉。

图 1-16　白牡丹鉴别

（五）黄茶

黄茶是中国独有的茶类，主要出产于湖南、湖北、四川、安徽、浙江和广东等省，以其金黄色泽和醇香滋味为广大消费者所喜爱。黄茶属于轻发酵茶，它由绿茶发展而来。特殊的"闷黄"工艺造就了其独特的"干茶黄、汤色黄、叶底黄"三黄品质特征。黄茶产量虽然不及绿茶、红茶和黑茶，但其中有很多茶以其质优形美，被视为茶中珍品。此外，黄茶较之绿茶，由于增加了闷黄工艺，在热化反应及外源酶的共同作用下，内含成分发生显著变化。滋味变得更加醇和，被茶叶专家推荐为最适宜饮用的茶类。然而近些年来，因绿茶崛起，黄茶日渐萎缩。

1. 分类

黄茶按鲜叶的老嫩程度分为黄芽茶、黄小茶和黄大茶。黄芽茶所用原料细嫩，常为单芽或一芽一叶，如君山银针、蒙顶黄芽；黄小茶采用细嫩芽叶加工，如平阳黄汤、沩山毛尖；黄大茶则采用一芽多叶为原料，如黄山黄大茶、广东大叶青。

2. 品质特征

形状：黄茶因品种和加工技术不同，形状有明显差别。
汤色：黄叶黄汤。
原料：带有茸毛的芽头，用芽或芽叶制成。
香气：香气清纯、滋味甜爽。
滋味：醇和鲜爽、回甘、收敛性弱。

3. 茗品鉴赏

（1）君山银针
君山银针产于湖南岳阳洞庭湖中的君山，是中国十大名茶之一。君山银针全由芽头制成，茶身满布毫毛，色泽鲜亮；香气高爽，汤色橙黄，滋味甘醇。冲泡后，芽竖悬汤中冲升水面，徐徐下沉，再升再沉，三起三落，蔚成趣向。

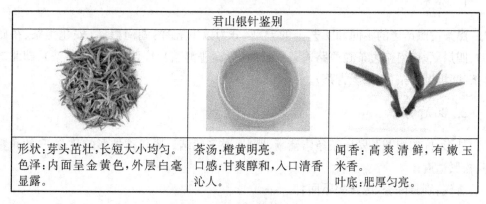

君山银针鉴别		
形状：芽头茁壮，长短大小均匀。色泽：内面呈金黄色，外层白毫显露。	茶汤：橙黄明亮。口感：甘爽醇和，入口清香沁人。	闻香：高爽清鲜，有嫩玉米香。叶底：肥厚匀亮。

图 1-17　君山银针鉴别

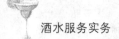

（2）蒙顶黄芽

蒙顶黄芽产于四川蒙山，蒙山终年蒙蒙的烟雨、茫茫的云雾及肥沃的土壤，这些优越的环境，为蒙顶黄芽的生长创造了极为适宜的条件。蒙顶黄芽选用圆肥单芽和一芽一叶初展的芽头，经复杂制作工艺，使成茶芽条匀整，扁平挺直，色泽黄润，金毫显露；汤色黄中透碧，甜香鲜嫩，甘醇鲜爽，为黄茶之极品。

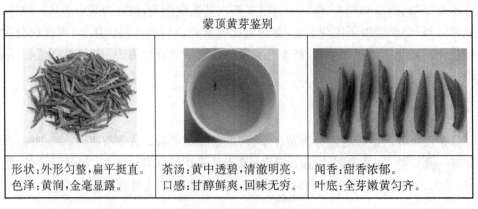

蒙顶黄芽鉴别		
形状：外形匀整，扁平挺直。 色泽：黄润，金毫显露。	茶汤：黄中透碧，清澈明亮。 口感：甘醇鲜爽，回味无穷。	闻香：甜香浓郁。 叶底：全芽嫩黄匀齐。

图 1-18 蒙顶黄芽鉴别

（六）黑茶

黑茶属于后发酵茶，是中国特有的茶类，主要产于湖南的安化县、陕西、湖北、四川、云南、广西等地。黑茶的基本工艺流程是杀青、初揉、渥堆、复揉、烘焙。黑茶一般原料较粗老，加之制造过程中往往堆积发酵时间较长，因而叶色油黑或黑褐，故称黑茶。黑茶主要供边区少数民族饮用，所以又称边销茶。黑毛茶是压制各种紧压茶的主要原料，各种黑茶的紧压茶是藏族、蒙古族和维吾尔族等兄弟民族日常生活的必需品，有"宁可三日无食，不可一日无茶"之说。黑茶因其内含成分与红、绿茶有极大差异，所表现的功能也不同。它在降血脂、降血压、降糖、减肥、预防心血管疾病、抗癌等方面具有显著功效。

1. 分类

黑茶按照产区的不同和工艺上的差别，分为以下五种：湖南黑茶（安化黑茶、茯砖茶）、四川藏茶（南路边茶和西路边茶）、云南黑茶（普洱茶）、广西黑茶（六堡茶）、湖北老黑茶（蒲圻老青茶、崇阳老青茶）。

2. 品质特征

外形：好的黑茶及紧压茶条索清晰、肥壮、整齐紧结。紧压茶外形匀整端正、棱角整齐、松紧适度。

香气：别具陈香，滋味醇厚回甘。

汤色：红浓明亮。

滋味：甘甜、润滑、厚重、醇香。

性质：温和。可存放较长时间，耐冲泡。

3. 茗品鉴赏

（1）普洱生茶

普洱生茶主要产于云南。普洱生茶分为散茶和紧压茶，散茶就是晒青毛茶，即茶鲜叶采摘后经杀青、揉捻、晒干后即可。紧压茶就是晒青毛茶经过压制、制作成各种形状茶。紧压茶外形有圆饼形、碗臼形、方形、柱形等多种形状和规格。一般紧压茶是不分等级的，但有高、中、低三个档次。生茶在制成后，一般要经过长时间的自然发酵，使茶的味道更加柔和。这个过程一般为五年以上，时间越久，口味越好。

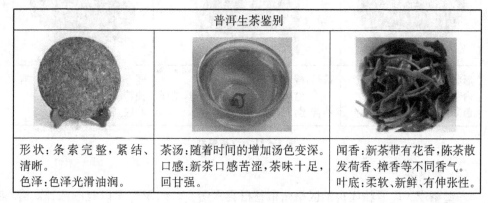

普洱生茶鉴别		
形状：条索完整，紧结、清晰。 色泽：色泽光滑油润。	茶汤：随着时间的增加汤色变深。 口感：新茶口感苦涩，茶味十足，回甘强。	闻香：新茶带有花香，陈茶散发荷香、樟香等不同香气。 叶底：柔软、新鲜、有伸张性。

图1-19　普洱生茶鉴别

（2）普洱熟茶

普洱熟茶主要产于云南，以云南大叶种晒青毛茶为原料，经过渥堆发酵等工艺加工而成的茶。色泽褐红，滋味纯和，具有独特的陈香。普洱熟茶茶性温和，有养胃、护胃、暖胃、降血脂、减肥等保健功能。由于新制生茶生涩刺喉，而熟茶口感相对温和醇厚，所以建议先从熟茶尝试，而且熟茶减肥功效更为显著。

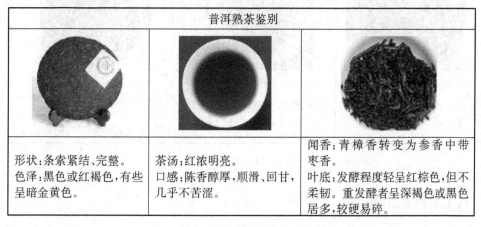

普洱熟茶鉴别		
形状：条索紧结、完整。 色泽：黑色或红褐色，有些呈暗金黄色。	茶汤：红浓明亮。 口感：陈香醇厚，顺滑、回甘，几乎不苦涩。	闻香：青樟香转变为参香中带枣香。 叶底：发酵程度轻呈红棕色，但不柔韧。重发酵者呈深褐色或黑色居多，较硬易碎。

图1-20　普洱熟茶鉴别

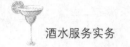
（3）沱茶

沱茶是一种制成圆锥窝头状的紧压茶,主要产地是云南景谷县,又称"谷茶"。沱茶从面上看似圆面包,从底下看似厚壁碗,中间下凹,颇具特色。以前一般用黑茶制造,便于马帮运输,一般将几个用油纸包好的茶托连起,外包稻草做成长条的草把。因为一个茶托的分量比一块茶砖要小,所以更容易购买和零售,因此也备受消费者喜爱。沱茶是云南茶叶中的传统制品,历史悠久,古时便享有盛名。

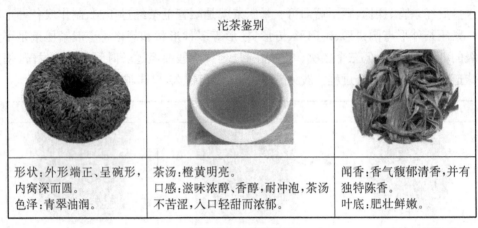

沱茶鉴别		
形状:外形端正、呈碗形,内窝深而圆。色泽:青翠油润。	茶汤:橙黄明亮。口感:滋味浓醇、香醇,耐冲泡,茶汤不苦涩,入口轻甜而浓郁。	闻香:香气馥郁清香,并有独特陈香。叶底:肥壮鲜嫩。

图 1-21　沱茶鉴别

（4）六堡茶

六堡茶产于广西壮族自治区梧州市苍梧县六堡乡。六堡茶素以"红、浓、陈、醇"四绝著称。其外形色泽黑褐、汤色红浓明亮、滋味醇厚、爽口、回甘、香气陈醇、有槟榔香,品质优异,风味独特,具有和胃理气、消滞除胀、清热化湿、醒酒、降脂等多种保健功效。在海内外,尤其是在海外侨胞中享有较高的声誉,被视为养生保健的珍品。

六堡茶鉴别		
形状:条索紧结。色泽:黑褐、油润。	茶汤:红浓明亮。口感:醇厚甘爽,略感甜滑。	闻香:香气醇陈、有槟榔香味为佳。叶底:黑褐,细嫩柔软,明亮。

图 1-22　六堡茶鉴别

（七）再加工茶

以基本茶类——绿茶、红茶、乌龙茶、白茶、黄茶、黑茶为原料,经再加工而成的产品,称为再加工茶。它包括花茶、紧压茶、萃取茶、果味茶和药用保健茶等,分别具有不同的风味和功效。

1. 花茶

花茶又名熏花茶、香片茶,是将茶叶和香花拼和窨制,利用茶叶的吸附性,使茶叶吸收花香后再把干花筛除而成的香型茶。制作花茶的茶坯可以是绿茶、红茶或乌龙茶。可以用来窨制花茶的鲜花有很多,主要有茉莉、珠兰、白兰、代代花、柚子花、桂花、玫瑰等,其中茉莉花应用最多。我国生产花茶历史悠久,主要产区有福建、广东、广西、浙江、江苏、安徽、四川、重庆、湖南、台湾等地区。

(1)茉莉花茶

茉莉花茶是花茶里的大宗产品,产于众多茶区,其中以福建福州、宁德和江苏苏州所产品质最好。茉莉花茶是将绿茶茶坯和茉莉鲜花进行拼和、窨制,使茶叶吸收花香而成。外形秀美,毫峰显露,香气浓郁,鲜灵持久,泡饮鲜醇爽口,汤色黄绿明亮,叶底匀嫩晶绿,经久耐泡。传统的茉莉花茶都是以普通绿茶为茶坯,但是现在出了一些创新花茶,以素有绿茶皇后之称的龙井茶为茶坯,龙井和广西横县茉莉鲜花拼合窨制而成,茉莉龙井打破了茉莉花茶无高端茶的概念,是茉莉花茶中难得一见的花茶珍品。

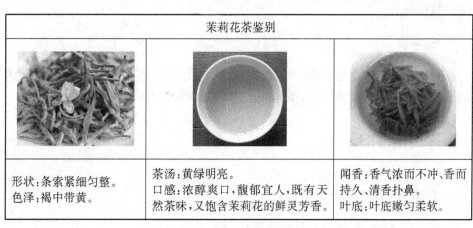

茉莉花茶鉴别		
形状:条索紧细匀整。 色泽:褐中带黄。	茶汤:黄绿明亮。 口感:浓醇爽口,馥郁宜人,既有天然茶味,又饱含茉莉花的鲜灵芳香。	闻香:香气浓而不冲,香而持久,清香扑鼻。 叶底:叶底嫩匀柔软。

图 1-23　茉莉花茶鉴别

(2)珠兰花茶

珠兰花茶是中国主要的花茶品种,主要产于安徽歙县,以及福建、广东、浙江、江苏、四川等地。珠兰花茶选用黄山毛峰、徽州烘青、老竹大方等优质茶为茶胚,加入珠兰或米兰窨制而成。由于珠兰花香持久,茶叶完全吸附花香需要较长时间,因此,珠兰花茶适当贮存一段时间,其香气更为浓郁隽永。珠兰花茶由于既有兰花的幽静芳香,又有绿茶的鲜爽甘美,因此尤其受到女士的青睐。

2. 紧压茶

紧压茶属于再加工茶,是以黑毛茶、老青茶、做庄茶及其他毛茶为原料,经过渥堆、蒸、压等典型工艺过程加工而成的砖形或其他形状的茶叶。紧压茶的多数品种比较粗老,干茶色泽黑褐,汤色橙黄或橙红,在少数民族地区非常流行。紧压茶喝时需用水煮,时间较长,利于消化。紧压茶产区主要集中在湖南、湖北、四川、云南、贵州等省。

3. 萃取茶

萃取茶采用各种茶叶为原料,经热水冲泡,滤去茶渣,将茶汁浓缩,装罐或瓶,制成罐装浓缩茶;也可不经浓缩,即装罐或瓶,制成不同口味的茶饮料;还可将茶汁浓缩、干燥,制成固态的速溶茶。萃取茶的特点是携带饮用方便。

4. 果味茶

果味茶是在茶中加入果汁而成。它既有茶味,又有果香,风味独特,如山楂茶、猕猴桃茶、柠檬红茶等。

5. 药用保健茶

药用保健茶是将茶叶与中草药或食品调配而成,具有不同功效的防病治病功能,如减肥茶、降压茶、健胃茶、戒烟茶、杜仲茶。近年来,这类药用保健茶还被不断地开发出来,并投放市场。

6. 花草茶

花草茶并不是茶,它是植物的树皮、根部、花、叶用开水冲泡成的一种饮品。花草茶的茶饮讲究的是"色、香、味、效",是养生、健康、养颜美容的一种茶饮品。

五、茶叶的冲泡

(一) 茶具

我国饮茶习俗各异,所以器具也是异彩纷呈。

1. 主茶具

主茶具是指泡茶、饮茶的主要用具,主要有茶壶、茶船、茶盅、茶杯、杯托、盖碗、冲泡器等。

茶壶:用以泡茶和斟茶用的器具。从质地上看,茶壶主要有紫砂壶、瓷壶、玻璃壶等,其中以紫砂壶为佳。

图 1-37 紫砂壶的构造

茶船: 盛放茶壶等的垫底茶具,有竹木、陶瓷及金属制品,既可增加美观,又可防止茶壶烫伤桌面。其形状有:盘状、碗状、双层状。

茶盅: 又称茶海、公道杯,用于盛放和分斟茶汤。将茶汤及时斟于茶海中,可避免茶叶久泡而苦涩。同时,也具有调匀茶汤浓度的作用。其种类有:壶形盅、无把盅、简式盅。

图 1-38 各式茶盅

品饮杯: 盛放泡好的茶汤并饮用的器具。其种类有:翻口杯、敞口杯、直口杯、收口杯、把杯、盖杯。

闻香杯: 用来闻留在杯里香气的器具。此杯容量和品茗杯一样,但杯身较高,易积聚香气,以茶壶、品饮杯相配的材质为宜。

茶碗: 泡茶器具,盛放茶汤作饮用器具,其形状有:圆底形、尖底形。

盖碗: 由盖、碗、托三部件构成,泡饮合用器具或单用亦可。

杯托: 茶杯的垫底器具,与茶杯相配的材质为宜。其形体有:盘形、碗形、高脚形、复托形。

图 1-39 各式杯托

2. 辅助用具

泡茶、饮茶时所需的各种辅助用具,既能增加美感,又能便于操作。

茶盘: 泡茶时摆放茶具的托盘。用竹木、金属、陶瓷、石等制成,有规则形、自然形、排水形等多种。

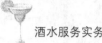

图 1-40 各式茶盘

茶巾：一般为小块正方形棉、麻织物，用于擦洗、抹拭茶具、托垫茶壶等。

奉茶盘：用以盛放茶杯、茶碗、茶点或其他茶具，奉送至宾客面前的托盘。

茶荷：敞口无盖小容器，用于赏茶、投茶与置茶计量。

图 1-41 各式茶荷

茶道六君子：主要由茶则、茶匙、茶夹、茶针、茶漏和箸匙筒等六部分组成，用于辅助泡茶操作。

茶则：用来量取茶叶，确保投茶量准确。用它从茶叶罐中取茶入壶或杯，多为竹木制品。

茶匙：又称茶拨，常与茶荷搭配使用，将茶叶拨入茶壶或盖碗等容器中。

茶夹：用来清洁杯具或夹取杯具，或将茶渣自茶壶中夹出。

图 1-42 茶道六君子

茶针：由壶嘴伸入壶流中疏通茶叶阻塞，使之出水流畅的工具，也可以作翻挑盖碗杯盖时使用。

茶漏：圆形小漏斗，当用小茶壶泡茶时，投茶时将其置壶口，使茶叶从中漏进壶中，以防茶叶撒到壶外。

箸匙筒：插放茶则、茶匙、茶针、茶夹和茶漏等器具的有底筒状器物。

盖置:放置茶壶、杯盖的器物,保持盖子清洁,多为紫砂或瓷器制成。

茶滤和茶滤架:茶滤为过滤茶汤碎末用,形似茶漏,中间布有细密的滤网。其主要材质有金属、瓷质、竹木或其他。茶滤架用于承托茶滤,其材质与茶滤相同,造型各异。

图1-43　各式茶滤

计时器:用以计算泡茶时间的工具,有定时钟和电子秒表。

3. 备水器

煮水器:由汤壶和茗炉两部分组成。常见的"茗炉"以陶器、金属制架,中间放置酒精灯。茶艺馆及家庭使用最多的是"随手泡",用电烧水,方便实用。

水方:敞口较大的容器,用于贮存清洁的用水。

水盂:盛放弃水、茶渣以及茶点废弃物的器皿,多用陶瓷制作而成,亦称"滓盂"。

4. 备茶器

茶叶罐:又称贮茶罐,贮藏茶叶用,茶量一般为250～500克,其材质金属、陶瓷均可。

茶瓮:用于大量贮存茶叶的容器。

(二) 择水

1. 择水标准

茶叶必须通过沸水浸泡才能为人们所享用,水质直接影响茶汤的质量,所以中国人历来非常讲究泡茶用水,自古称"水为茶之母"。历代茶人对水质的研究更加精进,专门论述饮茶用水的著作不胜枚举。如:唐人陆羽的《茶经》,张又新的《煎茶水记》,宋人赵佶的《大观茶论》,欧阳修的《大明水记》和叶清臣的《述煮茶泉品》,明人朱权的《茶谱》,许次纾的《茶疏》和田艺蘅的《煮茶小品》等。综合分析古人评水观点,主要的依据为:一是水质,即要求水清、轻、活;二是水味,要求无味、冷冽。总之,归纳为"清、轻、活、冽"。

(1) 水贵清洁

清是对饮用水最基本的要求。清,即要求水质无色透明、洁净无悬浮杂物。唐代陆

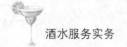

羽《茶经·四之器》中所列的茶具有一漉水囊,就是用来过滤水中杂质的。烹茶之水尤其要清洁,否则难以显出茶性来。为鉴别水是否清洁,古人还发明"试水法",即明代《茗荄》记载,将水置白瓷中,白日下令日光正射水,视日光下水中若有尘埃氤氲如游气者,此水质恶,水之良者,其清澈见底。

(2) 水品应轻

水以轻为好。清代《冷庐杂识》记载,清代乾隆每次出巡,常喜欢带一只精制银斗,"精量各地泉水",精心称重,按水的比重从轻到重,排出优次,定北京玉泉山水为"天下第一泉",作为宫廷御用水。而现代科学认为,每升水含有八毫克以上钙镁离子的称为硬水,反之为软水。自然界中的水只有雨水、雪水为纯净水,用雨水、雪水泡茶其汤色清明,香气高雅,滋味鲜爽。而水质较好的泉水、江水等,虽然不是纯软水,但它们经过高温分解沉淀,形成"水垢"后也能变成软水。

(3) 水贵鲜活

北宋苏东坡深知茶非活水则不能发挥其固有品质。宋代唐庚《斗茶记》中的"水不问江井,要之贵活"。南宋胡仔《苕溪渔隐丛话》中的"茶非活水,则不能发其鲜馥"。凡此等等,都说明烹茶水品以"活"为贵。但也不是所有活水都适宜煎茶饮用的,陆羽曾说:"瀑涌湍激,勿食之,久食令人有颈疾。"

(4) 水洌为佳

洌,意为寒、冷。寒冷的水尤其以雪水为佳,历史上用雪水煮茶颇多。《红楼梦》中写到妙玉用从梅花瓣上收集的雪水来烹茶,更为品茶平添了一段幽香雅韵。但不是凡清寒冷洌的水就一定都好。"其濒峻流驶而清,岩奥阴积而寒者,亦非佳品。"

2. 当代用水

清代张大复在《梅花草堂笔谈》中提道:"茶性必发于水,八分之茶,遇十分之水,茶亦十分矣;八分之水,试十分之茶,茶只八分耳。"古人对用水的重视可见一斑。然现代都市生活中,山泉已很难得,更多是自来水、矿泉水、纯净水、净化水、活性水等。如何巧妙选择与利用好水,也是颇为讲究。

自来水是最常见的生活饮用水,属于加工处理过的天然水,但因其含氯,最好贮存在器皿中静置一天后用于泡茶。

矿泉水含有一定量的矿物盐、微量元素或二氧化碳气体。由于产地不同,其所含微量元素和矿物质成分也不同,不少矿泉水含有较多的钙、镁、钠等金属离子,是永久性硬水,虽然水中含有丰富的营养物质,但用于泡茶效果并不佳。

纯净水不含任何杂质,属于中性。泡茶令茶香、滋味纯正,鲜香爽口。但纯净水在消除水中杂物的同时,也去除了人体必需的矿物质和微量元素。

活性水包括磁化水、矿化水、高氧水、离子水、自然回归水、生态水等品种。由于各种活性水含微量元素和矿物质成分各异,如水质较硬,泡出的茶水品质较差;如果属于暂时硬水,泡出的茶水品质较好。

3. 名泉佳水

我国幅员辽阔,山川秀丽,天下名泉众多,下面介绍历来被名人雅士竞相评论的天下名泉。

天下第一泉

按理,既为"天下第一",理应独一无二。然事实上,被古人称为天下第一名泉的就有四处,即庐山的古帘泉、镇江的中泠泉、北京西郊的玉泉、济南的趵突泉。

(1) 谷帘泉

古帘泉位于主峰大汉阳峰南面康王谷中。据《煎茶水记》记载,陆羽将它列为"天下第一泉"。自此古帘泉驰名四海。历代文人墨客接踵而至,纷纷品水题留。宋代王安石、朱熹、秦少白等都饶有兴趣地游览品尝过古帘泉,并留下了绚丽的诗章。

图 1-44　古帘泉

(2) 中泠泉

中泠泉也叫中濡泉、南泠泉,位于江苏省镇江市金山寺外。此泉原在波涛滚滚的江水之中,由于河道变迁,泉口处已变为陆地,现在泉口地面标高为 4.8 米。据记载,以前泉水在江中,江水来自西方,受到石牌山和鹘山的阻挡,水势曲折转流,分为三泠(三泠为南泠、中泠、北泠),而泉水就在中间一个水曲之下,故名"中泠泉"。因位置在金山的西南面,故又称"南泠泉"。因长江水深流急,汲取不易,据传打泉水需在正午之时将带盖的铜瓶子用绳子放入泉中后,迅速拉开盖子,才能汲到真正的泉水。南宋爱国诗人陆游曾到此,留下了"铜瓶愁汲中濡水,不见茶山九十翁"的诗句。

(3) 玉泉

北京玉泉位于西郊玉泉山上,水从山间石隙中喷涌而出,淙淙之声悦耳。下泄泉水,艳阳光照,犹如垂虹,明时已列为"燕京八景"之一。明清两代,均为宫廷用水水源。在"水清而碧,澄洁似玉"的"裂帛湖"畔,刻有御制《玉泉山天下第一泉记》:"……则凡出于山下,而有洌者,诚无过京师之玉泉。故定为天下第一泉。"

(4) 趵突泉

趵突泉位居济南"七十二名泉"之首。被誉为"天下第一泉",位于济南趵突泉公园,趵突泉是最早见于古代文献的济南名泉。经科学检测,趵突泉泉水符合国家饮用水标准,是理想的天然饮用水,可以直接饮用。"趵突腾空"为明清时济南八景之首。泉水一年四季恒定在 18 ℃左右,严冬,水面上水汽袅袅,像一层薄薄的烟雾,一边是泉池幽深,波光粼粼,一边是楼阁彩绘,雕梁画栋,构成了

图 1-45　趵突泉

一幅奇妙的人间仙境。

天下第二泉

无锡惠山泉又称陆子泉,是天下第二泉,相传经中国唐代陆羽品题而得名,位于江苏省无锡市西郊惠山山麓锡惠公园内。此泉共分上、中、下三池。泉上有"天下第二泉"石刻,是清代吏部员外郎王澍所书。上池八角形,水质最好,水过杯口数毫米而茶水不溢。水色透明,甘洌可口。中池呈不规则方形,是从若冰洞浸出,池旁建有泉亭。下池长方形,凿于宋代。

图 1-46　无锡惠山泉

天下第三泉

苏州虎丘石井泉又名"陆羽井",其位于苏州虎丘山观音殿后。据《苏州府志》记载,陆羽曾在虎丘居住,发现虎丘泉水清洌甘美可口,便在虎丘山上挖一口泉井,所以得名,并将其评为"天下第五泉"。因虎丘泉水质清味甘美,在继陆羽之后,又被唐代另一品泉家刘伯刍评为"天下第三泉"。于是,虎丘石井泉就以"天下第三泉"名传于世。

(三) 冲泡方法

图 1-47　苏州虎丘石泉

1. 冲泡流程

就日常饮用而言,茶叶的冲泡可分为以下基本的程序:选茶→备水→备具→温壶(杯)→置茶→冲泡→奉茶→品饮→收具。

选茶:这是泡茶的第一个步骤,因为选用何种茶叶,决定了后面的步骤如何实施。

备水:依据不同的茶叶,准备不同的水。例如冲泡绿茶,准备温度为 80 ℃左右的水;冲泡红茶,需准备 95 ℃以上的水。

备具:冲泡不同的茶,宜选用不同的茶具。例如冲泡绿茶,宜选用玻璃杯;冲泡红茶选用白瓷盖碗;冲泡乌龙茶或普洱茶宜选用紫砂壶。

温壶:开水温烫茶壶或茶杯,以提高壶、杯的温度,同时使茶具得到再次清洁。

置茶:将冲泡的茶叶按一定量投放入壶或杯中。

冲泡:准备好茶、水和茶具之后,就可以开始进行冲泡了。这时需要注意根据不同的茶叶来选择不同的冲泡方法,包括茶叶的投放方式、投茶量、冲泡的时间等。

奉茶:将盛有香茗的茶杯奉到宾客面前,一般要求双手奉茶,以示敬意。

品饮:饮茶固然以饮为主,品尝茶汤滋味,但同时还可以观赏茶汤和叶底,闻嗅茶叶的香气,从而更为全面地感受茶饮乐趣。

2. 茶叶投放方式

依据投茶和注水次序的不同,茶叶的投放可分为三种方法:上投法、中投法和下投法。冲泡大多数的茶叶选用的都是下投法,一般来讲,这三种方法主要针对冲泡绿茶而言。

上投法:先往杯中注水七分满,再将茶叶投放入杯。上投法适合最为鲜嫩的绿茶,例如洞庭碧螺春、蒙顶甘露等。

中投法:先往杯中注水三分满,再将茶叶投入杯中,然后轻摇杯身,最后再注水至七分满。中投法适合松散的绿茶,例如黄山毛峰。

下投法:先将茶叶投入杯(壶)中,再注水至七分满。下投法适合大多数条索紧结的绿茶,例如西湖龙井、太平猴魁、六安瓜片等。

3. 茶的清饮法

（1）玻璃杯冲泡技法

用透明的玻璃杯泡茶可以充分欣赏汤色和茶芽在水中舒展的姿态,这一冲泡法适用于各种细嫩名优绿茶、黄茶、白茶等。

下面就以玻璃杯冲泡绿茶为例,介绍绿茶的冲泡技法。

茶具配置

表 1-1　玻璃杯冲泡技法茶具配置

名称	材料质地	规格
茶盘	竹木制品	约 35 厘米×45 厘米
玻璃杯	玻璃制品	3 只,容量 100～150 毫升
杯托	竹木或玻璃制品	3 只,直径 10～12 厘米
茶道六君子	竹木制品	内放茶匙及茶则
茶荷	瓷质	6.5～12 厘米
水壶	玻璃制品	容量 800 毫升左右
水盂	玻璃制品	容量 500 毫升左右
茶巾	棉麻制品	约 30 厘米×30 厘米

冲泡技艺

冲泡绿茶基本步骤(下投法):

备具→布席→备水→洁具→赏茶→置茶→温润泡→冲泡→奉茶→品饮→收具。

备具:准备 3 只玻璃杯、茶盘、茶叶罐、煮水器、茶荷、茶道六君子、茶巾、托盘、水盂。

布席:双手将水壶、水盂摆放在茶盘右侧,将茶巾放在茶盘正下方,将茶道六君子、茶叶罐、茶荷放在茶盘左侧,茶盘中 3 只玻璃杯呈斜对角线摆放。

备水:选择洁净的水急火煮水至沸腾,备用。

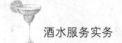

洁具：双手取茶巾,斜放在左手手指部位,右手提开水壶,逆时针转动手腕,令水流沿茶杯内壁冲入,约占容量的1/3,右手转腕断水,从左至右逐个注水,完毕后开水壶与茶巾复位。

赏茶：用茶则将茶叶从茶叶罐取出放入茶荷,双手捧给来宾欣赏干茶外形、色泽及嗅闻干茶香。

置茶：用茶匙将茶荷中的干茶分别投入3个茶杯中。一般茶与水之比为1：50,即每杯用茶叶2～3克,冲水为100～150毫升。

温润泡：以回转手法向玻璃杯内注少量开水,水量以浸没茶叶为度,使茶叶充分浸润,吸水膨胀,以便于茶叶内含物的析出。右手轻握杯身基部,左手托住茶杯杯底,运用右手手腕逆时针旋转茶杯,左手轻搭杯底作相应运动3圈,称作摇香。此时杯中茶叶吸水,开始散发出香气。

冲泡：双手取茶巾,斜放在左手手指部位,右手执壶,左手以茶巾部位托在壶底,双手用"凤凰三点头"手法,高冲低斟将开水冲入茶杯,使茶叶上下翻动,有助于茶叶物质的浸出,同时使茶汤浓度达到上下一致。冲泡水量控制在杯容量的七分满。

奉茶：右手轻握杯身,左手托杯底,双手将泡好的茶依次敬给宾客。这是宾主融洽交流的过程。奉茶者行伸掌礼请用茶,接茶者点头微笑表示谢意,或答以伸掌礼。

品饮：待茶叶舒展后,以右手虎口张开拿杯,先闻香,次观色,再品味,而后赏形。

收具：茶事完毕,将桌上泡茶用具全收至盘中归放原位,对茶杯等使用过的器具一一清洗。

(2)盖碗冲泡技法

盖碗又称"三才碗""三才杯",是一种上有盖、下有托、中有碗的茶具,盖为天、托为地、碗为人,暗含天地人和之意。制作盖碗的材质有瓷、紫砂、玻璃等,以各种花色的瓷盖碗为多。使用盖碗时既可以用来泡茶后分饮,也可一人一套,当作茶杯直接饮茶用。盖碗适用于冲泡普通绿茶、花茶、黄茶、黑茶、白茶、工夫红茶等。

下面以冲泡茉莉花茶为例,介绍盖碗冲泡技法。

茶具配置

表1-2 盖碗冲泡技法茶具配置

名称	材料质地	规格
茶盘	竹木制品	约35厘米×45厘米
盖碗	瓷制品	3只,容量100～150毫升
茶道六君子	竹木制品	内放茶匙及茶则
茶荷	瓷质	6.5～12厘米
水盂	瓷制品	风格与盖碗一致,容量在200毫升以上
水壶	玻璃制品	容量800毫升左右
茶巾	棉麻制品	约30厘米×30厘米

冲泡技艺

冲泡盖碗花茶基本步骤：

备具→布席→备水→洁具→赏茶→置茶→润茶→冲泡→奉茶→品饮→收具。

备具：准备3只瓷质盖碗、茶盘、茶叶罐、煮水器、茶荷、茶道六君子、茶巾、托盘、水盂。

布席：双手将水壶、水盂摆放在茶盘右侧，将茶巾放在茶盘正下方，将茶道六君子、茶叶罐、茶荷放在茶盘左侧，茶盘中3只盖碗呈斜倒三角形摆放。

备水：选择洁净的水急火煮水至沸腾，冲泡花茶的水温宜控制在90℃。

洁具：双手取茶巾，斜放在左手手指部位，右手提开水壶，逆时针转动手腕，令水流沿盖碗杯内壁冲入，约占容量的1/3，右手转腕断水，从左至右逐个注水，完毕后开水壶与茶巾复位。

赏茶：用茶则将茶叶从茶叶罐取出放入茶荷，双手捧给来宾欣赏干茶外形、色泽及嗅闻干茶香。

置茶：用茶匙将茶荷中的干茶分别投入3个茶杯中。一般茶与水之比为1∶50，即每杯用茶叶2～3克，冲水为100～150毫升。

润茶：以回转手法向玻璃杯内注少量开水，水量以浸没茶叶为度，使茶叶充分浸润，吸水膨胀，以便于茶叶内含物的析出。右手轻压盖碗的杯盖，左手托住盖碗杯托底，运用右手手腕逆时针旋转茶杯，作相应运动3圈，加速杯中茶与水的融合，促进茶物质的浸出。

冲泡：左手揭杯盖挡于茶碗左侧上方，右手执壶用"凤凰三点头"手法注水冲泡。冲泡水量控制在杯容量的七分满。

奉茶：双手托盖碗杯托将泡好的茶依次敬给宾客。奉茶者行伸掌礼请用茶，接茶者点头微笑表示谢意，或答以伸掌礼。

品饮：双手将盖碗连托端起，后摆放到左手，右手用大拇指、食指和中指拿住盖钮，顺势揭开碗盖，将碗盖内侧朝向自己，凑近鼻端左右平移，嗅闻茶香；然后撇去茶汤表面浮叶，边撇边观赏茶汤；最后将碗盖左低右高斜盖在碗上，从小隙处小口啜饮。男士用盖碗喝茶可用单手，左手半握拳在左胸前桌沿上，不用端起杯托。

收具：茶事完毕，将桌上泡茶用具全收至盘中归放原位，对茶杯等使用过的器具一一清洗。

（3）壶盅冲泡技法

紫砂壶长久以来，即被人们推崇为理想的注茶器。它优良的实用功能，在明清两代的文献中即有所记载。紫砂壶之所以受到茶人喜爱，一方面是造型美观，另一方面泡茶时有许多优点。紫砂是一种双重气孔结构的多孔性材质，气孔微细，密度高。用紫砂壶沏茶，不失原味；紫砂壶透气性能好，使用其泡茶不易变味，暑天越宿不馊；紫砂壶能吸收茶汁，壶内壁不刷，沏茶而绝无异味。紫砂壶经久使用，壶壁积聚"茶锈"，以致空壶注入沸水，也会茶香氤氲，这与紫砂壶胎质具有一定的气孔率有关，是紫砂壶独具的品质。紫砂使用越久壶身色泽越发光亮照人，气韵温雅。紫砂壶适应冲泡普通绿茶、乌龙茶、

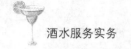

黑茶、工夫红茶等。

下面以冲泡乌龙茶为例,介绍壶盅冲泡技法。

茶具配置

表1-3 壶盅冲泡技法茶具配置

名称	材料质地	规格
双层茶盘	竹木制品	下层有约35厘米×45厘米贮水盘
茶壶	紫砂制品	容量约250毫升
茶盅	紫砂制品	1只,材质与茶壶一致
茶滤	不锈钢或陶瓷制品	1只
茶道六君子	竹木制品	内放茶匙及茶则
品茗杯	紫砂内壁白釉制品	4只,30~50毫升
闻香杯	紫砂内壁白釉制品	4只,30~50毫升
杯托	紫砂或竹木制品	4只,椭圆形
茶荷	紫砂制品	荷内涂白釉
水盂	紫砂制品	容量在200毫升以上
煮水器	紫砂大壶或随手泡	容量1 000毫升
茶巾	棉麻制品	约30厘米×30厘米

冲泡技艺

冲泡乌龙茶基本步骤:

展示茶具→开水温壶、烫盏→鉴赏干茶→拨茶入壶→洗茶→悬壶冲水→综合茶汤→斟茶入杯→双杯合扣→扣杯翻转→双手奉茶→请客品饮→收具谢客。

展示茶具:向宾客逐一展示泡茶所用的精美器具。

开水温壶、烫盏:用开水烫洗茶壶、茶杯。揭开壶盖放在茶盘上,右手提开水壶向茶壶内注1/2热水,双手捧茶壶转动手腕烫壶后,右手执壶将水注入品茗杯中。

鉴赏干茶:用茶则将乌龙茶拨入茶荷,双手捧茶荷奉给宾客,请嘉宾鉴赏干茶。

拨茶入壶:双手捧茶荷至胸前,左手直托茶荷,荷口对着壶口前方,右手取茶匙纵向拨取茶叶进茶壶。一般较松的半球形乌龙茶用茶量为茶壶容量的1/2左右,疏松的条形乌龙茶用量为2/3壶。

洗茶:右手提开水壶用回转低斟高冲手法向茶壶内注开水,至九分满。右手迅速执壶将茶壶内温润泡的茶汤倒入闻香杯。

悬壶冲水:右手提开水壶,用回转高冲低斟法向茶壶内注水至满,加盖。用闻香杯内之水,迅速淋于茶壶上,静置1分钟左右。

综合茶汤:将冲泡好的茶汤再倒入茶盅进行综合调匀。

斟茶入杯:将壶中浸泡好的茶水,逐一斟入宾客闻香杯中。

双杯合扣:将品茗杯倒扣在闻香杯上。

扣杯翻转：将对扣的两个杯子翻过来。

双手奉茶：双手端起茶盘彬彬有礼地向宾客、朋友敬奉香茗。

请客品茶：请宾客以三龙护鼎的手势托起品茗杯，请宾客分三口饮尽杯中茶水。

收杯谢客：收回茶具，感谢宾客的光临。

（4）碗杯冲泡技法

盖碗和品茗杯泡青茶在广东潮汕、福建安溪一带比较流行，这一泡法特别适合于冲泡高香、轻发酵、轻焙火的青茶。

茶具配置

表1－4　碗杯冲泡技法茶具配置

名称	材料质地	规格
盖碗	瓷质制品	1只，容量约100～150毫升
品茗杯	瓷质制品	4个
茶承	瓷质制品	1只，圆形双层，下有贮水盘
茶荷	紫砂制品	荷内涂白釉
茶道六君子	竹木制品	内放茶匙及茶则
煮水器	随手泡	容量1 000毫升
茶巾	棉麻制品	约30厘米×30厘米

冲泡技艺

冲泡潮汕工夫茶基本步骤：

展示茶具→温具→赏茶→置茶冲水→刮沫→洗茶→冲泡→洗杯→倒茶→奉茶→品茶→收具谢客。

展示茶具：准备好泡茶所需用具，逐一介绍并展示给宾客欣赏。

温具：先用开水壶向盖碗内注入沸水，斜盖盖碗，右手从盖碗上方握住碗身，将开水从盖碗与碗身的缝隙中倒入一字排开的品茗杯里。

赏茶：用茶匙拨取适量茶叶入茶荷，供宾客欣赏干茶的外形及香气。

置茶：将盖碗斜搁于杯托上，从茶荷中拨取适量茶叶入盖碗。

冲水：用开水壶向碗中冲入沸水。冲水时，水柱从高处直冲而入，要一气呵成，不可断续。

刮沫：用开水冲至九分满，茶汤中有白色泡沫浮出，用拇指、中指捏住盖钮，食指抵住钮面，拿起碗盖，由外向内沿水平方向刮去泡沫。

洗茶：第一次冲水后，15秒内要将茶汤倒出，也称温润泡。可以将茶叶表面的灰尘洗去，同时让茶叶有一个舒展的过程。倒水时，应将碗盖斜搁于碗身上，从碗盖和碗身的缝隙中将洗茶水倒入茶承。

冲泡：以高冲的方式将开水注入盖碗中，如产生泡沫，用盖碗刮去后加盖保香。

洗杯：用拇指、食指捏住杯口，中指托底沿，将品茗杯侧立，浸入另一只装满沸水的品茗杯中，用食指轻轻拨杯身，使杯子向内转三周，均匀受热，并洁净杯子。最后一只杯

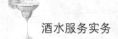

子在手中晃动数下,将开水倒掉即可。

倒茶:第一泡茶,浸泡1分钟即可倒茶。倒茶时,盖碗应尽量靠近品茗杯,可以防止茶汤香气和热量的散失。倾茶入杯时,茶汤从斜置的盖碗和碗身的缝隙中倒出,并在一字排开的品茗杯中来回轮转,通常要反复二三次才将茶杯斟满。

奉茶:有礼貌地将茶奉到宾客面前,或请宾客自行从茶承上取杯品饮。

品茶:用"三龙护鼎"的手法持白玉杯,分三口饮尽这杯茶。

收具谢客:收回茶具,感谢宾客的光临。

六、茶艺表演

茶艺表演是在茶艺的基础上产生的,它是通过各种茶叶冲泡技艺的形象演示,科学地、生活化地、艺术地展示泡饮过程,使人们在精心营造的优雅环境氛围中,得到美的享受和情操的熏陶。自从20世纪70年代,台湾茶人提出"茶艺"概念后,茶文化事业随之兴起,各具地域特色的茶艺馆和大大小小的茶文化盛会则为茶艺表演的出现提供了平台。经过多年的实践,茶艺表演作为茶文化精神的载体,已经发展成为非同一般的表演艺术形式,渐渐受到人们的关注。

(一) 茶艺表演分类

纵观各种茶艺表演,大体可分为三类:

1. 民俗茶艺表演

取材于特定的民风、民俗、饮茶习惯,以反映民俗文化等方面为主,经过艺术的提炼与加工,以茶为主体,如"西湖茶礼""台湾乌龙茶茶艺表演""赣南擂茶""白族三道茶""青豆茶"等。

2. 仿古茶艺表演

取材于历史资料,经过艺术的提炼与加工,大致反映历史原貌为主体,如"公刘子朱权茶道表演""唐代宫廷茶礼""韩国仿古茶艺表演"。

3. 其他茶艺表演

取材于特定的文化内容,经过艺术的提炼与加工,以反映该特定文化内涵为主体,以茶为载体,如"禅茶表演""火塘茶情""新娘茶"。

(二) 表演的条件

茶艺表演的基本条件有许多,如服装、场地、音响、茶器具、茶、辅助器物、水等。

1. 表演的服装

表演服装的款式多种多样,但应与所表演的主题相符合,服装应得体,衣着端庄、大方,符合审美要求。如"唐代宫廷茶礼"表演,表演者的服饰应该是唐代宫廷服饰;如"白族三道茶"表演应配以白族的民族特色服装;"禅茶"表演则以禅衣为宜等。

2. 表演的环境

茶艺表演的环境选择与布置是重要的环节,表演环境应无嘈杂之声,干净、清洁,窗明几净,室外也须洁净,环境宜茶或气爽神清之佳境,或松石泉下。还须预备观看者的场所以及座椅,奉茶处所等。如日本茶道在茶会前要洒扫庭院,室内悬挂简单又令人沉思良久的字画、布置小型插花等,以利茶艺表演的进行,使各位进入茶艺表演的艺术氛围之中。

3. 表演的音乐

所配音乐与茶艺表演的主题应该相符合。正如服装与茶艺表演主题相符合是一样的,均有助于人们对表演效果的肯定与认同。如"西湖茶礼"用江南丝竹的音乐;"禅茶"用佛教音乐;"公刘子朱权茶道"用古筝音乐等。

(三) 茶艺表演流程与解说

1. 龙井茶艺表演

(1) 焚香除异念
俗话说"泡茶可修身养性,品茶如品味人生"。古今品茶所讲究,首先需要平心静气,"焚香除异念"即通过点燃一支香来营造一个祥和肃静的气氛,并达到驱除异念,心平气和的目的。

(2) 冰心去凡尘
茶是至清至洁天然孕育的灵物,泡茶所用的器皿也必须至清至洁。"冰心去凡尘"即用开水烫一遍本来就干净的玻璃杯,做到茶杯的冰清玉洁,一尘不染。

(3) 玉壶养太和
绿茶属于芽茶类,因为条芽细嫩,若用滚烫的开水直接冲泡,会破坏芽心,并造成熟汤烂味,所以在冲泡西湖龙井等高等绿茶时,只宜用 80 ℃左右的开水。"玉壶养太和"即微启壶盖,使水温降至 80 ℃左右,用这样的水泡茶不温不火,恰到好处,泡出的茶色、味俱全。

(4) 清宫迎佳人
苏东坡有诗云:"戏作小诗君勿笑,从来佳茗似佳人",他把优质茶比喻成让人一见倾心的绝代佳人,"清宫迎佳人"即将茶叶投入至清至洁的玻璃杯中。

(5) 甘露润莲心
好的西湖龙井,外观似莲心,清代乾隆皇帝把茶叶称为"莲心","甘露润莲心"即在

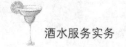

开泡前先向杯中注入少许热水,起到润茶的作用。

（6）凤凰三点头

冲泡绿茶讲究形美,当开水注入杯中,上下连拉三次时,茶叶在杯中产生翻滚,这样即欣赏到茶叶冲泡时的美姿,又可使茶汤均匀一致,同时也是主人对客人的三鞠躬,以表尊敬。

（7）观音奉玉瓶

将冲泡好的茶敬奉给客人,我们称为"观音奉玉瓶",意在祝福好人一生平安。

（8）慧口悟茶香

品绿茶要一看、二闻、三品味,在欣赏了茶汤之后要闻一闻茶香。

（9）淡中品至味

意思是从淡淡的茶汤中品悟出天地间至清、至洁、至真、至爱的韵味美。

2. 碧螺春茶艺表演

（1）焚香通灵

我国茶人认为"茶须静品,香能通灵"。在品茶之前,首先点燃这支香,让我们的心平静下来,以便以空明虚静之心,去体悟碧螺春中所蕴含的大自然的信息。

（2）仙子沐浴

用玻璃杯来泡茶,晶莹剔透的杯子好比是冰清玉洁的仙子,"仙子沐浴"即再清洗一次茶杯,以表示对各位的崇敬之心。

（3）玉壶含烟

冲泡碧螺春只能用80℃左右的开水,在烫洗了茶杯之后,我们不用盖上壶盖,而是敞着壶,让壶中的开水随着水汽的蒸发自然降温。壶口蒸汽氤氲,所以这道程序称之为"玉壶含烟"。

（4）碧螺亮相

"碧螺亮相"即请大家传着鉴赏干茶。碧螺春有"四绝"——"形美、色艳、香浓、味醇",赏茶是欣赏它的第一绝:"形美"。生产一斤特级碧螺春约需采摘六万多个嫩芽,看它条索纤细、卷曲成螺、满身披毫、银白隐翠,多像民间故事中娇巧可爱且羞答答的田螺姑娘。

（5）雨涨秋池

唐代李商隐的名句"巴山夜雨涨秋池"是个很美的意境,"雨涨秋池"即向玻璃杯中注水,水只宜注到七分满,留下三分装情。

（6）飞雪沉江

用茶导将茶荷里的碧螺春依次拨到已冲了水的玻璃杯中去。满身披毫、银白隐翠的碧螺春如雪花纷纷扬扬飘落到杯中,吸收水分后即向下沉,瞬间白云翻滚,雪花翻飞,煞是好看。

（7）春染碧水

碧螺春沉入水中后,茶里的营养物质逐渐溶出,清水逐渐变为绿色,整个茶杯好像盛满了温暖的春天的气息。

（8）绿云飘香

碧绿的茶芽，碧绿的茶水，在杯中如绿云翻滚，氤氲的蒸汽使得茶香四溢，清香袭人。这道程序是闻香。

（9）初尝玉液

品饮碧螺春应趁热连续细品。头一口如尝云玉之膏，芳华之液，感到色淡、香幽、汤味鲜雅。

（10）再啜琼浆

这是品第二口茶。二啜时茶汤更绿、茶香更浓、滋味更醇，并开始感受到舌根回甘，满口生津。

（11）三品醍醐

醍醐直释是奶酪，在佛教典籍中用醍醐来形容最玄妙的"法味"。品第三口茶时，我们所品到的已不再是茶，而是在品太湖春天的气息，在品洞庭山盎然的生机，在品人生的百味。

（12）神游三山

茶要慢慢地自斟细品，静心去体会七碗茶之后："清风生两腋，飘然几欲仙。神游三山去，何似在人间"的绝妙感受。

3. 茉莉花茶茶艺表演

（1）**温杯**："春江水暖鸭先知"，茶盘中经过开水烫洗之后，冒着热气的洁白如玉的茶杯，多像在春江中游泳的小鸭子。

（2）**赏茶**："香花绿叶相扶持"，色绿的茶坯和花干混合在一起，又称"锦上添花"。

（3）**投茶**："落英缤纷玉杯中"，当我们将茶投入如玉的茶杯时，花干和茶叶飘然而下，恰似"落英缤纷"。

（4）**注水**："春潮带雨晚来急"，冲泡特级茉莉花茶时，宜用 90 ℃左右的开水，热水从壶中直泻而下，注入杯中，杯中的花茶随水浪上下翻滚。

（5）**闷茶**："三方化育甘露美"，冲泡花茶一般要用"三才杯"，茶杯盖代表"天"，杯托代表"地"，中间的茶杯代表"人"，茶人认为茶是"天涵之、地载之、人育之"的灵物，闷茶过程象征着天、地、人三才合一，共同化育出茶的精华。

（6）**敬茶**："盏香茗奉知己。"

（7）**闻香**："杯是清香浮情趣"，一闻香气鲜灵，二闻香气浓郁，三闻香气纯度，让您感悟到"天、地、人"之间有一种精神享受，同时也有一股新鲜浓郁、纯正、清和之气伴随着悠长高雅的花香氤氲上升，沁人心脾，使之陶醉。

（8）**品茶**："舌端甘苦入心底"，小口入茶汤，细细体悟茉莉花茶所独有的"味轻醍醐，香薄兰芷"的花香茶韵。

（9）**回味**："茶味人生细品悟"，无论茶是苦涩、甘鲜还是平和、醇厚，从每杯茶中，人们都会有很好的感悟和联想，所以品茶重回味。

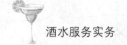

（10）**谢茶**："饮罢两腋清风起"，一般是表示感谢和祝福，用茶表达人与人之间的良好沟通和向往。

4. 祁门工夫红茶表演

（1）**"宝光"初现**：祁门工夫红茶条索紧秀，锋苗好，色泽并非人们常说的红色，而是乌黑润泽。国际通用红茶的名称为"Black tea"，即因红茶干茶的乌黑色泽而来。请来宾欣赏其色被称之为"宝光"的祁门工夫红茶。

（2）**清泉初沸**：热水壶中用来冲泡的泉水经加热，微沸，壶中上浮的水泡仿佛"蟹眼"已生。

（3）**温热壶盏**：用初沸之水，注入瓷壶及杯中，为壶、杯升温。

（4）**"王子"入宫**：用茶匙将茶荷或赏茶盘中的红茶轻轻拨入壶中。祁门工夫红茶也被誉为"王子茶"。

（5）**悬壶高冲**：这是冲泡红茶的关键。冲泡红茶的水温要在 100 ℃，刚才初沸的水，此时已是"蟹眼已过鱼眼生"，正好用于冲泡。而高冲可以让茶叶在水的激荡下，充分浸润，以利于色、香、味的充分发挥。

（6）**分杯敬客**：用循环斟茶法，将壶中之茶均匀地分入每一杯中，使杯中之茶的色、味一致。

（7）**喜闻幽香**：一杯茶到手，先要闻香。祁门工夫红茶是世界公认的三大高香茶之一，其香浓郁高长，又有"茶中英豪""群芳最"之誉。香气甜润中蕴藏着一股兰花之香。

（8）**观赏汤色**：红茶的红色，表现在冲泡好的茶汤中。祁门工夫红茶的汤色红艳，杯沿有一道明显的"金圈"。茶汤的明亮度和颜色，表明红茶的发酵程度和茶汤的鲜爽度。再观叶底，嫩软红亮。

（9）**品味鲜爽**：闻香观色后即可缓啜品饮。祁门工夫红茶以鲜爽、浓醇为主，与红碎茶浓强的刺激性口感有所不同，滋味醇厚，回味绵长。

（10）**再赏余韵**：一泡之后，可再冲泡第二泡茶。

（11）**三品得趣**：红茶通常可冲泡三次，三次的口感各不相同，细饮慢品，徐徐体味茶之真味，方得茶之真趣。

（12）**收杯谢客**：感谢来宾的光临，愿所有的爱茶人都像这红茶一样，相互交融，相得益彰。

5. 台式乌龙茶表演

（1）**恭请上座**：请客人就座。

（2）**活火煮泉**：古人说七分茶十分水，好茶需有好水来沏。井水次、河水中、泉水上，沏泡乌龙茶的水温要用 100 ℃的热水。

（3）**孟臣净心**：孟臣是明代制造紫砂壶的名匠，他做的紫砂壶被后人奉为至宝。现在许多名贵的壶都被称为孟臣壶。"孟臣净心"是用热水将紫砂壶温一下。

（4）**高山流水**：把壶高高提起，犹如泉水从山中流下。

（5）**嘉叶鉴赏**：嘉叶是宋代大文豪苏东坡对茶叶的美称，铁观音形如观音重如铁，素有绿叶红镶边，七泡有余香的美称。

（6）**乌龙入宫**：用茶匙将茶叶拨入壶中。

（7）**芳草回春**：茶叶在水的冲泡下徐徐展开，好比春天刚刚发芽的小草。

（8）**荷塘飘香**：茶人讲究一泡汤、二泡茶、三泡四泡是精华。乌龙茶属半发酵茶，第一遍的茶汤我们把它倒掉。

（9）**高冲低斟**：将水壶高高悬起，逐渐接近紫砂壶注入热水。

（10）**春风拂面**：用壶盖轻轻地刮去壶口的浮沫。

（11）**涤净凡尘**：将壶的外表冲洗干净，这是增加壶的温度，让茶汤更好地浸泡出来。

（12）**内外养生**：为保持茶壶的温度，用茶巾将壶包起来。

（13）**玉杯展翅**：将闻香杯和品名杯由外向内轻轻地翻转过来，动作要缓慢柔美。

（14）**分承香露**：将第一遍洗茶之水用来温热品茗杯与闻香杯。

（15）**游山玩水**：将闻香杯的茶汤倒入品茗杯，并在杯中旋转，取出杯口向上放之。

（16）**狮子滚绣球**：将品茗杯倾斜 90°放入另一杯中由外向内转动一周。

（17）**关公巡城**：把闻香杯紧靠在一起，用茶壶沿着四个小杯打转地注入茶水，这个动作是巡回的运动，目的是要把茶水的份量和香味均匀地分配给四只杯子，以免厚此薄彼。

（18）**韩信点兵**：用于茶汤的均匀，好使每一杯茶的香气与口感达到一样。

（19）**喜庆加冕**：将品茗杯反扣在闻香杯之上，是祝各位加官晋爵、前途似锦。

（20）**扭转乾坤**：拇指压住品茗杯的杯底，由中指和食指夹住闻香杯，由外向内轻轻倒转。

（21）**敬奉香茗**：双手将沏好的茶汤敬予客人。

（22）**斗转星移**：扶住品茗杯的杯沿，轻轻地转动闻香杯把杯拿起，祝各位好运连连。

（23）**喜闻高香**：将闻香杯放在手心在鼻前轻轻地转动，一股兰花之气扑鼻而来，沁入心肺。

（24）**三龙护鼎**：用中指托住杯底，拇指和食指扶住杯沿称为三龙护鼎。

（25）**鉴赏茶汤**：一杯好的乌龙茶的茶汤应是金黄色的，清澈透明。

（26）**一品鲜爽**：一口为喝、二口为饮、三口为品。

（27）**再现芳华**：再次注入热水，展现茶芳。

（28）**自有公道**：请各位静下心，慢慢品饮并自己演示沏泡。

【项目小结】

本项目主要内容：

1. 茶具的起源与发展概况，茶具的类型，要求同学们学会根据所学知识对茶具进行简单搭配与评价。

2. 泡茶用水的选择标准、分类，泡茶的四个要素，并列举了中国的名泉佳水，要求同学们掌握煮水的基本要求。

3. 重点介绍了茶艺表演的发展过程及分类，要求同学们掌握日常生活中常饮的绿茶、红茶、花茶和普洱茶的茶艺表演流程及解说词。

【关键术语】

茶具　配置　冲泡　技法　表演

【技能实训】

1. 分小组练习绿茶茶艺表演。

2. 分小组练习工夫红茶茶艺表演。

3. 分小组练习乌龙茶茶艺表演。

4. 分小组尝试编创一套特色鲜明的主题茶艺。

项目二 咖 啡

一、咖啡的基础知识

(一) 咖啡的定义

咖啡(Coffee)一词源自希腊语"Kaweh",意思是"力量与热情",其与茶叶、可可并称为世界三大饮料。日常饮用的咖啡是用咖啡豆配合各种不同的烹煮器具制作出来的,咖啡豆是指咖啡树果实内的果仁,再用适当的烘焙方法调配而成。

目前,世界咖啡生产的品种已发展到 8 000 多个,产量居第一的国家是巴西,其次是哥伦比亚。我国咖啡主要产区分布在云南、海南、广东、广西、福建等省。

(二) 咖啡的成分

1. 咖啡因

咖啡因是咖啡所有成分中最引人注目的。它属于植物黄质(动物肌肉成分)的一种,性质和可可内含的可可碱,绿茶内含的茶碱相同,烘焙后减少的百分比极微小。咖啡因的作用极为广泛,它可以加速人体的新陈代谢,使人保持头脑清醒和思维灵敏。有些人在晚间饮用了咖啡会失眠,也有些人饮用过多的咖啡就会神经紧张、过度亢奋,但也有很多人不会受到丝毫影响。一旦了解了人体对咖啡因的反应,我们就可以用它来满足自身的需要。在考前温习或者长途驾驶的时候喝上一杯香浓美味的咖啡,一定能减轻疲劳。

2. 丹宁酸

经提炼后丹宁酸会变成淡黄色的粉末,很容易融入水,经煮沸它会分解而产生焦梧酸,使咖啡味道变差,而如果冲泡好又放上好几个小时咖啡颜色会变得比刚泡好时浓,而且也较不够味,所以才会有"冲泡好最好尽快喝完"的说法。

3. 脂肪

咖啡内含的脂肪,在风味上占极为重要的角色,分析后发现咖啡内含的脂肪分为好多种,而其中最主要的是酸性脂肪和挥发性脂肪。酸性脂肪是指脂肪中含有酸,其强弱会因咖啡种类不同而异;挥发性脂肪是咖啡香气的主要来源。烘焙过的咖啡豆内所含的脂肪一旦接触到空气,会发生化学变化,味道香味都会变差。

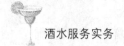

4. 蛋白质

热量的主要来源是蛋白质,而滴落式冲泡出来的咖啡,蛋白质多半不会溶出来,所以咖啡喝再多摄取到的营养也是有限,这就是咖啡会成为减肥者圣品的缘故。

5. 糖

在不加糖的情况下,除了会感受到咖啡因的苦味、丹宁酸的酸味,还会感受到甜味,便是咖啡本身所含的糖分所造成的。烘焙后糖分大部分会转为焦糖,为咖啡带来独特的褐色。

6. 矿物质

含石灰、铁质、硫黄、碳酸钠、磷、氯、硅等,因所占的比例极少影响咖啡的风味并不大,综合起来只带来稍许涩味。

7. 粗纤维

生豆的纤维质烘焙后会炭化,这种碳质和糖分的焦糖化互相结合,形成咖啡的色调,但化为粉末的纤维质会带给咖啡风味上相当程度的影响,故我们并不鼓励购买粉状咖啡豆,因为无法尝到咖啡的风味。

(三) 咖啡的效用

1. 咖啡含有一定的营养成分

咖啡的烟碱酸含有 B 族维生素,烘焙后的咖啡豆含量更高,并且含有游离脂肪酸、咖啡因、丹宁酸等。

2. 咖啡对皮肤有益处

咖啡可以促进新陈代谢功能,活络消化器官,对便秘有缓解功效。使用咖啡粉洗澡是一种温热疗法,可以起到减肥的作用。

3. 咖啡有解酒的功能

酒后喝适量咖啡,将使由酒精转变而来的乙醛快速氧化,分解成水和二氧化碳排出体外。

4. 咖啡可以消除疲劳

要消除疲劳,必须补充营养、适当休息、促进代谢功能,而咖啡则具有这些功能。

5. 咖啡的保健医疗功能

咖啡具有抗氧化及护心、强筋骨、利腰膝、开胃促食、消脂消积、化血化瘀等作用。

如一日三杯咖啡可预防胆结石,其咖啡因成分能刺激胆囊收缩,并减少胆汁内容易形成胆结石的胆固醇。

(四) 咖啡的饮用禁忌

1. 铁剂不宜与咖啡同服。咖啡中的鞣酸可使铁的吸收减少 75％。

2. 咖啡中的丹宁酸,会让钙吸收降低。所以,喝咖啡的时间,最好是选在两餐当中。

3. 孕妇大量摄入含咖啡因的饮料和食品后,会出现恶心、呕吐、头痛、心跳加快等症状,也会影响胎儿发育。

4. 儿童不宜喝咖啡。咖啡因可以兴奋儿童中枢神经系统,干扰儿童的记忆,造成儿童多动症。

二、咖啡的分类

咖啡的分类有很多种,主要如下有以下几类。

(一) 按产地分类

1. 巴西

巴西是目前世界上最大的咖啡生产国和出口国,以山多斯咖啡(Santos)最有名。适度的苦、轻柔的风味、奔放的热带口感,是混合咖啡的绝佳基底。

2. 哥伦比亚

哥伦比亚特级咖啡豆品质优良,具有圆滑的酸味和甜香,醇厚浓郁。

3. 印度尼西亚

印度尼西亚最出名的咖啡是苏门答腊岛的高级曼特宁咖啡,它的香味沉淀厚重,口味微酸。

4. 埃塞俄比亚

埃塞俄比亚摩卡咖啡,有着与葡萄酒相似的酸味和浓香,质性浓厚。

5. 墨西哥

墨西哥是中美洲主要的咖啡生产国,科佩特咖啡被认为是世界上最好的咖啡之一,咖啡口感舒适,芳香迷人。

6. 危地马拉

危地马拉著名的安提瓜咖啡享有世界上品质最佳的咖啡的声名,酸味上等,余香

芳醇。

7. 牙买加

牙买加蓝山咖啡因生长于海拔 3 000 米以上的蓝山区而得名,是世界上最著名、最昂贵的咖啡,被人们称为"黑色宝石",是咖啡中的极品。

8. 中国云南

中国云南的小粒种咖啡浓而不苦,香而不烈,且带有一点水果风味,被国际咖啡组织评为一类产品,在国际咖啡市场上大受欢迎,被誉为咖啡中的上品。

(二) 按调制时配料的不同分类

1. 单品咖啡

单品咖啡,就是用原产地出产的单一咖啡豆研磨而成,饮用时一般不加奶或糖的纯正咖啡。单品咖啡具有强烈的特性,口感特别,成本较高,价格也比较昂贵。比如,牙买加蓝山咖啡、巴西咖啡、哥伦比亚咖啡等,都是以咖啡豆的产地命名的单品。

2. 拿铁咖啡

拿铁咖啡是意大利浓缩咖啡与牛奶的经典混合,意大利人喜欢把拿铁咖啡作为早餐的饮料。

3. 卡布奇诺咖啡

卡布奇诺是将咖啡、牛奶与奶泡按 1∶1∶1 比例调配的饮品。咖啡上的奶泡沫,与天主教卡布奇诺教会修士们所穿的披风上的帽子很像,这也是这种咖啡名称的由来。

4. 皇家咖啡

这款咖啡最大的特点是先在咖啡杯中导入煮好的热咖啡,再在杯上放置一把特制的汤匙,汤匙上搁着浸过白兰地的方糖和少许白兰地。用火柴点燃方糖就可以看到美丽的淡蓝色火焰在方糖上燃烧,等火焰熄灭方糖也熔化的时候,将汤匙放入咖啡杯中搅匀,香醇的皇家咖啡立现。

5. 爱尔兰咖啡

爱尔兰咖啡是著名的冲泡方式,它是一种既像酒又像咖啡的咖啡,原料是爱尔兰威士忌加咖啡豆。爱尔兰咖啡杯是一种方便烤热的特殊的耐热杯。烤杯的方法可以去除烈酒中的酒精,让酒香与咖啡更好地调和。

6. 摩卡咖啡

在拿铁咖啡中加入巧克力,就可以调成香浓的摩卡咖啡。摩卡咖啡制作十分简单,把三分之一的意大利浓缩咖啡、三分之一的热巧克力和三分之一的热牛奶依次倒入咖啡杯中,就做成了摩卡咖啡。

(三) 按咖啡豆调制前的形态分类

按咖啡豆调制前的形态可将咖啡分为两大类:豆制咖啡和速溶咖啡。传统的豆制咖啡要将咖啡豆烘焙、研磨、冲煮。速溶咖啡是用咖啡豆制成的,咖啡豆经过烘焙、研磨、溶水萃取、真空浓缩、喷雾干燥,形成速溶咖啡的颗粒。世界上第一杯速溶咖啡——雀巢咖啡,是由雀巢公司于1938年发明的,并很快在全球盛行起来。

三、咖啡的品判标准

品判咖啡时,通常用咖啡的酸度、醇厚度、湿香气和风味四个标准来鉴定。

酸度:酸度是咖啡的必备特征,是咖啡在舌下边缘和后腭产生的干的感觉。咖啡酸度的作用与红酒的口感类似,具有强烈而令人兴奋的质感。没有足够的酸度,咖啡就趋于平淡。酸度与酸味不同,酸味是令人不快的不好的口味特征。

醇厚度:指咖啡在口中的感觉,咖啡作用于舌头产生的黏性、厚重和丰富度的感觉。对咖啡的醇厚度的感觉与咖啡萃取的油质和固形物有关。如印尼咖啡明显比南美洲、中美洲咖啡的醇厚度要高。如果无法确定几种咖啡的醇厚度差异,可以试着将咖啡加入等量的牛奶。醇厚度高的咖啡用牛奶稀释后会保留更多的风味。

湿香气:湿香气丰富了软腭对风味的辨别。一些微妙、细腻的差别,比如"花香"或"酒香"的特性,就来自煮泡咖啡的湿香气。

风味:是咖啡在口中的总体感觉。酸度、湿香气和醇厚度都是风味的组成部分,正是它们的平衡和均质才产生了我们的风味总体感。咖啡一些典型的风味特征如下:丰富,指醇厚度和浓郁程度;复杂,对多种风味的感觉;平衡,所有基本口感特征都令人满意;焦糖味的,像糖或者糖浆的;鲜美的,舌尖感觉到的微妙细腻的风味;芬芳的,指芳香的特质,范围从花香味的到多香料的;甘美芳醇的,口感圆润、顺滑,缺乏酸度;甜味的,无涩口的;等等。

四、咖啡制作

(一) 咖啡豆的加工

1. 咖啡豆的采收

采收高质量的咖啡豆,必须采摘完全成熟的红色咖啡果,又称为咖啡樱桃。收下果实后要去除外皮、果肉、内果皮和银皮才能得到咖啡豆。常用的方法有水洗式和干燥式(天然法或非水洗式)两种。

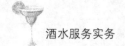

（1）水洗式

先用果肉去除机将咖啡樱桃外层的果肉去除,然后移入发酵槽;经过发酵处理之后,将发酵的咖啡豆用水清洗;晒干或用机器干燥后,用脱壳机将内果肉和银皮去除,即成为生咖啡豆。用水洗式加工的咖啡豆,色泽较美,杂质较少,有一种特有的鲜明清澈的风味。哥伦比亚、墨西哥、危地马拉等国出产的咖啡70%左右都采用这种采收方法。

（2）干燥式

将咖啡樱桃曝晒至咖啡豆与外皮分开,用脱壳机将果肉、内皮和银皮去除。干燥式的咖啡豆,微酸而略有苦味。巴西、埃塞俄比亚、也门等国的咖啡豆都是用这种方法取得的。这种方法的缺点是容易受天气的影响,易掺入瑕疵豆和其他杂质,因此必须细心地筛选。

2. 咖啡豆的烘焙

咖啡的颜色、香气、味道都是由烘焙过程中发生的一系列复杂的化学变化所造成的。所以,生咖啡豆必须经过烘焙这一工序。通过烘焙提高咖啡豆的干燥程度,可以使咖啡豆呈现出特有的颜色、香味与口感。咖啡味道的80%取决于此,这是保证好咖啡的最重要也是最基本的条件。

（1）烘焙的程度

咖啡豆的烘焙大致可以分为8种程度:

烘焙程度	阶段特征
Light	最轻度的烘焙,无香味
Cinnamon	一般的烘焙程度,有强烈的酸味,成肉桂色
Medium	中度烘焙,香醇酸味适中
High	酸中带苦
City	苦比酸度强
Full City	无酸味而苦
French	法式烘焙法,苦味强,色黑
Italian	意式烘焙法,泛油,色黑

（2）烘焙的时间

通常咖啡豆的烘焙时间会因为每批生豆的水分含量不同而有差异。一般来说,烘焙时间短,咖啡豆的颜色会呈浅褐色,酸味强;烘焙时间越长,咖啡豆颜色越深,呈深褐色,且苦味加强。

（3）烘焙的方法和用具

常见的烘焙方法有机器烘焙和手工烘焙两种。常见的烘焙用具是生豆烘焙机,可以根据需要调节不同的烘焙火力,分手摇式和电动式。此外,电动的烤箱及手动的烤箱也可以用于咖啡豆的烘焙。

（4）烘焙的注意事项

烘焙要均匀;烘焙不能操之过急,否则会出现斑点,而且味涩呛人;烘焙过的咖啡豆可以在常温下密封保存,最好在一周内用完。如果将其封闭保存在冰箱中,时间不宜超过两周。

3. 咖啡豆的研磨

经过烘焙的咖啡豆在冲泡前还要进行研磨。研磨粗细适当的咖啡粉末,对做一杯好咖啡是十分重要的。如果咖啡研磨过细,则导致过度萃取,会使咖啡浓苦而失去芳香;如果咖啡研磨过粗,则咖啡萃取不足,淡而无味。一般而言,烹熟的时间越短,研磨的粉末就要越细;烹熟的时间越长,研磨的粉末就要越粗。

（1）研磨程度

可以根据不同的咖啡萃取方法把咖啡豆研磨成相应粗细程度的咖啡粉末或咖啡颗粒。咖啡豆的研磨程度分为 5 种:粗研磨,中研磨,细研磨,中细研磨,极细研磨。不同的萃取方法对咖啡粉的要求由粗至细排列为法式滤压壶、滤泡式咖啡壶、美式咖啡机、虹吸式咖啡壶、摩卡壶、意大利咖啡机。

（2）研磨的方法和用具

常用的磨豆用具是磨豆机,分为手动磨豆机和电动磨豆机两种。通常咖啡粉需求量多时可选用电动磨豆机,量少则用手动磨豆机。研磨方法是将适量的咖啡豆放入磨豆机的相应容器中,调节好研磨程度开始研磨。

（3）研磨的注意事项

研磨时机最好选择在咖啡冲泡之前,每次研磨的量不宜太多,够一次使用即可,避免因机器发热使咖啡的芳香成分散失或咖啡粉久制而变味;研磨结束后要注意咖啡颗粒是否均匀,以免影响冲泡效果;磨豆机在使用完毕后一定要清洗干净,否则会有油脂积垢而变味;咖啡粉可以在常温下密封保存 3 天。

（二）影响咖啡制作的因素

1. 水质

什么水可以使咖啡更可口呢? 我们的日常用水大致可分为"软水"与"硬水"两大类。一般来说,软水更适合咖啡的冲泡。

2. 温度

咖啡最好趁热喝,咖啡冰凉时风味会大打折扣。所以冲泡咖啡时,为了使咖啡的味道更完美,要事先给咖啡杯加热,即温杯。

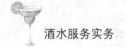
3. 咖啡壶、咖啡机

目前市场上常见的咖啡壶和咖啡机有法式滤压壶(French Press)、滤泡式咖啡壶(Drip)、美式咖啡机(Bream Coffee)、虹吸式咖啡机(Siphon)、摩卡壶(Mocha)、意大利咖啡机(Espresso Machine)等。

4. 咖啡杯具

为留存咖啡的浓香并保温,咖啡杯的造型一般杯口窄、材质厚、重量轻、透光性低,杯内壁最好呈白色。常见咖啡杯多为陶杯、瓷杯和玻璃杯三种。骨瓷质杯是近年开发出的保温效果较好的杯具。

5. 其他用具

滤器,用于咖啡粉的过滤。常用滤器有滤杯、滤布和滤纸,滤杯多为铜制或陶制。

搅棒,用于咖啡萃取过程中咖啡粉的搅拌,有助于咖啡粉的充分浸润和溶解,多为木制。

炉具,用于咖啡的萃取和保温,有瓦斯炉、电磁炉和酒精炉。

奶盅,用于盛装牛奶的器皿,多为陶瓷制品。

糖罐,用于盛装咖啡用糖的器皿,多为陶瓷制品。

咖啡勺,用于咖啡饮用时的搅拌,多为不锈钢制品。

(三) 常见咖啡的冲泡方法

1. 滤纸冲泡

(1) 特征

滤纸冲泡是最简单的咖啡冲泡法。滤纸可以使用一次立即丢弃,比较卫生,也容易整理。注入开水的量与注入方法也可以调整。一人份也可以冲泡,这是人数少的最佳冲泡法。

(2) 器具

滴漏器有一孔和三孔之分,在此使用三孔式。注入开水用的壶口最好是细小尖口,可以使开水垂直地倒入咖啡粉上,比较适中。

(3) 冲泡的重点

一人份的咖啡粉为 10～12 g,而开水是 120 ml。

喜欢清淡咖啡的人,分量约一人 8 g 即可。

喜欢浓苦味的人,分量可一人 12 g,并充分地蒸煮。

注热水用的壶注入七八分满时比较容易操作,而开水量依人数多寡而准备。

用烧杯加热至不使其沸腾的程度再注入咖啡杯。

过滤的抽出液不要滴到最后一滴止(如果完全滴完,可能有杂味或杂质等)。

（4）冲泡程序

沿着过滤纸的缝线部分折好滤纸后，将其放入滴漏中。

用量匙将中度研磨的咖啡粉依人数份（一人份 10～12 g）倒入滴漏中，再轻敲几下使表面平坦。

用茶壶将水煮开后，倒入细嘴水壶中，由中心点轻稳地将开水注入，缓慢地以螺旋方式使开水渗透且布满咖啡粉为止，务必缓缓地倒入。

为了能将可口的成分抽出，将已膨胀起来的咖啡粉多蒸一下（停留约 20 秒）。

第二次的开水，从咖啡粉的表面慢慢注入。注入水量的多寡必须与抽出的咖啡液的量一致，将过滤的开水量保持恒定。

抽出液达到人数份时即可停止，丢弃滤纸中的残留物。

2. 法兰绒滤网冲泡

（1）特征

以法兰绒滤网冲泡出来的咖啡，最香醇可口。不过滤网的整理与保管要特别注意，否则咖啡味道会大打折扣。

（2）冲泡前的准备事项

开水注入后咖啡粉会膨胀，因此要选择稍大些的滤网。

滤网的起毛做外侧，充分将水拧干后，将皱纹弄平后使用。

（3）关于法兰绒滤网的管理

使用新的法兰绒滤网时，为了除去布上残留着的水糊或味道，可使用刷子清洗（此时不可用肥皂或肥皂粉，因为味道没法脱落）。之后，已使用过的咖啡粉加水煮沸 5 分钟再用水洗。

（4）法兰绒滤网的保存方法

滤布使用后要用水认真清洗，为了防止氧化要加水放入冷藏柜中，而且必须每天换水，否则会起水垢，引起布目堵塞。使用时，用温开水冲泡，再充分拧干后使用。

（5）程序

布目当内侧，咖啡粉一人份 10～12 g 放入滤布中，再将咖啡粉铺平。

浅烘焙的咖啡开水温度为 95 ℃左右，而深烘焙要放低些，最初如细线般地注入，边控制开水量边画圆注入。咖啡粉起细泡后焖蒸 20 秒，这段时间须"暂停"。第二次以后，每次用等量的开水以漩涡状注入，从中心到外侧再回到中心。

不要让开水完全滴完，照人数份注入即可，而在滤布的开水尚残留的状态时取出。

抽出终了，咖啡液的温度降低时可以加热但不要使其沸腾。轻摇后再倒入杯子里。

3. 蒸汽加压煮咖啡器

（1）特征

蒸汽加压煮咖啡器是利用蒸汽压力瞬间将咖啡液抽出。浓苦蒸汽咖啡是各类咖啡的基本，随年月的增加更受欢迎。

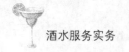

（2）器具

主要有直台式（家庭用）与自动式（主要是商用）两种，在此介绍直台式的使用方法。

（3）冲泡前的准备

为了提高抽出效果，要将放入桶内的咖啡粉压硬。为了避免上半部的水壶蒸汽漏掉，要将盖子盖平。

配合人数使用。须使用比所需人数份分量大的容量器具，若蒸汽压力微弱，所抽出的咖啡会影响口感。

（4）程序

下半部的袋子里注入所需人数份分量的开水，再将装入深烘焙与细研磨咖啡（一人份 6～8 g）的桶，从上面轻轻压挤。

上半部的壶和桶与下部的壶组合。特别是上半部的壶必须固定紧。

将组装好的器具加火。下半部水壶的开水沸腾后水柱会上升，承空后从火上拿下（从粉层通过热开水往上喷，在上半部水壶中的咖啡液会被抽出）。

器具非常烫，所以要注意不被烫伤，再注入事先保温的杯子里。

4．水滴式咖啡器

（1）特征

水滴式咖啡器是一种需要冷水，需要花点冲泡时间的咖啡制作用具。前一天晚上准备好，第二天早晨也可以享受香浓的早晨咖啡。喝热咖啡时要注意不要使其沸腾。

（2）冲泡前的准备

为了使抽出过程中点滴的速度不变，活栓不要松弛。咖啡豆以深烘焙细研磨的较好。

（3）程序

在滴漏里放入依人数所计算分量的咖啡粉后轻轻地压挤，注入少量的水使其全部浸湿。

在烧杯上放滴漏，在其上的桶槽里注入人数份的水（3 人份 300～350 ml）。

将盖子盖好。使用本器具需要 3～4 小时才可制成咖啡。想要喝咖啡时，将盖子、桶槽、滴漏取掉，倒入烧杯内加火，沸腾前倒入杯中。

5．伊芙利克

（1）特征

土耳其式咖啡，钢制的称为伊芙利克，是有长柄的咖啡器具。

（2）抽出的重点

三次煮沸，在沸腾前从火避开，加少量的水。

（3）程序

将准备深烘焙的咖啡豆（一人份约 5g）放入乳钵或磨子里研磨成粉状。依需要人数份的咖啡豆加上适量的开水，与此同时加入香料。接着开小火，直至起泡后沸腾前的状态从火中拿开,加点水,如此重复三次。伊芙利克中的咖啡粉沉后,静静地注入杯子。

6. 咖啡渗滤壶

（1）特征

这是一种以前在美国深受欢迎,曾经在日本风靡一时的咖啡器具,现在已衰微了。

（2）冲泡前的准备

如果要长时间加温或以强火煮沸,会造成过剩抽出而变成混浊咖啡。

（3）冲泡方法

在水壶里将按人数计算的分量的水加热,其间将研磨的咖啡粉(一人份 10～12 g)放入后盖上。

水壶的开水沸腾后,先将火熄灭。

以弱火加热,抽出情况可以斟酌一下,再将火熄灭。

7. 虹管咖啡煮沸器

（1）特征

可以边眺望抽出过程边享受咖啡的乐趣,此乃虹管的魅力。当作装饰品也可以,与水滴式比较,则操作稍显复杂。

（2）器具

管理上比较麻烦,不过习惯就好了,玻璃制品要多加注意,不要使其损坏。

使用后过滤嘴要仔细清洗,并用清水浸泡后保存在冰箱里。

（3）冲泡前的准备

底部的开水完全沸腾后,将上半部插入。太早插入无法使咖啡好好抽出。

在短时间内适当地将开水与咖啡粉搅拌。花太多时间会使咖啡混浊,香味消失。

（四）经典咖啡的制作

1. 摩卡咖啡

摩卡咖啡是最受欢迎的意大利花式咖啡,制作非常简单。摩卡的特点就在于它既有意大利浓缩咖啡的浓烈,又包容了巧克力的甜美,更融合了牛奶的柔滑。

材料:很浓的深煎咖啡一杯,巧克力糖浆 20 ml,鲜奶油,肉桂棒少量。

配制方法:在杯中加入巧克力糖浆 20 ml 和很浓的深煎咖啡,搅拌均匀,加入 1 大匙奶油浮在上面,削一些巧克力末做装饰,最后再添加一些肉桂棒。

2. 土耳其咖啡

土耳其咖啡至今仍然采用原始的煮法制作。土耳其人在喝完咖啡以后,总是要看咖啡杯底残留咖啡粉的痕迹,从它的模样了解当天运气。

材料:咖啡豆,橙汁,蜂蜜,肉桂。

配制方法:在奶盆里倒入研细的深煎咖啡和肉桂等香料,搅拌均匀,然后倒入锅里,加些水煮沸3次,从火上拿下。待粉末沉淀后,将清澈的液体倒入杯中,这时慢慢加入橙汁和蜂蜜即可。

3. 卡布奇诺与拿铁咖啡

卡布奇诺咖啡是意大利咖啡的一种变化,即在偏浓的咖啡上,倒入以蒸汽发泡的牛奶,此时咖啡的颜色就像卡布奇诺教会修士深褐色外衣上覆的头巾一样,咖啡因此得名。

材料:热咖啡一杯,大勺鲜奶油,柠檬皮碎丁,肉桂粉适量。

配制方法:把经过脱脂的牛奶倒入壶中,然后用起沫器让牛奶起沫,充气。咖啡杯中倒入冲泡好的意大利咖啡约五分满,再把起奶沫的牛奶倒入咖啡中至八成满,最后根据个人喜好撒上少许碎丁的柠檬皮和肉桂粉。

拿铁咖啡其实也是意大利咖啡的一种变化,它与卡布奇诺的制作原料和方法相似,都是由牛奶和咖啡调配而成的,只是咖啡、牛奶、奶泡的比例稍做变动为1∶2∶1即成。

4. 法国牛奶咖啡

法国牛奶咖啡的配制方法延续了几百年,直到今天,它仍是法国人早餐桌上不可或缺的饮料。咖啡和牛奶的比例为1∶1。正统的法国牛奶咖啡冲泡时,要牛奶壶和咖啡壶从两旁同时注入咖啡杯。

材料:热咖啡 50 ml、热牛奶 50 ml。

配制方法:将咖啡倒入法国牛奶的专用调制壶内,可选用深炒而浓烈的咖啡,将牛奶倒入另一调制壶内,在咖啡杯中同时倒入咖啡与牛奶,比例是1∶1,倒入时注意两壶的流入量一致。

5. 爱尔兰咖啡

爱尔兰咖啡名字中就带有一阵威士忌浓烈的熏香。爱尔兰人视威士忌如生命,也少不了在咖啡中做些手脚,以威士忌调成的爱尔兰咖啡,更能将咖啡的酸甜味道衬托出来。

材料:热咖啡一杯、爱尔兰威士忌 28 ml、方糖一块、鲜奶油适量。

配制方法:将爱尔兰咖啡进行预热,再将制好的咖啡倒入咖啡杯中,接着将泡沫状鲜奶油浇在咖啡上。然后将爱尔兰威士忌倒入另一个咖啡杯中,再加入糖,置于酒精灯下炙烤,将糖溶化于威士忌。最后将爱尔兰威士忌用火点燃,出现漂亮的蓝色火焰,浇在咖啡中。

6. 意大利咖啡

一般在家中泡意大利咖啡,是利用意大利发明的摩卡壶冲泡成的,这种咖啡壶也是利用蒸汽压力的原理萃取咖啡。摩卡壶可以使受压的蒸汽直接通过咖啡粉,让蒸汽瞬间穿过咖啡粉的细胞壁,将咖啡的内在精华萃取出来,故而冲泡出来的咖啡具有浓郁的香味及强烈的苦味,咖啡的表面会浮现一层薄薄的咖啡油,这层油正是意大利咖啡诱人香味的来源。

材料:咖啡豆适量、砂糖两汤匙。

配制方法:预热机器,打开咖啡机电源开关预热煮制扳手和咖啡杯,或者用热水烫,以保持咖啡味道持久,将咖啡豆研磨成咖啡粉,再将 7 g(一杯咖啡的标准用量)的咖啡粉装入煮制扳手,把扳手拧到咖啡机上,按下煮制钮。从按下开始计算,大概需要 25 秒,即可得到一杯 40 ml 的意大利咖啡。

7. 皇家咖啡

据说是法国皇帝拿破仑最喜欢的咖啡,白兰地、威士忌、伏特加与咖啡调配起来非常协调,而其中以白兰地最为出色,两者相加的口感是苦涩中略带甘甜,因而受到人们的广泛喜爱。

材料:综合热咖啡(或蓝山咖啡)一杯、方糖一块、白兰地 28 ml。

配制方法:将冲泡好的热咖啡倒入杯中,再将特制的咖啡匙横放于咖啡杯上,将一块方糖放于特制的咖啡匙上,在方糖上滴入 2～3 滴白兰地。点火燃烧白兰地及方糖,使方糖逐渐溶于白兰地酒液中,当方糖溶化将尽,将白兰地和糖液搅拌入咖啡杯中。

(五) 常见的花式咖啡的制作

1. 维也纳咖啡(Vienna Coffee)

材料:热咖啡一份、鲜牛奶及巧克力粉少许、白糖。

制作:咖啡杯底沉入白糖,注入热咖啡,咖啡表面装饰奶油一匙,撒巧克力粉少许,出品。

备注:别称"单车马头",不需搅拌。

2. 爪哇咖啡(Mocha Java)

材料:咖啡一份、可可利口酒少许、巧克力片、牛奶适当、巧克力糖浆半杯、泡沫奶油少许。

制作:将咖啡、热牛奶和巧克力糖浆倒入杯中,搅拌均匀,倒入可可利口酒,继续搅拌,挤入泡沫奶油,撒少许削好的巧克力片,出品。

3. 美式冰拉提咖啡

材料:冰咖啡一份、鲜奶及泡沫牛奶各一杯、蔗糖、冰块。

制作:杯中放入冰块,依次加入蔗糖、牛奶、冰咖啡,最后倒入牛奶泡沫,出品。

备注:蔗糖用蜂蜜代替效果更好,使用玻璃杯,倒入冰咖啡时应该速度慢、动作轻,才可以产生层次感。

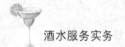

4. 胡桃咖啡(Cafe Walnut)

材料:热咖啡一份、牛奶一杯、雪利酒少许、泡沫鲜奶油、炒胡桃少许。

制作:将牛奶与咖啡倒入杯中,加入雪利酒少许,杯上浮泡沫奶油,撒胡桃装饰,出品。

5. 康吉拉多咖啡(Cafe Con Geloto)

材料:咖啡 60 ml、香草冰激凌 100 g。

制作:将香草冰激凌堆在杯中,注入咖啡,用瓷质容器盛放,出品。

6. 庞贝多咖啡(Cafe Pompadour)

材料:咖啡 120 ml、君度 10 ml、豆蔻粉少许、泡沫奶油 30 ml、紫丁香花少许。

制作:用偏浓咖啡加君度和豆蔻粉,搅拌均匀,杯上浮泡沫奶油,撒紫丁香花装饰,出品。

7. 波奇亚咖啡(Cafe Borgia)

材料:热咖啡一杯、巧克力糖浆、君度、柳丁皮、巧克力片、泡沫奶油。

制作:用热咖啡加巧克力糖浆和君度,搅拌,杯上浮适度泡沫奶油,用细条状柳丁皮装饰,撒少许巧克力粉,出品。

8. 杏仁咖啡(Cafe Amaretto)

材料:热咖啡一份、砂糖少许、白色朗姆酒少许、炒杏仁碎片少许、杏仁 1~2 粒。

制作:咖啡及糖搅拌,加入白色朗姆酒搅拌,放入杏仁碎片,咖啡碟中放杏仁,出品。

(六) 常见冰咖啡的制作

1. 啤酒冰咖啡

材料:啤酒半杯、冰咖啡一份、冰块。

制作:啤酒杯中加入冰块,倒入冰咖啡,加入啤酒,出品。

备注:使用大口径啤酒杯。

2. 维也纳冰牛奶咖啡

材料:冰咖啡一份、牛奶两杯、泡沫鲜奶油、冰块、薄荷叶一片。

制作:先放入冰块,倒入冰咖啡,缓缓注入牛奶,使层次分明,最上层奶油装饰薄荷叶,出品。

备注:使用玻璃杯。

3. 摩卡霜冻咖啡

材料:冰咖啡一份、咖啡果冻 2~3 粒、巧克力酱、奶油、巧克力片。

制作:冰咖啡与巧克力酱搅拌均匀,将果冻放入咖啡,上浮奶油,用巧克力片装饰,出品。

备注:使用玻璃杯。

4. 牙买加霜冻咖啡

材料:冰咖啡一份、黑色朗姆酒适量、香草冰激凌一球、葡萄干。

制作:在咖啡中加入黑色朗姆酒,上浮冰激凌,用葡萄干装饰,出品。

备注:使用玻璃杯。

5. 甜蜜冰咖啡(Honey Cold Coffee)

材料:冰咖啡一份、蜜蜂 2~4 勺、糖浆、奶油。

制作:现将蜂蜜注入杯底,加糖浆,注入冰咖啡,用奶油装饰,出品。

备注:动作较缓,有层次,使用玻璃杯。

【项目小结】

本项目主要介绍了咖啡的加工与制作过程,世界上主要的咖啡冲泡方法,经典咖啡的制作方法与流程,以及现在所流行的花式咖啡和冰咖啡的制作方法。

【关键术语】

咖啡豆　研磨　口感　专用调制壶

【技能实训】

项目名称:卡布奇诺、拿铁咖啡的制作

项目要求:

1. 了解咖啡名称的含义。

2. 掌握制作方法。

项目流程:

第一步:准备热咖啡一杯、大勺鲜奶油、柠檬皮碎丁、肉桂棒适量等。

第二步:把经过脱脂的牛奶倒入壶中,然后用起沫器让牛奶起沫、充气。

第三步:咖啡杯中倒入冲泡好的意大利咖啡约 5 分满。

第四步:把起奶泡的牛奶倒入咖啡中至八成满。

第五步:根据个人喜好撒上少许细丁的柠檬皮和肉桂粉。

第六步:出品。

项目三　其他无酒精饮料

一、乳饮料

乳饮料是以牛奶为主要原料加工而成的饮料。乳饮料含有丰富的营养成分,易被人体消化吸收,属于营养价值较高和医疗价值良好的健康饮品。

(一) 乳饮料的分类

乳饮料根据配料不同,可分为纯牛奶和含乳饮料两种,国家标准要求含乳饮料中牛奶的含量不得低于30%。乳饮料常见的有以下几类。

1. 纯鲜牛奶

纯鲜牛奶大多采用巴氏杀菌法,即将牛奶加热至60~63 ℃并维持此温度30分钟,既能杀死全部致命菌,又能保持牛奶的营养成分,杀菌效果可达99%。另外,还采用高温短时杀菌法,即在80~85 ℃下用时10~15秒,或72~75 ℃下用时16~40秒处理杀菌。新鲜牛奶呈乳白色或稍带微黄色,有新鲜牛奶固有的奶香味,无异味,呈均匀的流体状,无沉淀、无凝结、无杂质、无异物、无黏稠现象。纯鲜牛奶有以下几种:

(1) 无脂牛奶(Skim Milk)即把牛奶中的脂肪脱掉,使其含量仅为0.5%左右。

(2) 强化牛奶(Fortifid Milk)是在无脂或低脂牛奶中加入维生素 A、维生素 B、维生素 D、维生素 E等营养成分。

(3) 加味牛奶(Flavored Milk)是在牛奶中增加了有特殊风味的原料,改变了普通牛奶的味道。最常见的有巧克力奶、可可奶及各种果汁奶。

2. 乳脂饮料

乳脂饮料是指牛奶中所含脂肪较高(脂肪含量为10%~40%)的饮品。常见有以下几种:

(1) 奶油(Whipping Cream)脂肪含量在30%~40%,常做其他饮料的配料。

(2) 餐桌乳品(Light Cream)脂肪含量在16%~22%,通常用来做咖啡的伴饮。

(3) 乳饮料(Half-and-Half)脂肪含量在10%~12%。

3. 发酵乳饮

发酵乳饮是指乳经杀菌、降温,添加特定的乳酸菌发酵剂,再经均质或不均质恒温发酵、冷却、包装等工序,制成的发酵乳制品,常见的发酵乳饮主要有以下两类:

(1) 酸乳(Sour Cream)用脂肪含量在18%以上的乳品,加入乳酸发酵后,再加入特定的甜味料,使其具有苹果、菠萝和特殊风味的酸乳饮料。

(2) 酸奶(Yogurt)是一种具有较高营养价值的特殊风味饮料,它是以牛乳为原料,经乳酸菌发酵而成的产品,这种产品的钙质最易被人体吸收。酸奶能够增强食欲,刺激肠道蠕动,促进机体的物质代谢,从而增进人体健康。另外酸奶也可加入水果等成分制成风味酸奶。酸奶的种类很多,按照组织形态的不同,可分为凝固型和搅拌型;按产品的化学成分和脂肪含量不同,可分为全脂、脱脂、半脱脂酸奶;按加糖与否,可分为甜酸奶和淡酸奶。

4. 冰激凌

冰激凌是以牛乳或其制品为主要原料,加入糖类、蛋品、香料及稳定剂,经混合配制、杀菌冷冻成为松软状的冷冻食品,具有鲜艳的色泽、浓郁的香味和细腻的组织,是一种营养价值很高的夏令饮品。其种类众多,按颜色可分为单色、双色和多色冰激凌;按风味分类有以下几种:

(1) 奶油冰激凌脂肪含量 $8\%\sim16\%$,总干物质含量 $33\%\sim42\%$,糖分含量 $14\%\sim18\%$。在其中加入不同的物料成分,又可制成奶油、香草、巧克力、草莓、葡萄等冰激凌。

(2) 牛奶冰激凌脂肪含量 $5\%\sim8\%$,总干物质含量 $32\%\sim34\%$。按配料可分为牛奶型、香草型、可可型、果浆型。

(3) 果味冰激凌脂肪含量 $3\%\sim5\%$,总干物质含量 $28\%\sim32\%$。配料中有果汁或水果香精,食之有新鲜水果味。常见的有香蕉、杨梅、草莓、菠萝等口味冰激凌。

5. 含乳饮料

含乳饮料是以奶粉为原料,加以蔗糖、有机酸、糖精、香料配制而成的乳品饮料,可分为配制型与发酵型两种。

(二) 乳饮料的选购与存储

1. 乳饮料的选购

乳品色泽为均匀乳白色或乳黄色;果菜汁发酵的品种可带有果菜汁的色泽。外观上乳浊液无絮状沉淀,不应有异常的黏稠性,可允许有少量脂肪上浮及蛋白质沉淀。特别指出的是,乳饮料标签上必须标明蛋白质含量。果汁型植物蛋白质饮料必须标明果汁含量。包装损坏、发生泄漏或胀袋的乳饮料不能饮用。

2. 乳饮料的储存方法

(1) 乳饮料在室温下容易腐坏变质,应冷藏在 4 ℃温度下。

(2) 牛乳易吸收异味,冷藏时应包装严密,并与有刺激性气味的食品隔离。

(3) 牛奶冷藏时间不宜过长,应每天采用新鲜牛奶。

(4) 冰激凌应该冷藏在 -18 ℃以下。

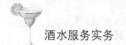
（三）乳饮料的服务操作

1. 热奶服务

热奶流行于早餐桌上和冬令时节，将奶加热到 77 ℃左右，用预热过的杯子盛装。牛奶加热过程中不宜放糖，否则牛奶和糖在高温下会产生结合物——果糖基耐氨酸，会严重破坏牛奶中蛋白质的营养价值。

2. 冰奶服务

牛奶大多在冰凉时饮用，应该把杀菌后的牛奶放在 4 ℃以下的冷藏柜中待用。

3. 酸奶服务

酸奶在低温下饮用风味俱佳。若非加热不可，请千万不要将酸奶直接加热，可将酸奶放在温水中缓缓加热，加热温度以不超过人的体温为宜。酸奶宜低温保存。

二、矿泉水

矿泉水的英文是 Mineral Water。它是从地下深处自然涌出的或经人们发现的、未受污染的地下矿水；矿泉水含有一定量的矿物盐、微量元素或二氧化碳气体；在通常情况下，其化学成分、流量、水温等动态在天然波动范围内相对稳定；以水质好，无杂质污染，营养丰富而深受人们的欢迎。

20 世纪 70 年代以后，天然矿泉水成为世界饮料消费的主流，瓶装矿泉水越来越受到人们的欢迎，法国、意大利是世界上最大的瓶装矿泉水生产国和消费国；中国矿泉水业始于 20 世纪 80 年代中后期，始建于 1905 年的青岛崂山矿泉水有限公司是我国最早生产瓶装矿泉水的企业。

（一）矿泉水的分类

矿泉水可按口感和所含矿物质的不同来分类：

按口感分类	微咸	如皮埃尔矿泉水
	微甜	如依云矿泉水
	无味	如昆仑山矿泉水
按所含矿物质分类	重碳酸盐类矿泉水	指钠、钙、镁、复合型
	碳酸矿泉水	含大量二氧化碳气体，有特殊的碳酸饮料刺激气味
	医疗矿泉水	对某种疾病有特殊治疗成分的矿泉水
	特殊成分矿泉水	如铁矿泉水、硅矿泉水、锶矿泉水

（二）世界著名矿泉水品牌

1. 阿波利纳斯（Apollinaris）

Apollinaris 矿泉水是产自德国莱茵地区的著名瓶装矿泉水,含有天然的碳酸气体,具有较好的口感。

2. 依云（Evian）

Evian 又称埃维昂,产自法国,为重碳酸钙镁型淡矿泉水,以纯净、无泡、略带甜味而著称于世。

3. 巴黎水（Perrier）

Perrier 又称佩里埃,是法国出产的高度碳酸型矿泉水,来源于 Card Bouillens 喷出的"沸腾水",装在当地朗格多克玻璃厂生产的著名绿色瓶中,是世界上最著名的矿泉水品牌之一。除直接饮用外,还适合与威士忌酒兑饮。法国的许多酒吧、俱乐部将其作为苏打水来使用。

4. 维特尔（Vittel）

Vittel 是产自法国的无泡型矿泉水,略带咸味,是全球公认的最佳天然矿泉水,非常适合在就餐时饮用,如果冰镇则口感更佳。

5. 维希（Vichy-Cellestins）

Vichy-Cellestins 是法国著名的重碳酸钙镁型淡矿泉水,略带咸味,口感上佳。法国维希矿泉水以其医药价值而闻名全球,是世界著名的瓶装矿泉水品牌。

6. 圣·佩里格林诺（San Rellegrino）

San Rellegrino 是产自意大利的起泡型天然矿泉水,富含矿物质,口感甘洌而味美。

7. 卡瑞-克斯堡（Garci-Crespo）

Garci-Crespo 是产自墨西哥的天然矿泉水,富含各种矿物质,碳酸气体含量较少,也无其他强烈的味道。

8. 崂山矿泉水

崂山矿泉水产自中国青岛,是重碳酸钙矿泉水,含有极丰富的矿物质元素,口感清纯,质量及品牌居我国矿泉水之冠。

此外,世界著名的矿泉水品牌还有德国的 Gerolsteiner（杰罗斯泰纳）,法国的 Valvert（沃尔沃特）和 Contrex（康翠克斯）,以及美国的 Mountain Valley（山谷）和

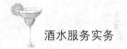

Magnetic Springs(魅力)等。

三、碳酸饮料

碳酸饮料是在经过纯化的饮用水中压入二氧化碳气体的饮料的总称,又称汽水。当饮用时,泡沫多而细腻,饮后清凉爽口,具有清新口感。常见的碳酸饮料有可乐、苏打水、干姜水、橙汁汽水等。

(一) 碳酸饮料的主要原料

碳酸饮料的原料大体上可分为水、二氧化碳和食品添加剂三大类,这些原料品质的优劣直接影响产品的质量。

1. 饮料用水

一般来说,饮料用水应当无色、无异味、清澈透明、无悬浮物、无沉淀物,总硬度在8度以下,ph为7,重金属含量不得超过指标。碳酸饮料中水的含量在90%以上,故水质的优劣对产品质量影响甚大,即使经过严格处理的自来水,也要再经过合适的处理才能作为饮料用水。

2. 二氧化碳

碳酸饮料中的"碳酸气"就是来自被压缩的二氧化碳气体。饮用碳酸饮料,实际上是饮用一定浓度的碳酸。生产所有的二氧化碳一般是用钢瓶包装、被压缩成液态,通常要经过处理才能使用。

3. 食品添加剂

从广义上讲,可把除水和二氧化碳以外的各种原料都视为食品添加剂。碳酸饮料生产中常用到的食品添加剂主要有甜味剂、酸味剂、香味剂、着色剂、防腐剂等。正确合理的选择、使用食品添加剂,可使碳酸饮料的色、香、味俱佳。

(二) 碳酸饮料的分类

根据原料或产品的特性进行分类,可将碳酸饮料划分为以下几类:

1. 普通型

普通型碳酸饮料通过加工压入二氧化碳,饮料中不含有人工合成香料,也不使用任何天然香料,常见的有苏打水等。

2. 果味型

这主要是依靠食用香精和着色剂,赋予一定水果香型和色泽的汽水。这类汽水原果汁含量低于 2.5%,色泽鲜艳,价格低廉,不含营养素,一般只起清凉解渴作用。果味型碳酸饮料品种繁多,产量也很大。人们几乎可以用不同的食用香精和着色剂来模仿任何水果的香型和色泽,制造出各种果味汽水,如橘子汽水、柠檬汽水、干姜水等。

3. 果汁型

这是在原料中添加了一定量的新鲜果汁制成的碳酸饮料。果汁型碳酸饮料除了具有相应水果所特有的色、香、味之外,还含有一定的营养,有利于身体健康。当前,在饮料向营养型发展的趋势中,果汁汽水越来越受到人们的欢迎,生产量也逐渐增加。一般果汁汽水中果汁含量大于 2.5%,如橘汁汽水、菠萝汁汽水或混合果汁汽水等。

4. 可乐型

可乐型碳酸饮料是将多种香料与天然果汁、焦糖色素混合充气而成。如风靡全球的可口可乐,其香味来自古柯树树叶的浸提液和可拉树种子的抽取液,还含有砂仁、丁香等多种混合香料,因而味道独特,非常受欢迎。

四、果蔬饮料

果蔬汁饮料是一种以水果、蔬菜或其浓缩原浆为原料,经过预处理、榨汁、调配、杀菌、无菌罐装或者热罐装的可以直接饮用的饮料产品。果蔬饮料富含易被人体吸收的营养成分,有的还有一定的医疗保健功能。其具有水果和蔬菜原有的风味,酸甜可口,色泽鲜艳,芬芳诱人。

(一) 果蔬饮料的特点

果蔬饮料之所以赢得越来越多人的喜爱,是因为它具有以下特点:

1. 悦目的色泽

不同品种的果实,在成熟之后都会呈现出各种不同的新鲜色泽。色泽既是果实的成熟标志,也是区别不同种类果实的特征。

2. 迷人的芳香

各种果实均有其固有的香气,特别是随着果实的成熟,香气日趋浓郁。

3. 怡人的味道

果蔬饮料的味道主要来自糖和酸等成分。果汁中糖分和酸分以符合天然水果的比例组合,构成最佳糖酸比,给人以怡人的味觉感受。

4. 丰富的营养

新鲜果蔬汁饮料中含有丰富的矿物质、维生素、蛋白质、叶绿素、氨基酸等人体所需

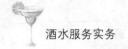

的各种维生素和微量元素,其中有些成分如叶绿素,目前仍无法人工合成,唯有直接从绿叶蔬菜中摄取。

(二) 果蔬饮料的种类

1. 天然果汁

天然果汁是指经过一定方法将水果加工制成未经发酵的汁液,具有原水果果肉的色泽、风味和可溶性固形物成分,果汁含量为100%。一般采用塑料瓶装或屋型纸制保鲜盒装,注明保存条件是低温冷藏,保存时间较短,大多只有7~10天。这种果汁一般是鲜榨汁,没有经过高温灭菌,基本不加糖和甜味剂、防腐剂,营养成分保存较好,如葡萄汁、橙汁、西瓜汁等。

2. 果汁饮料

果汁饮料指在果汁中加入水、糖水、酸味剂、色素等调制而成的单一果汁或混合果汁制品。成品中果汁含量不低于10%,一般采用纸盒装或玻璃瓶、塑料瓶装,常温保存时间半年以上。这种果汁大多是用水果产地生产的浓缩果汁加水复原到原果汁的浓度,经过瞬间高温灭菌处理。营养成分尤其是维生素受到了损失,水果的风味也略有改变。常见的有橙汁饮料、苹果汁饮料等。

3. 浓缩果汁

浓缩果汁多用玻璃瓶或塑料瓶装,常温保存的时间较长。这种果汁含较多的糖分和添加剂,标签上会注明饮用时的稀释倍数。浓缩果汁携带方便,甜度一般较高,味道可以自己调节。

4. 果肉果汁

果肉果汁指含有少量的细碎果粒的饮料,如果粒橙等。

5. 蔬菜汁

蔬菜汁是指加入水果汁和香料的各种蔬菜汁饮料,如番茄汁等。

(三) 购买果蔬饮料的注意事项

购买果(蔬)汁饮料时应仔细查看产品标签。主要包括:产品名称、配料表、产品执行的标准号、净含量、生产日期、制造者的名称和地址、果汁含量等。在选购果汁饮料时特别应注意果汁含量、果蔬种类等。果汁含量表示饮料中果汁含量的高低,果汁含量越高,同类产品的营养物质越高。同时,根据需要选择不同规格的产品,打开包装后需尽快饮用。

（四）果蔬饮料制作的基本原则

1．选料新鲜

果汁饮料之所以深受人们欢迎，是因为它既色、香、味俱全，又富于营养，有益于健康。果汁的原料是新鲜水果。原料质量的优劣将直接影响果汁的品质，对果汁的果实原料有以下几项基本要求。

（1）充分成熟

这是对果汁原料的基本要求。不成熟的果实由于碳水化合物含量少而味道酸涩，难以保证果汁的香味和甜度，加之色泽晦暗，没有相应的果实特征颜色也使果汁失去了美感。过分成熟的果实，色泽好，香味浓，含糖量高，含酸量低，且易于取汁。

（2）无腐烂现象

腐烂，包括霉菌病变、果心腐烂等。任何一种腐烂现象，均由微生物的污染而引起，不但使果味风味变坏，而且还会污染果汁，导致果汁的病变、败坏，即使是少量的腐烂果实，也可能造成十分严重的后果。

（3）无病虫害、无机械伤

有病虫害的果实，果肉受到侵蚀，果皮、果肉、果心变色，风味已大为变化，有些还有异味，若用来榨取果汁，势必影响果汁的风味。带有机械伤的果实，因表皮受到损坏，极易受微生物污染、变色、变质，会对果汁带来潜在的不良影响。

2．充分清洗

在制作过程中果汁被微生物污染的原因很多，但一般认为果汁中的微生物主要来自原料，因此对原料进行清洗是很关键的一环。此外，有些果实在生长过程中喷洒过农药，果皮上的农药会在加工过程中进入果汁，对人体带来危害。因此必须对这样的果实进行特殊处理。一般可用 0.5%～1.5% 的盐酸溶液或 0.1% 的高锰酸钾溶液浸泡数分钟，再用清水洗净。

不同的果实污染程度，表面状态均不尽相同，应根据果实的特性和条件选择清洗条件。为使果实洗涤充分，应尽量用流动水进行清洗，并要注意清洗用水的卫生。清洗用水应当符合生活用水标准，否则不但不能洗净原料，反而带来新的污染。清洗用水要及时更换，最好使用自来水。

3．榨汁前的处理

果实的汁液存在于果实组织的细胞中，制作果汁需要将之分离出来。为了节约原料，提高经济效益，应该想方设法地提高出汁率。通常可采取以下方法：

（1）破碎

这是提高出汁率的主要途径，特别是皮、肉紧密的果实更需要破碎。果实破碎使果肉组织外露，为取汁做好充分准备。应使大小块均匀，并选择高效率的果汁机。

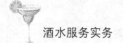

（2）适当的热处理

有些果实（如苹果、樱桃）含果胶量多，汁液黏稠，榨汁较困难。为使汁易于流出，在破碎后需要进行适当的热处理，即在 $60\sim70$ ℃水中浸泡，时间为 $15\sim30$ 分钟。通过热处理可使细胞质中的蛋白质凝固，改变细胞的半透性，使果肉软化、果胶物质水解，有利于色素和风味物质的溶出，并能提高出汁率。

4. 注意品种搭配

所有水果和蔬菜都有它本身的特殊风味，其中部分口感难以被人们接受，尤其是蔬菜汁的青涩口味问题。对付青涩味的传统办法就是通过品种搭配来调味。调味主要是用天然水果来调整果蔬汁中的酸甜味，这样可以保持饮料的天然风味，营养成分又不会受到破坏。比如增加甜味，除了蜂蜜和糖外，还可以选用甜度比较高的苹果汁、梨汁等。天然柠檬汁含有丰富的维生素 C，它的强烈酸味可以压住菜汁中的青涩味，使之变得美味可口。另外，果蔬汁中加鸡蛋黄也能调节口味，还可增加营养，消除疲劳和增强体力。

菠菜、花菜、甘蓝、生菜、香菜等绿色蔬菜应与胡萝卜或苹果混合榨汁，因为胡萝卜和苹果有调味与中和的作用。通常一杯蔬菜汁中的绿色菜汁应占 1/4，其余 3/4 可加胡萝卜、苹果及其他清淡些的菜汁调配。

5. 合理地使用辅料

作为日常饮料的果蔬汁多是以水果或蔬菜为基料，加水、甜味剂、酸味剂配制而成，也可用浓果蔬汁加水稀释，再调配而成。饮料配制成功与否要看酸甜比掌握得如何，甜酸适口就需要使用好调味料。

（1）水

要用优质的水，如自来水口感差，可用矿泉水，水量适中。

（2）甜味剂

最好用含糖量高的水果来调味，也可用少量砂糖或蜂蜜等。

（3）酸味物

用天然的柠檬、酸橙等柑橘类含酸量高的水果。

6. 防治果蔬的褐变

天然果蔬在加工中机械切片或破碎，或者在贮存过程中，易使原有悦目的色泽变暗，甚至变为深褐色，这种现象称为褐变。褐变反应一类是在氧化酶催化下的多酚类氧化和抗血酸氧化；另一类是不需要酶的褐变，如迈拉德反应、抗坏血酸在空气中自动氧化褐变等。较浅色的水果和蔬菜如苹果、香蕉、杏、樱桃、葡萄、梨、桃、草莓、土豆等，在组织损伤、削皮、切开时经常发生酶褐变。这是因为它们的组织暴露在空气中，在酶的催化下，氧化聚合而形成褐色素或黑色素所致。有些瓜果如柠檬、柑橘、葡萄柚、醋栗、菠萝、番茄、南瓜、西瓜、番瓜等，因缺少诱发褐变的酶，故不易发生酶褐变。果蔬发生酶褐变，必须同时具备三个条件，即多酚类物质、多酚氧化酶和氧。

果蔬饮料不仅仅是在倡导一种营养的平衡，更重要的是在引导一种观念，一种生活的时尚。低糖、无糖型的健康、营养果汁饮料越来越受到人们的欢迎，成为未来的发展趋势，最主要的是因为它热量低，符合健康时尚的生活标准。

（五）制作果蔬饮料的常用工具及设备

1. 榨汁机

　　榨汁机是制作果蔬饮料的必备工具之一。需要注意的是，不同榨汁机的功效是不同的。针对不同的果蔬饮料，需要使用不同的榨汁机。比如使用自动榨汁机还是手动榨汁机，使用金属榨汁机还是塑料榨汁机。一台品质卓越的榨汁机，是制作完美果蔬饮料的基础。

2. 搅拌机

　　与榨汁机不同的是，搅拌机打出的果汁含有大量纤维，不会把果汁和纤维分开。而榨汁机打出来的饮品是果汁和纤维分开的。

3. 雪克壶

　　在制作果蔬饮料时，特别是分量很少的时候，需要将果汁、辅料等材料放进雪克壶来回摇荡。通过材料的充分混合，获取营养价值高、口感醇厚的果蔬饮料。

4. 量杯

　　量杯用来量取材料的各种消耗量。

5. 水果刀

　　水果刀用来切割各种水果材料和蔬菜。

6. 冰铲

　　冰铲用来铲出制作果蔬饮料所需的冰块。

7. 榨汁盘

　　榨汁盘是用来榨汁的简易工具，具体用法是将水果对切，取一半按压在榨汁盘凸起的部位，左右用力旋转按压，鲜汁即可流入下方的托盘，省时省力好帮手。榨汁盘高质橡胶无毒无害。

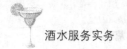

（六）果蔬饮料制作的基本要点

1. 材料选择

在制作果蔬饮料的时候，以熟透的果蔬最佳。因为没有熟透的果蔬，无论在味道还是水分上都不敌前者。建议在选择果蔬的时候，尽量以当季果蔬为主。

2. 注意味道的调配

制作果蔬饮料要坚持这样的原则：尽量选择味道丰富的果蔬，充分利用其自然的味道。尽量少放蔗糖，因为蔗糖会加速分解 B 族维生素，同时导致钙、镁元素的流失。建议如果要增加甜味，可以放两片香蕉或者用蜂蜜。

3. 注意口感，色泽的调配

果蔬材料在制作之前放入冰箱冷冻片刻，或者在榨好后放入少许冰块会让口感变得更佳。色泽的调配，除了考虑果蔬饮料本身要表达的主题思想外，还需要考虑果蔬本身的色彩，以满足消费者对色彩的审美要求。

4. 避免维生素的流失

将不同的水果与蔬菜进行搭配和混合，难免导致维生素的流失。有效的做法是在榨汁的时候加入一些柠檬汁，这样可以很好地保护果蔬饮料中的维生素。

5. 适当添加辅料

在果蔬饮料中添加一些辅料，例如杏仁、芝麻、黄豆粉、可可粉等，不仅可以改善口味，还能增加果蔬饮料中的营养均衡性。

（七）常见果蔬饮料的制作方法

果蔬饮料是一种以水果、蔬菜或浓缩原浆为原料，经过一定处理、杀菌的饮料。果蔬饮料的制作需要考虑不同水果和蔬菜的搭配和比例问题。果蔬饮料制作过程中所使用的材料不同，其营养价值就会有所差别。消费者应该根据自己的身体健康状况，选择满足不同生理机能的果蔬饮料。

1. 提高免疫力的果蔬饮料

（1）胡萝卜木瓜汁

原料：胡萝卜 1~2 根；新鲜木瓜半个；柠檬汁 10 毫升（约一勺）。

做法：① 将胡萝卜洗净，去皮切成小块备用；② 将木瓜去籽后洗净去皮切块备用；③ 把两种食材放入榨汁机内榨汁，加入柠檬汁后即可饮用。

养分和功效：胡萝卜和木瓜中含有的营养成分是胡萝卜和维生素 C，这两者可以促进身体的新陈代谢,因而具有提高免疫力、延缓衰老的功效。

温馨提醒:木瓜是酸性食物,有收尿的作用,小便不利者不能吃。

(2) 橙子香蕉汁

原料:新鲜橙子 3 个,香蕉 1 个。

做法:① 将橙子洗净后从中间剖开,用榨汁机榨出汁来,倒入杯中备用。② 将香蕉去皮切成小块。③ 将香蕉与橙汁放入榨汁机内榨汁即可饮用。

养分和功效:强身健体、延缓衰老,因为橙子和香蕉富含胡萝卜素和维生素 C。

温馨提醒:香蕉产于夏秋季节,橙子产于秋季。橙子泻火,久病体虚的人最好少吃一点。

2. 清凉消火的果蔬饮料

(1) 蜜瓜柠檬汁

原料:哈密瓜 200 克;柠檬一个;蜂蜜少许。

做法:① 哈密瓜洗净后去皮去籽,切成小块榨汁;② 柠檬洗净从中间剖开,用榨汁盘榨汁备用;③ 将哈密瓜和柠檬汁搅拌均匀,加入蜂蜜即可。

养分和功效:哈密瓜是利尿解暑的水果。除了大量的水分外,哈密瓜还含有丰富的蛋白质、维生素群、膳食纤维和果胶,在消除暑热的同时还可以排毒养颜。

温馨提醒:哈密瓜和柠檬都产于夏季。哈密瓜性寒,咳嗽者、产妇应该少吃一点。另外,柠檬中的酸性物质会消耗钙质,牙齿较弱者应该少饮用含柠檬的饮料。

(2) 白菜甜瓜梨汁

原料:白菜叶 1 片;甜瓜 200 克;梨 1 个。

做法:① 白菜叶洗净切碎备用;② 甜瓜洗净去皮去籽切成小块备用;③ 梨洗净去皮去核切成小块;④ 将上述材料放入榨汁机榨汁即可。

养分和功效:白菜是我们熟悉的蔬菜。它含有丰富的水分、维生素和膳食纤维,加上甜瓜和梨中的同类养分一起作用可以很好地清热祛火和排毒养颜。

温馨提醒:甜瓜和梨产于夏秋季节。白菜一年四季都有。甜瓜、梨属于寒性食物,因此脾胃虚寒和咳嗽者最好少饮用一些。

3. 改善食欲不振的果蔬饮料

(1) 卷心菜苹果汁

原料:卷心菜 100 克;苹果半个;柠檬少许;水 150 毫升。

做法:① 把卷心菜洗净,切成小片备用;② 将苹果去皮去核,切成小块放在盐水中浸泡一下备用;③ 把卷心菜、苹果和水放入搅拌机中转动榨汁,倒出后加入柠檬汁搅匀即可饮用。

养分和功效:卷心菜中的维生素 U 和苹果里面的维生素、矿物质搭配,外加苹果中含有的酸甜味,可以更好地刺激食欲。

温馨提醒:卷心菜一年四季都有。但是溃疡性肠结炎患者不宜食用苹果。

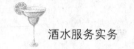

（2）芒果椰子汁

原料：芒果 200 克；椰奶 150 毫升；柠檬汁少许。

做法：① 把芒果洗净去皮去核，切成小块备用；② 把芒果丁、椰奶放入搅拌机中转动榨汁，倒出后加入柠檬汁搅拌均匀即可饮用。

养分和功效：芒果的香味和椰奶的香甜对于促进食欲有一定作用。更重要的是，这当中含有丰富的维生素和蛋白质，在人食欲不振的时候，它可以补充人体内所需的营养，让身体机能保持正常。

温馨提醒：芒果一般产于夏季，糖尿病患者最好少吃；另外，芒果对皮肤病患者的病情有加重的可能，应当小心食用。

4. 白嫩肌肤的果蔬饮料

（1）芹菜木瓜汁

原料：芹菜 50 克；木瓜半个；水 150 毫升；橙子 1 个。

做法：① 将橙子用榨汁盘榨汁；② 将木瓜去皮去籽，切成小块备用；③ 把芹菜洗净后切成小段，和木瓜、适量水一起放入果汁机搅拌均匀，最后再加入橙汁搅匀即可饮用。

养分和功效：木瓜、橙子含有丰富的维生素群，是让皮肤美白细腻的宝贝。而芹菜的功效是借助食物纤维去除体内垃圾。要知道，要是体内垃圾太多，脸色一定会暗淡无光甚至长斑。

温馨提醒：木瓜成熟于夏秋季节。木瓜不适合小便不利的人食用。

（2）猕猴桃芹菜汁

原料：猕猴桃 2 个；芹菜少许；柠檬汁少许。

做法：① 芹菜洗净切段；② 猕猴桃去皮切丁；③ 将两者一起混合，加少许水搅拌，倒出后加入柠檬汁即可。

养分和功效：猕猴桃负责美白，芹菜负责排毒，两者结合是美白的完美组合。

温馨提醒：猕猴桃成熟于夏秋季节。猕猴桃号称水果之王，其营养价值可见一斑。不过要注意的是猕猴桃属于寒性食物，脾胃虚寒的人不能多吃。

5. 解疲消压的果蔬饮料

（1）香蕉苹果葡萄汁

原料：香蕉 2 根，苹果 1 个，葡萄 15 粒。

做法：① 葡萄、苹果分别洗净，去皮、去核，其中苹果切成小块备用；② 把香蕉去皮切成小块备用；③ 把所有材料放入榨汁机，加以纯净水，榨汁后倒入载杯中。

养分和功效：葡萄中的葡萄糖、有机酸、氨基酸、维生素的含量很丰富，可补充和兴奋大脑神经，对治疗神经衰弱和消除过度疲劳有一定效果。

温馨提醒：香蕉中含有被称为"智慧之盐"的磷，常吃可以健脑。

（2）可可香蕉奶昔

原料：香蕉 1 根；可可粉 20 克；牛奶 100 克；蜂蜜少许。

做法：① 把香蕉去皮切成小片备用；② 把香蕉片、可可粉、牛奶再加少许纯净水放入榨汁机榨汁；③ 将榨好的果汁滴入蜂蜜即可饮用。

养分和功效：可可是很有效的热源，再加上牛奶和香蕉里的钙质、蛋白质，可以有效地消除疲劳，恢复体力。不过需要注意的是，如果要减肥的话，就要注意少吃可可类食品。

温馨提醒：身体肥胖者应该少食可可粉。

五、奶茶饮料

奶茶原为中国北方游牧民族的日常饮品，至今最少已有千年历史。自元朝起传遍世界各地，目前在中国、印度、阿拉伯、英国、马来西亚、新加坡等地区都有不同种类奶茶流行。蒙古高原和中亚地区的奶茶千百年来从未改变，至今仍然是日常饮用及待客的必备饮料；其他地区则有不同口味的奶茶，如印度奶茶以加入玛萨拉的特殊香料闻名；发源于中国香港的丝袜奶茶和发源于中国台湾的珍珠奶茶也独具特色。奶茶兼具牛奶和茶的双重营养，是家常美食之一，风行世界。奶茶品种包括了奶茶粉、冰奶茶、热奶茶、甜奶茶、咸奶茶等。

（一）奶茶的烧制方法

因气候的不同，烧奶茶的方式有以下两种：

（1）南方称为"拉"，两个杯子间牛奶和酽茶倒来倒去，在空中拉出一道棕色弧线，以便茶乳交融。

（2）北方称为"煮"，将牛奶倒入锅中，煮沸后加入红茶再小火煮数分钟，加糖或盐过滤装杯。

（二）奶茶的产地

1. 中国及蒙古国

中国境内的维吾尔族、乌孜别克族、柯尔克孜族、藏族、蒙古族、哈萨克族等和蒙古国境内的蒙古族、哈萨克族等均有制作奶茶的习惯。蒙古奶茶和新疆奶茶均为咸奶茶，用的多为青砖茶或黑砖茶，煮茶的器具是铁锅。新疆奶茶的原料是茶和牛奶或羊奶。乌孜别克族烧奶茶一般用铜壶或铝锅，先将茶水煮沸，然后加入牛奶烧煮，搅匀，待茶乳完全交融后，再加适量的食盐即可。饮时把奶茶盛入碗中，稍加酥油或羊油、胡椒即可。

哈萨克、塔塔尔等民族烧制奶茶更有讲究，他们将茶水和开水分别烧好，各放在茶壶里，喝奶茶时，先将鲜奶和奶皮子放在碗里，再倒上浓茶，最后用开水冲淡。每碗奶茶都要经过这三个步骤，而每次都不把奶茶盛满，只盛大半碗，这样喝起来味浓香而又凉得快。到了冬季，有的哈萨克族牧民在奶茶里还放一些白胡椒面。这种奶茶略带一些辣味，多喝可以增加体内的热量，提高抗寒力。

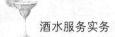
奶茶,是藏族、蒙古族牧民日常生活中不可缺少的饮料。奶茶所用的茶叶是青砖茶。砖茶含有丰富的维生素 C、单宁、蛋白质、酸、芳香油等人体必需的营养成分。一般做法先将茶捣碎,放入白水锅中煮。茶水烧开之后,煮到茶水较浓时,用漏勺捞去茶叶,再继续烧片刻,并边煮边用勺搅拌茶水,待其浓缩之后,再加入适量鲜牛奶或奶粉,用勺搅拌至茶乳交融,再次开锅即成馥郁芬芳的奶茶了。

2. 中国香港

中国南方的港式奶茶又称为"丝袜奶茶",当地饮用奶茶的习惯起源于英国的下午茶,但制法有所不同,以红茶混和浓鲜奶加糖制成,用乳量及糖分较多,冷热饮均可。

英国人喝茶学自中国,但喝法别具一格,喜欢加入糖和奶,或者柠檬片同喝,传入香港后奶茶柠檬茶统称"西茶",以别于传统喝法的"唐茶"。英式奶茶在香港由于口味清淡,香港人并不喜欢,于是有茶餐厅老板灵机一动,在英式奶茶的基础上研制出港式奶茶,茶味浓郁,奶香悠久,风靡香港一百多年而历久不衰。

3. 中国台湾地区

起源于台湾的珍珠奶茶,由于奶茶中加入了煮熟后外观乌黑晶透的粉圆,遂以"珍珠"命名,另可加入布丁、椰果等各式配料,调制特殊风味,深受大众喜爱,已传入世界各地。

4. 东南亚

马来西亚和新加坡的奶茶称为"拉茶",制作方法与香港奶茶差不多,唯多一道"拉"的程序,已成为讲技巧的一门手艺。此过程会被重复数次,高度的冲力被认为可以激发奶茶浓郁之香气并使奶茶滑润均匀。

(三)流行奶茶饮料的制作方法

1. 爱尔兰冰奶茶

用料:红茶水 200 毫升、爱尔兰威士忌 30 毫升、蜂蜜 30 毫升、奶精粉 16 克(或牛奶)、冰块适量。

制法:

(1) 将冰块倒入雪克壶,八分满。

(2) 把爱尔兰威士忌、奶精粉、蜂蜜、红茶水一同加入雪克壶。

(3) 用力摇晃均匀,最后倒入杯中。

2. 薄荷拿铁奶茶

用料:川宁红茶包或立顿红茶包 2 个、鲜牛奶 80 毫升、蜂蜜或糖浆 30 毫升、沸水 200 毫升。

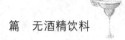

制法：

（1）茶包放入杯中，倒入沸水，浸泡 2 分钟左右，拿掉茶包，倒入蜂蜜调味，放凉备用。

（2）牛奶加热到 60 ℃，用奶泡器打成奶沫。

（3）倒入打好的奶沫牛奶与冰块，用鲜薄荷叶装饰即可。

3. 冰焦糖奶茶

用料：CTC 茶粉 10 克、沸水 150 毫升、全脂冰鲜奶 500 毫升、糖浆或焦糖炼乳 30 毫升、碎冰适量、冰奶泡少许。

制法：

（1）将沸水倒入雪平锅中，放入 CTC 茶粉搅溶，以细滤网滤出茶汁备用。

（2）糖浆或焦糖炼乳倒入拿铁杯底部，加入碎冰与冰鲜奶用长匙稍微搅拌，轻轻倒入滤好的茶汁，加上冰奶泡即成。

4. 冰仙草奶茶

用料：冰乌龙茶（青茶）450 毫升（约 2 个茶包）、奶精粉 30 克、糖浆 30 毫升、蜂蜜 15 毫升、仙草冻 100 克、冰块适量。

制法：

（1）将冰块倒入雪克壶中约一半处，加入乌龙茶、奶精粉、糖浆、蜂蜜后用力摇匀。

（2）将仙草冻切成小块后放入杯中，然后将雪克壶中的奶茶倒入杯中即可，最后带上搅拌吸管，出品。

5. 冰珍珠奶茶

用料：冰红茶 200 毫升、奶精粉 2 咖啡勺或者 10 克、糖浆 20 毫升、熟粉圆 1 汤匙。

制法：

（1）先在杯中放入粉圆。

（2）把用料倒入装有 1/2 冰块的摇酒器中摇和，然后倒入杯中，带上粗吸管。

6. 蛋黄百利甜冰奶茶

用料：红茶水 200 毫升、蜂蜜 30 毫升、百利甜酒 30 毫升、蛋黄 1 个、白兰地 15 毫升、奶精粉 16 克、冰块适量。

制法：

（1）将冰块加入雪克壶中，八分满。

（2）把蛋黄、百利甜酒、蜂蜜、白兰地、奶精粉、红茶水同时加入雪克壶。

（3）用力摇匀后倒入杯中。

7. 冻鸳鸯冰奶茶

用料：红茶水 100 毫升、冰咖啡 100 毫升、蜂蜜 45 毫升、可可粉 8 克、奶精粉 8 克

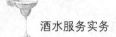

（或牛奶）、奶油球 3 个、冰块适量。

制法：

（1）将冰块倒入雪克壶，六分满。

（2）把蜂蜜、冰咖啡、可可粉、奶精粉、红茶水一起加入雪克壶中摇匀后倒入杯中，最后淋上 3 颗奶油球。

8. 经典港式奶茶

用料：红茶饼 20 克或立顿红茶包 3 包、三花淡奶 40 毫升、细砂糖或方糖适量。

制法：

（1）用水冲洗下茶叶，茶包可以跳过。

（2）茶叶放入水中煮沸后继续煮 3 分钟。

（3）煮茶的同时把淡奶与砂糖倒入杯中。

（4）煮好茶叶后滤茶叶，从高到低倒入玻璃杯里，拉几次，奶茶的口感就会润滑很多。

9. 泡沫奶茶

用料：红茶包 2 袋、可可粉、蜂蜜、冰块各 2 汤匙。

制法：

（1）红茶包放入容器中，加 150 毫升开水泡 5 分钟。

（2）摇酒壶中放入少量冰块，依次加入可可粉与蜂蜜，最后倒入常温的红茶。

（3）迅速摇晃 30 次左右，直至出现泡沫为止。

（4）将饮料倒入玻璃杯中，使泡沫浮在表面。

10. 盆栽奶茶

用料：牛奶 250 毫升、红茶 2 包、奥利奥饼干少许、奶油少许、薄荷叶少许、白糖少许。

制法：

（1）牛奶在锅里加热并放入茶包，煮奶茶。奶茶里要放少许白糖口味较好。

（2）煮好的奶茶倒入杯中，表面挤上奶油。

（3）在奶油上撒上奥利奥饼干碎屑，插上薄荷叶做装饰。

【项目小结】

本项目主要介绍了常见的无酒精饮料的相关知识，包括果蔬饮料和流行的奶茶饮料制作的基本原则；制作果蔬饮料和奶茶饮料的常用工具及设备；果蔬饮料和奶茶饮料制作的基本要点；常见果蔬饮料、奶茶饮料的制作方法。

【关键术语】

无酒精饮料　果蔬饮料　奶茶饮料　选料新鲜　健康有益

【技能实训】

项目名称:制作南瓜酸奶

项目原料:南瓜、杏干、柑橘、酸奶、冷开水

项目流程:

1. 将南瓜切成块状,在微波炉中加热后,削去皮。

2. 杏干切碎连同南瓜块放到榨汁机中搅拌,混匀,加上少量的冷开水。

3. 榨好的柑橘汁以及酸奶调和。

4. 将上述几种物品混合搅拌。

饮品特点:南瓜营养丰富,润肺止喘,但是含糖分较高,不宜久存。

下　篇　酒吧服务与管理

　　酒吧是饭店和餐饮业的重要组成部分,它不仅为企业增加了特色,还为它们带来了声誉和收入。酒吧是为了方便经营酒水和酒水服务而设计的。因此,酒吧在经营场所的设计、酒水服务的提供及满足客人心理的享受等方面都应有自己的独特性,从而达到满足客人和增加商户经济收入的目的。

学习目标

　　掌握酒吧服务程序与标准;学会使用酒吧服务的常用工具及设备;掌握酒吧服务技巧;熟悉酒吧日常管理的基本流程;了解调酒师的行业标准。

✓音视频资源
✓拓展文本
✓在线互动

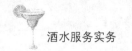

项目一　酒吧概述

一、酒吧的定义

酒吧是经营各种酒和饮品的设施和场所。酒吧(Bar)一词来自英文,中文译为酒吧。由于酒吧的定义较多,常给人们一种模糊概念。实际上,酒吧的定义包括三方面:

第一,经营酒水的场所;

第二,酒吧中的吧台;

第三,提供酒水服务的设施,包括餐厅的酒水服务车和客房中存放酒水的小酒柜、冷藏箱等。

二、酒吧的发展

根据历史记载,酒吧大约兴起于 19 世纪中期,首先是在欧洲和美国,不过,鸡尾酒的盛行是在 20 世纪的美国。随着餐饮业和饭店业的发展,酒吧作为一项服务设施也随之进入饭店业和餐饮业。目前几乎所有饭店都设有酒吧,根据需要有的饭店还设有数个不同类型的酒吧,如大堂酒吧、餐厅酒吧等。酒吧正朝着多功能、多样化的方向发展,酒吧的设备和设施越来越专业化,如目前在欧美各国流行的快餐酒吧及公路、商店和学校内的自动售货饮料设施及我国流行的啤酒屋、网吧和 VCD 吧等。此外,酒水的配制和装饰水平也有了很大的发展。

三、酒吧的种类

(一) 主酒吧(Main Bar)

主酒吧也称为正式酒吧或鸡尾酒吧。在这种酒吧中,客人喜欢坐在吧台前的吧凳和吧椅上,解除一天的疲劳,饮一些酒水,聊聊天等。客人饮酒的时间较长,并且有客人直接面对调酒师,欣赏调酒师的调酒表演,调酒师调制各种酒水的全过程几乎都在客人的视线内完成。通常,主酒吧装饰高雅、美观,有自己的风格,讲究酒吧内部布局及酒水和酒具的摆设。此外,还利用调酒师的艺术表演创造气氛,以吸引客人饮用酒水。此类酒吧都设有桌椅,经营品种较全并且配制鸡尾酒。同时,还常有一些娱乐设施,如台球等。这种酒吧还常被称为站立式酒吧,这是因为客人坐在吧台前的高椅上喝酒的缘故。

（二）酒廊（Lounge）

酒廊带有咖啡厅的经营服务特点，其风格、装饰和布局也与咖啡厅很相似。通常，它供应冷热饮料、各种酒类、点心和小食品，有些酒廊还供应菜肴。酒廊也有一些吧凳在吧台前面，但客人一般不喜欢坐在那里。酒廊都设有桌椅和服务员，提供酒水上桌服务。饭店的大堂酒吧（Lobby Bar）实际就是一种酒廊，它设在饭店的大堂（前厅）。但是，各饭店的大堂酒吧经营范围和特点各不相同，有些经营项目较少，只提供酒水和小食品，与咖啡厅很相似。

（三）歌舞厅酒吧（Music Bar）

歌舞厅酒吧经营各种酒品、冷热饮料、小食品，厅内设有舞池供客人跳舞。此外，也举办一些文艺表演，有小乐队为客人演奏。一些歌舞厅酒吧内还设有视听设备。

（四）服务酒吧（Service Bar）

服务酒吧是设置在中、西餐厅中的酒吧，因此，也称作餐厅酒吧（Restaurant Bar）。这种酒吧的调酒师不需要直接与客人打交道，只要按酒水单供应酒水就行了。但在西餐厅中的服务酒吧，对吧台设施和设备，调酒师的外语、专业知识与技能都有较高的要求。其原因是该酒吧中进口酒水较多，包括各种葡萄酒、烈性酒和甜酒。这些酒水标签中的商标、级别、产地和贮存年限都与酒的质量和服务方法有密切联系。因此，调酒师和服务员要经过严格的培训，才能识别这些内容并能熟练地根据不同类别的酒水特点为客人提供服务。

（五）宴会酒吧（Banquet Bar）

宴会酒吧又称为临时性酒吧（The Set-Up Bar），它是为各种宴会临时设立的。宴会酒吧的大小和造型由各种宴会和酒会的规模和形式决定。宴会酒吧最大的特点是临时性强，供应酒水的品种随意性大。因此，宴会酒吧的营业时间灵活、服务员工作集中、服务速度快。通常，宴会酒吧的工作人员在宴会前要做大量的准备工作，如布置酒台，准备酒水、工具和酒杯等。此外，营业结束后还要做好整理工作和结账工作。

以上五种酒吧是常见的形式。一些饭店还根据本饭店的特点设置各种酒吧及经营酒水的设施，如：游泳池酒吧（Poolside Bar），为游泳的客人提供酒水服务。保龄球馆酒吧（Bowling Alley Bar），为打保龄球的客人提供酒水服务。客房小酒吧（Mini Bar）则是在房间内的小酒柜和小冷藏箱里，存放各种酒水和小食品，以方便住店客人随时使用。在欧美国家还出现一种将酒吧和快餐结合的综合经营式酒吧，即吧台的里边装有简单的烹调设备，如电磁炉、比萨饼烤炉、微波炉等，客人在饮酒水的同时可以点一些简单的快餐。还有经营自己制作的鲜啤酒的啤酒屋等。这些都属于不同种类的酒吧。

有时，酒吧的分类很困难。一些酒吧是多功能的，很难把它们分为哪一类。酒吧设计和经营是随市场需求而变化的，其经营方法不应受到种类限制。

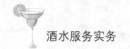
四、酒吧的特点

酒吧是饭店和餐饮业中重要的营业场所,它除了具备一般的餐饮经营特点外,还具有其自身的经营特点,其特点主要表现在以下几个方面。

(一)销售单位小,服务频率较高

酒吧产品销售单位常常以杯为单位,且客人流动性较大,因此,酒吧服务频率较高。客人到酒吧不仅为了饮用酒水,还为了享受酒吧的气氛和满足心理方面的享受,因此酒吧的环境与气氛、调酒师和服务员的服务态度对酒吧的经营起着非常重要的作用。高雅的气氛和优质的服务会使客人的人均消费额增加。调酒师和服务员必须树立优质的服务观念和服务意识,不厌其烦地为客人提供每一次服务。

(二)酒水利润高,资金周转快

酒吧经营的毛利率通常高于餐厅的毛利率,可达到销售额的 60%～70%,有的甚至高达 75%以上。同时,酒水服务还可以刺激餐厅客人对菜肴的消费,从而增加经济效益。酒品的销售一般以现金结账,不需占用许多资金,资金周转快。因此,管理人员在决定酒水品种时,必须根据本企业的目标客人及酒水销售情况做出合理的采购策略。此外,酒水成本控制是酒吧管理的重要内容,只有严格的成本管理,才会达到理想的利润。

(三)知识广泛,技术性强

酒吧服务特别讲究气氛高雅、技术娴熟。调酒师的操作具有表演色彩,动作应潇洒大方,姿势优美。因此,调酒师和服务员必须经过酒水知识、酒水服务和外语的培训,掌握较高的服务技能,并掌握各种推销技巧,不失时机地向客人推销酒水,以提高经济效益。此外,所有工作人员还必须注意礼节礼貌、仪容仪表及各种服务设施的整洁卫生。

五、酒吧的设计

酒吧经营场所通常由吧台、工作台、酒柜、冷藏箱、制冰机和小型洗杯机等设施组成,其设计与布局按照其经营策略和类型而各具风格。

(一)酒吧的设计原则

酒吧是为了方便经营酒水和酒水服务而设计的,因此,酒吧设计应有自己的独特性,尤其是主酒吧的设计更要体现其风格。一个标准的酒吧设计,其原则应当是:

(1)灯饰应新颖,灯光要柔和,选用造型优美和有独特性的壁灯与台灯。

(2)为了方便调酒师和服务员的工作及吸引客人对吧台的注意力,吧台内外的局

部面积的照明度应强一些。

（3）配备优质的音响设备，创造轻松气氛并注意隔音，采用软面家具、天花板吸音装置和地毯以降低工作区的音量。

（4）配备现代的空气调节设备，保持室内的标准温度和湿度，并不断地排出室内的烟味和酒味，使室内空气清新。

（5）酒吧的面积应适应客人的周转率，通常将空间面积或部分大块面积隔成小间，以矮小的隔物或装饰物等进行分隔，使得酒吧安闲雅静，各有特色。

（6）酒吧的家具要舒适，桌椅的设计既要有特色又要便于使用，并且应具备方便合并的功能以便为团体客人服务。

（7）吧台设计既要有特色又要简单，以方便工作。吧台应具备在短时间内可配制出多种酒水的能力，可使调酒师在同一个地方完成几项相关的工作。如准备各种酒水，切配鸡尾酒的装饰水果，调制各种酒水，方便服务员取酒水，方便客人饮用酒，方便对各种酒水的贮存与管理，易于酒杯与调酒用具的洗涤、消毒与贮存等。吧台内设计的关键是吧台的可用性，即吧台的工作区、服务区、洗涤区、贮存区等的设计。

（二）酒吧的设计与布局

1. 吧台

通常，酒吧的吧台高度为 110～120 厘米，最高不超过 125 厘米。根据需要，可配以相应高度的吧凳或吧椅，吧凳高度为 80～90 厘米，通常可以调节高度。吧台台面的宽度是 60～70 厘米。吧台的表面应使用易于清洁和耐磨的材料。吧台上的折叠板是为服务员取酒水准备的设施，应离开客人的饮酒区。吧台下面突出的边沿和脚踏杆会给客人带来舒适和愉快的感觉。

吧台的形状通常有三种，直线形、U 字形和圆形。许多酒吧的吧台采用直线形，这种吧台的特点是，调酒师在吧台内的各个角落都能面对客人，展示柜中的酒水也很直观。此外，坐在吧台前的客人易于相互了解、相互聚饮。U 字形吧台体现欧陆式风格，它为客人提供了更多的可选择的位置，方便客人聊天。同时，U 字形吧台可更多地突出它在酒吧中的位置，对客人有更大的吸引力，有利于酒水推销，但占地面积较大。圆形吧台也称作环形吧台，吧台中的圆型展示柜展示各种酒水。这种吧台可为来自各方向的客人服务，它适用于较大型的酒会和自助式宴会。

2. 吧台空间

吧台内必须有足够的空间使调酒师可以来回走动。吧台与它身后酒柜的距离约为100 厘米。吧台的长度取决于经营情况和吧台内工作人员的人数。如有两名以上的调酒师一起工作，那么，每个调酒师应该有自己的工作区。每个工作区都应有工作台和洗涤槽，有摆放杯具和用具的地方。调酒师应很容易取到所需的酒水，而不必穿越另一个工作区域。酒品陈列柜和台下贮藏区应当分开，以便分别控制各自的酒水。每个区域

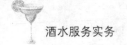

还应备有一个装空酒瓶的箱子,通常放在水槽下面。开瓶起子应固定在吧台下面或工作台台面上,以方便使用。

3. 工作台

工作台是酒吧必不可少的服务设施,它应位于吧台下面,是调酒师配制各种酒和饮料或切水果等的工作区。最常使用的酒水应放在工作台旁的酒架内,以便使用时能迅速取出,从而避免调酒师转身取酒而背对客人。

4. 洗涤区

通常,酒吧的洗涤槽安装在工作台旁边,为了操作方便和卫生,应有两个以上的水槽,水槽用不锈钢制成。洗涤区应设有充足的冷热水、消毒剂。水龙头应是旋转的,不用时可推在一旁。一些酒吧还设有小型洗杯机专供洗酒杯。洗涤槽可洗刷烟灰缸等用具。

5. 冷藏设备

冷藏设备是酒吧的必要组成部分。冷藏箱有立式和卧式两种,各有优点。冷藏品应该有规律地装入冷藏箱,同时还应定期移动冷藏的酒水,将先领用的酒水放在冷藏箱前排,后领用的酒水放在后排,做到先领取的酒水先使用。

6. 贮藏设施

根据需要,酒吧内应有一个贮藏室,或者有足够的空间和设施贮存一定时期或几天所需的各种酒水和服务用品。同时,展示酒水的酒柜和存放酒杯的设施及服务工具的抽屉和小柜子,都是酒吧不可缺少的设施。

7. 电源设施

酒吧常使用电器设备,有电动搅拌机、电热水器等。提供足够的电源插座是酒吧设计的基本要素之一。电源的插座常位于工作台和吧台之间和接近冷藏设备的地方,但应远离水槽。

8. 收款机

吧台内应设有一台收款机以方便收款和记录账目。

9. 吧台内地面

吧台内的地面常会出现溢出的液体,因此,为了方便工作和卫生管理,酒吧的地面应该选用防滑、易于清洁的材料。

根据酒吧经营策略和需求,不同的酒水经营场所还常常设有舞池、演出台、视听设备、台球设施、游戏机、简便的烹调设备、酒水服务车、酒水展示架等。

项目二 酒吧服务程序

酒吧服务的日常工作程序可分为三个基本环节,它们分别是酒吧营业前的准备工作、酒水服务工作、酒吧营业结束时的清理工作。

一、营业前的准备工作

酒吧营业前的准备工作俗称"开吧",是酒吧从业人员一天工作的开始。其主要的工作内容包括:班前例会、清理卫生工作、领取当天营业所需物品、酒吧摆设(俗称"设吧")等多项内容。

(一) 班前例会

班前例会是酒吧全体工作人员到岗后,在酒吧营业前半个小时由酒吧经理或主管召开的营业前例会。其主要会议内容包括:

(1) 根据当日班次表进行点名。

(2) 检查全体人员的仪表、仪容是否符合酒吧的规范要求:特别留意员工个人卫生的细节,如指甲、头发、鞋袜等项目。

(3) 根据当日情况对人员进行具体工作分工,向员工通告当日酒吧的特色活动以及推出的特价酒水品种、品牌等,使员工明确当日向宾客推介的重点。

(4) 总结昨日营业情况,对表现好的员工进行表扬;对出现的问题提醒注意,尤其是宾客的投诉;强调本日营业期间应注意的工作事项等。

班前会结束后,各岗位人员迅速进入工作岗位,并按照班前例会的具体分工和要求,做好开吧前的各项准备工作。

(二) 清洁卫生

1. 清洁酒杯、工具

酒杯和调酒用工具的清洁与否直接关系到消费者的饮食健康,严格遵守清洁卫生管理制度,是酒吧调酒师职业道德规范的基本要求。作为调酒师每天都应严格地对酒杯用具进行清洁、消毒,即使对没有使用过的器具也不例外。另外,在清洁酒杯、工具的同时,认真检查酒杯有无破损状况,如有,应立即剔除,并填写报损清单。

2. 清洁酒瓶、罐装和听装饮料的表面

瓶装酒、罐装饮料和听装饮料在运输、摆放过程中容器表面会残留一些尘埃,在使用过程中瓶口或瓶身也会残留部分酒液,所以要注意及时擦拭,以保证酒瓶、罐装和听

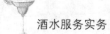

装饮料的表面清洁卫生。擦拭时应使用专用消毒湿巾将酒瓶、罐装和听装饮料的表面擦拭干净。

3. 清洁冷藏柜和展示冷藏柜

酒吧冷藏柜和展示冷藏柜由于经常堆放酒瓶、罐装和听装饮料,很容易在隔离层上形成污渍,所以必须坚持每天使用湿抹布擦拭,以保证清洁卫生。

4. 清洁吧台和工作台

由于吧台在营业期间,调酒师会不断地清洁整理,因此,吧台上污渍和污迹相对较少。每天营业前调酒师使用湿抹布擦拭后,喷上上光蜡,再使用干毛巾擦拭光亮即可。由于多数酒吧的工作台是以不锈钢作为台面的,可直接以清洁剂擦拭,清洁干净后用干毛巾擦干。

5. 清洁地面

吧台内的地面常用石质材料或地板铺砌而成,营业前应使用拖把将地面擦洗干净。

6. 其他区域的清洁

酒吧其他营业区域主要包括吧台外的宾客座位和卫生间,以及酒吧门厅等场所,该区域的卫生一般由酒吧接待服务人员按照酒吧清洁卫生制度标准来完成。其清洁工作主要包括环境清扫和整理两大部分,注意在整理过程中将台面上的烟缸、花瓶和酒牌按酒吧指定位置摆放整齐。

(三) 领取当天营业所需物品

1. 领取酒水、小食品

每天依据酒吧营业所需领用的酒水以及上一班的缺货记录填写酒水领货单,送交酒吧经理签名,持签过名的领货单到库房保管员处领取酒水。注意在领取酒水时应依据领货单,认真核对酒水名称,清点酒水数量,以免产生差错。在核对正确无误后,在领货单上收货人一栏签名以备日后核查。

2. 领取酒杯和器具

由于酒杯和一些器具容易破损和有一定的正常损耗,及时补充和领用是日常要做的工作。在领用时,应严格按照用量和规格填写领货单,再送交酒吧经理签名,持签过名的领货单到库房保管员处领取。酒杯和器具领回酒吧要清洗消毒才能使用。

3. 领取易耗品

酒吧易耗品是指杯垫、吸管、鸡尾酒签、餐巾纸、笔、各种表格等用品。一般每周领取一到两次,领取时也需酒吧经理签名后才能到库房保管员处领取。

4. 填写酒水、物品记录

一般每个酒吧为方便成本核算和防止丢窃现象的发生,都会设立一本酒吧酒水、物品台账。上面应清楚地记录酒吧每日的存货、领用酒水物品的数量、售出的数量以及结存的具体数量。每个当班的调酒师只要取出"酒水、物品记录簿",便可一目了然地掌握酒吧各种酒水的数目。因此当班调酒师到岗后,在核对上班酒水数量以后应将情况记录下来。在本班酒水、物品领取完毕后,也应将领取数量、品名情况登记在册以备核查。

(四) 酒吧摆设

1. 补充酒水、小食品

调酒师将领回的酒水、小食品按要求放置在合理的位置,对于白葡萄酒、起泡酒、碳酸饮料、瓶装或听装果汁以及啤酒应按酒吧规定的数量配制标准提前放入冷藏柜冰镇。补充酒水一定要遵循"先进先出"的原则,即先领用的酒水先销售,先存放于冷藏柜中的酒水先销售给客人,以免因酒水存放过期而造成不必要的浪费,特别是果汁、碳酸饮料和一些水果类食品更应注意。在酒水补充完毕后,将酒吧内的制冰机启动,以保障在营业期间内冰块的正常供应。

2. 酒、酒杯的摆设

酒、酒杯摆设的原则是:美观大方,方便取用,搭配合理,富有吸引力,并且具有一定的专业水准。

3. 辅助性原材料准备

在酒吧正式营业前,将各种酒水供应所需要的辅助性原材料提前制作准备妥当,并按照要求整齐地摆放在工作台上。这样可以有效地提高服务效率,缩短宾客等候时间,增加宾客的满意程度。酒吧酒水供应所需要的辅助性原材料主要包括:装饰性配料、调味类配料、热水、冰块以及量杯、吧匙等。

(1) 装饰性配料

酒吧供应酒水时的装饰性配料主要指柠檬、鲜橙、菠萝、车厘子(樱桃)、小甜瓜、罐装橄榄等水果原料以及部分小型花朵如泰国兰等。不同的水果原材料可构成不同形状的装饰物,在使用过程中要注意,使用的水果无论从色泽与口味上均应与酒液保持和谐一致,达到其外观色彩缤纷,给人以赏心悦目的艺术享受。柠檬片和柠檬角应预先切好排放在餐碟里用保鲜纸封好备用;红(或绿)车厘子从包装罐中取出后使用冷开水冲洗放入杯中备用;橙角和甜瓜片也应该先切好排放在餐碟里用保鲜纸封好备用。总之,凡是酒吧在营业期间所要使用到的水果装饰物均应按照标准在营业前做好一定的初期加工准备,以免影响正常对客服务时的工作效率。

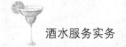

（2）调味类配料

酒吧供应酒水时的调味类的配料主要指豆蔻、精盐、砂糖、辣椒油、丁香、各种口味的糖浆等。在营业前准备过程中应将上述配料按酒吧供应配套要求提前准备充足，以便营业期间使用。在选择调味类配料时，应注意选择质量好的。丁香应注意其完整性，以保持装饰美观；豆蔻应提前加工一些（为粉末）以备用。

（3）冰块

由于在补充酒水时已经将制冰机启动，所以在酒吧正式营业前，第一批冰块已经制作完成，这时可将冰块用冰铲从制冰机中取出放入工作台的冰块池中备用，如酒吧没有冰块池可以将取出来的冰块放入有盖子的保温冰桶之中，以便营业期间使用。无论放入冰块池还是冰桶内，都应注意在整个营业期间内保持其足够的冰块数量。

（4）其他材料

吧匙、量杯、冰夹等浸泡在干净的水槽中，杯垫架内的杯垫应补充齐全，吸管、调酒棒和鸡尾酒签也应按照酒吧规定放入专用器皿中，其他物品在工作台上摆放整齐。

二、营业中的工作程序

酒吧营业中的工作程序包括：待客服务工作、酒水供应工作、结账收款以及营业中的环境整理等项内容。

（一）待客服务工作

1. 热情迎宾

当客人来到酒吧时，要热情迎接，主动问候客人。面带微笑地向客人问好并用专业优美的手势示意宾客进入酒吧。如果是常客或者是熟悉的宾客，可直接称呼宾客的姓氏，以增加对宾客的亲切感。如果客人需要存放衣物，应提醒宾客保管好自己的钱包和贵重物品，衣物收好后将记号牌交于宾客保管。

2. 引领宾客入座

引领宾客到合适的座位前落座，一般单个的宾客喜欢坐在酒吧前的酒吧椅上消费，而两个或两个以上的宾客则应引领至沙发或小台落座。注意如果是夜晚营业，应将小台上的烛台点燃以营造温馨浪漫的气氛。

3. 呈递酒单

宾客落座后迅速将酒水单呈递给宾客（遵循先女后男的服务次序），酒水单要直接呈递于宾客手中，不要放在台面上。如果酒吧采取卡式酒水单，则应从台面上将酒水台卡拿起再递给宾客。

4. 请宾客点酒水

酒水单呈递给宾客后，可稍做停顿，然后征询宾客饮用何种酒水，积极向宾客介绍酒吧的酒水和特选鸡尾酒，并推介本酒吧的酒水促销方案，以供宾客选择。在推销建议时要清楚酒吧中供应酒水的品种，并要记清楚每种酒水的价格以及售卖的方式（计量单位）。

5. 开列酒单

当宾客点酒水时，一定要记录清晰。在宾客点完后，应重复宾客所点的酒水名称、数量，宾客确认无误后再将酒单分交调酒师、收银台。注意酒单上应将台号、座号、服务员姓名、酒水饮料品种、数量以及宾客的特殊要求记录完整。酒单的空余部分应用笔划掉，以免产生不必要的麻烦；如果宾客在消费过程中需要另外添加酒水，则重新开单。

（二）酒水供应工作

酒吧的酒水售卖方式分为两种，即以杯为单位的调制饮料销售和以瓶为单位的原装销售。依据宾客所点不同的酒水采取不同的供应方式。

当宾客点以杯为单位的调制饮料时，有时宾客会询问调制饮料的配方内容以及所配酒水的品种、质量、产地、口味特点和酒精的含量等问题。服务员应简单明了地介绍，并将宾客的要求记录于酒单之上。调酒师应凭酒单内容配制酒水饮料，没有酒单的调酒行为属于违反酒吧规章制度的行为，是酒吧所严令禁止的。当宾客所需的酒水饮料调制完成后，由服务员按服务标准使用托盘从宾客右侧送上台面。在摆放时应先放杯垫后上酒水，操作时注意轻拿轻放，要拿酒杯的下半部分或杯脚，手指不可接触酒杯的杯口部分，使宾客感到规范、卫生、礼貌。

当宾客点以瓶为销售单位的酒水时，服务员应将要点的瓶数记录正确，持酒单到吧台领取酒水，并选与宾客饮用酒水相配的酒杯。将酒杯与酒水放于托盘送至宾客台前，先放杯垫，后放空杯，然后将整瓶酒放于宾客台上，再在宾客面前将酒水瓶打开，为宾客斟倒酒水于杯中。目前许多酒吧售卖的以瓶为销售单位的酒水多以 330 ml 或 355 ml 包装的小瓶啤酒为主，许多宾客喜爱以瓶为饮具直接饮用。在征询宾客饮用方式之后，按其要求即可。另外，在宾客点墨西哥啤酒科罗纳（Corona）时应跟上一小碟柠檬片。

（三）结账收款工作

当宾客要求结账时，调酒师或服务员要立即有所反应，不能让宾客久等。酒吧的宾客投诉许多都是因为等候结账时间过长而造成的。在将账单呈递给宾客之前，调酒师或服务员应仔细审核一遍账单，查对酒水数量、品种、价格有无错漏，因为这关系到宾客的切身利益和酒吧的经济效益，必须非常认真仔细，检查无误后将账单交于宾客，宾客审阅认可后方可结账，结账后将发票和所找零钱交于宾客。

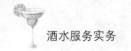

（四）营业中的环境整理

调酒师或服务员要注意经常清理工作台面和宾客落座区域，将酒吧台面上宾客使用过的空杯、吸管、杯垫归类收放。一般一次性使用的杯垫、吸管、餐巾纸扔到垃圾桶中，空杯放入洗涤筐内送去清洗，吧台台面要经常用湿毛巾擦拭，不能留有酒迹和污渍。酒瓶和其他饮料包装要分类归放并及时送到垃圾间，以免因时间长产生异味。宾客台面上的杂物要及时归整，烟灰缸要经常更换，一般烟灰缸的烟头不能超过两个。

另外，在整个营业过程中，应主动与宾客交谈，以增进与宾客之间的友谊。同时要多留心观察酒水装饰性配料和调味类配料以及其他物品是否用完，在将用完前要及时补充。还要注意观察酒杯是否洁净、够用，应注意及时补充和擦拭。

三、营业结束的工作程序

营业结束后的工作程序包括清点酒水饮料、清理酒吧环境、填写每日工作表及检查火灾隐患、关灯闭门等多项工作。

（一）清点酒水饮料

在酒吧临近营业结束时，调酒师就应开始清点酒水饮料。将酒吧现存的酒水准确数字以及当天所销售的酒水（以酒水第二联的数目为准）填写到酒吧酒水记录簿（酒吧台账）上。该项工作应每天坚持、认真进行，一定要细心核对，严禁弄虚作假。对于许多贵重的酒水在统计时应精确到份，一般酒吧在调酒师清点完酒水饮料后，由主管进行抽查。

（二）酒吧的环境整理

酒吧在营业结束后要等宾客全部离开后，才能动手清洁整理酒吧，决不能变相以清洁整理酒吧为理由哄赶宾客。在清洁整理时，应先将使用过的、脏的酒杯全部收起送清洁间消毒清洗，所有陈列展示的酒水要小心取下放入酒柜之中，零卖和调酒用过的酒水要用洁净的湿毛巾擦拭瓶口后再放入酒柜中。装饰性水果应用保鲜膜封好放入冷藏柜保存。凡是启封后的啤酒、汽酒和其他碳酸型的饮料一定要全部处理掉，不能再放于酒吧内。当酒水收好后，应将存酒柜锁好，以防失窃。将垃圾桶内的垃圾倒掉，并清洗干净；将冰池或冰桶内的余冰倒掉，并清洗干净；将浸泡吧匙、量杯、冰夹等的水槽中的水倒掉，并清洗干净；使用干布将酒壶、吧匙、量杯、冰夹等擦拭光亮无水渍；用湿毛巾将吧台、工作台擦拭整洁，水槽和冰池用洗洁净洗净，将各种单据表格夹好锁入柜中。

（三）填写工作报表

一切工作整理完毕后，认真填写酒吧工作日程表。酒吧工作日程表的主要内容包括：当日的营业额、宾客的消费人数、平均消费额，当日发生的特别事件和宾客投诉的处理情况。酒吧工作日程表是酒吧上级主管或经营者掌握酒吧营业的详细情况和服务状况以及经营动态的主要依据。

(四) 其他工作

将酒吧内除冷藏柜以外的所有电器,包括制冰机、榨汁机、咖啡炉、生啤酒销售机、软饮料供给器、搅拌机、空调、音响等开关关闭。锁好酒柜,检查确认无任何火灾安全隐患后,将门窗锁好,关闭照明电源。最后把当日工作报表、酒水小食品供应单、酒水调拨单以及缺货单等一并交酒水部办公室(或酒吧经理),方可下班离去。

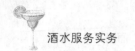
项目三　酒吧服务标准与服务技巧

一、酒吧服务标准

（一）调酒服务标准

在酒吧，客人与调酒师只隔着吧台，调酒师的任何动作都在客人的目光之下。因此，调酒服务不但要注意方法、步骤，还要留意操作姿势及卫生标准。

1. 姿势、动作

调酒时要注意姿势端正，不要弯腰或蹲下调制。对客人要大方，不要掩饰，任何不雅的姿势都直接影响到客人的情绪。调酒师动作要潇洒、轻松、自然、准确，不要紧张；用手拿杯时要握杯子的底部，不要握杯子的上部，更不能用手指碰杯口；调制过程中尽可能使用各种工具，不要用手，特别是不准用手来代替冰夹抓冰块放进杯中；不要做摸头发、揉眼、擦脸等小动作；也不准在酒吧中梳头、照镜子、化妆等。

2. 先后顺序与时间

调酒师要注意客人到来的先后顺序，要先为早到的客人调制酒水。对于同行的客人，要先为女士们和老人、小孩调制饮料。调制任何酒水的时间都不能太长，以免使客人不耐烦，这就要求调酒师平时多练习。调制时动作要快捷熟练。一般的果汁、汽水、矿泉水、啤酒可在1分钟内完成；混合饮料可用1分钟至2分钟完成；鸡尾酒可用2分钟至4分钟完成。有时五六个客人同时点酒水，也不必慌张忙乱，可先一一答应下来，再按次序调制。一定要答应客人，不能不理睬客人只顾自己做。

3. 卫生标准

在酒吧调酒一定要注意卫生标准。稀释果汁和调制饮料用的水都要干净、卫生，不能直接用自来水。调酒师要经常洗手，保持手部清洁。凡是过期、变质的酒水均不准使用，腐烂变质的水果及食品也禁止使用。要特别留意新鲜果汁、鲜牛奶和稀释后果汁的保鲜期，天气热容易变质。其他卫生标准可参看《中华人民共和国食品卫生法》。

4. 清理工作台

工作台是配制供应酒水的地方，要注意经常清理。每次调制完酒水后一定要把用过的酒水放回原来位置，不准堆放在工作台上，以免影响操作。斟酒时滴下或不小心倒在工作台上的酒水要及时抹掉。用于清洁的湿毛巾要叠成整齐的方形，不要随手抓成一团。

（二）对客服务标准

1. 迎接客人

客人来到酒吧时，要主动打招呼，面带微笑向客人问好（"您好""晚上好""请进""欢迎"），并用优雅的手势请客人进入酒吧。若是熟悉的客人，可以直接称呼客人的姓氏，使客人觉得有亲切感。如客人存放衣物，应提醒客人将贵重物品和现金钱包拿回，然后将记号牌交客人保管。

2. 递酒水单

客人入座后可立即递上酒水单（先递给女士们）。如果几批客人同时到达，要先一一招呼客人坐下后再递酒水单。酒水单要直接递到客人手中，不要放在台面上。如果客人在互相谈话，可以稍等几秒钟，或者说："对不起，先生/小姐，请看酒水单。"然后递给客人。要特别留意酒水单是否干净平整，千万不要把肮脏的或模糊不清的酒水单递给客人。

3. 客人点酒水

递上酒水单后稍等一会儿，可微笑地问客人："对不起，先生/女士，我能为您写单吗?""您想喝杯饮料吗?""请问您要喝点什么呢?"如果客人还没有做出决定，服务员（调酒师）可以为客人提建议或解释酒水单。如果客人在谈话或仔细看酒水单，那也不必着急，可以再等一会儿。在有客人请调酒师介绍饮料时，要先问客人喜欢喝什么味道的饮料再给以介绍。

4. 写酒水供应单

拿好酒水单和笔，等客人点了酒水后要重复说一次酒水名称，客人确认了再写酒水供应单。为了减少差错，供应单上要写清楚座号、台号、服务员姓名、酒水饮料品种、数量及特别要求。未写完的行格要用笔划掉，并要记清楚每种酒水的价格，以回答客人询问。

5. 酒水供应服务

调制好酒水后先将饮料、纸巾、杯垫和小食（酒吧常免费为客人提供一些花生、薯片等小食）放在托盘中，用左手端起走近客人并说："这是您要的饮料。"上完酒水后可说："请用""请您品尝"等。对在酒吧椅上坐的客人可直接将酒水、杯垫、纸巾拿到吧台上而不必用托盘。使用托盘时要注意将大杯的饮料放在靠近身体的位置。先看看托盘是否肮脏有水迹，如有，要擦干净后再使用。上酒水给客人时从客人的右手边端上。几个客人同坐一台时，如果记不清哪一位客人要什么酒水，要问清楚每位所点的饮料后再端上去。

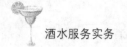

6. 更换烟灰缸

取干净的烟灰缸放在托盘上,拿到客人的台前,用右手拿起一个干净的烟灰缸,盖在台面上有烟头的烟灰缸上,两个烟灰缸一起拿到托盘上,再把干净的烟灰缸拿到客人的桌子上。在酒吧台,可以直接用手拿干净的烟灰缸盖在有烟头的烟灰缸上,两个烟灰缸一齐拿到工作台上,再把干净的烟灰缸放到酒吧台上。绝对不可以直接拿走有烟灰的烟灰缸,再摆下干净的烟灰缸,这种操作有可能会使飞扬起来的烟灰掉进客人的饮料里或者落到客人的身上,造成意想不到的麻烦。有时客人把没抽完的香烟或雪茄烟架在烟灰缸上,可以先摆上一个干净的烟灰缸并排在用过的烟灰缸旁边,把架在烟灰缸上的香烟移到干净的烟灰缸上,然后再取另一个干净的烟灰缸盖在用过的烟灰缸上,一起取走。

7. 为客人斟酒水

当客人喝了大约半杯饮料时,要为客人斟酒水。右手拿起酒水瓶或罐,为客人斟满酒水,注意不要满到杯口,一般斟至 85％ 就可以了。台面上的空瓶或罐要及时撤下来。有时客人把倒空酒水的易拉罐捏扁,就是暗示这个罐的酒水已经倒空,服务员或调酒师应马上把空罐撤掉。

8. 搬空杯或空瓶罐

经常注意观察客人的饮料是不是快要喝完了。如有杯子只剩一点点饮料,而台上已经没有饮料瓶罐,就可以走到客人身边,问客人是否再来一杯。如果客人要点的下一杯饮料同杯子里的饮料相同,可以不换杯;如果不同就另上一个杯子给客人。当杯子喝空后,可以拿着托盘走到客人身边问:"我可以收去您的空杯子吗?"客人点头允许后再把杯子撤到托盘上收走。客人台面上的空瓶、罐可以随时撤走。

9. 结账

客人要求结账时,要立即到收款台取账单,拿到账单后要检查一遍,台号、酒水的品种、数量是否准确,再用账单夹放好,拿到客人面前,并有礼貌地说:"这是您的账单,多谢! ××元××角。"切记不可以大声地读出账单上的消费额,有些做东的客人不希望他的朋友知道账单上的金额数目。如果客人认为账单有误,绝对不能同客人争辩,应立即到收款员那里重新把供应单和账单核对一遍,有错马上改,并向客人致歉;没有错时可以向客人解释清楚每一项目的价格,取得客人的谅解。

10. 送客

客人结账后,可以帮助客人移开椅子让客人容易移步。如客人有存放衣物,根据客人交回的记号牌,帮客人取回衣物,记住请客人确认有没有拿错和少拿,然后送客人到门口,说"多谢光临""再见"等。

11. 清理台面

客人离开后,用托盘将台面上所有的杯、瓶、烟灰缸等都收掉,再用湿毛巾将台面擦干净,重新摆上干净用具。

二、酒吧服务技巧

1. 示瓶

在酒吧中,顾客常点用整瓶酒。凡顾客点用的酒品,在开启之前都应让顾客首先过目:一是显示对顾客的尊重,二是核实一下有无误差,三是证明酒品的可靠。

基本操作方法是:服务员站立于主宾(大多数为点酒人或是男主人)的右侧,左手托瓶底,右手扶瓶颈,酒标面向客人,让其辨认。当客人认可时,方能进行下一步的工作。示瓶往往标志着服务操作的开始,是具有重要意义的服务环节。

2. 冰镇

许多酒品的饮用温度大大低于室温,这就要求对酒液进行降温处理。比较名贵的瓶装酒大多采用冰镇的方法进行处理。冰镇瓶装酒要放在冰桶里,上桌时要用托盘托住桶底,以防凝结水滴在台布上。桶中放入冰块(不宜过大或过碎),将酒瓶插入冰块内,酒标向上,之后,再用一块毛巾搭在瓶身上,连桶送至客人的餐桌上。从冰桶取酒时,应以一块折叠的餐巾护住瓶身,可以防止冰水滴落弄脏台布或弄脏客人的衣服。

3. 溜杯

溜杯是另一种降温方法。服务员手持杯脚,杯中放一块冰,然后摇杯,使冰块产生离心力,在杯壁上溜滑,以降低杯子的温度。有些酒品对溜杯要求很严,直到杯壁溜滑凝附一层薄霜为止。也有冰箱冷藏杯具的处理方法,但不适用于高雅场合。

4. 温烫

温烫饮酒不仅用于中国的某些酒品,有的洋酒也需要温烫以后才饮用。温烫有四种常见的方法。

(1)水烫:把即将饮用的酒倒入烫酒器,然后置入热水中升温。

(2)火烤:把即将饮用的酒装入耐热器皿,置于火上升温。

(3)燃烧:把即将饮用的酒倒入杯内,点燃酒液升温。

(4)冲泡:把滚沸的饮料(水、茶、咖啡)冲入即将饮用的酒,或将酒液注入热饮料中。

水烫和燃烧常须即席操作。

5. 开瓶

酒的包装方式多种多样,以瓶装酒和罐装酒最为常见。开启瓶塞瓶盖、打开罐口时应注意动作的正确和优美。

(1) 正确使用开瓶器。开瓶器有两种:一种是专开葡萄酒瓶塞的螺丝钻刀,另一种是专开啤酒、汽水等瓶盖的起子。螺丝钻刀的螺旋部分要长(有的软木塞长达8~9厘米),头部要尖。另外,螺丝钻刀上最好装有一个起拔杠杆,以利于瓶塞拔起。

(2) 开瓶时尽量减少瓶体的晃动。可避免汽酒冲冒和陈酒发生沉淀物升腾。一般将酒瓶放在桌上开启,动作要准确、敏捷、果断,万一软木塞有断裂危险,可将酒瓶倒置,用内部酒液的压力顶住瓶塞,然后再旋进螺丝钻刀。

(3) 开拔声越轻越好。开任何瓶罐都应如此,其中包括香槟酒。在高雅严肃的场合中,呼呼作响的嘈杂声与环境显然是不协调的。

(4) 检查酒品质量。拔出瓶塞后要进行检查,原汁酒的开瓶检查尤为重要。检查的方法主要是嗅辨。

(5) 开启瓶塞(盖)以后,要仔细擦拭瓶口,将积垢脏物擦去。擦拭时,切忌污垢落入瓶内。

(6) 开启的酒瓶、罐原则上应留在客人的餐桌上。一般放在主要客人的右手一侧,底下垫瓶垫,以防弄脏台布;或是放在客人右后侧茶几的冰桶里。使用酒篮的陈酒,连同篮子一起放在餐桌上,但须注意酒瓶颈背下应衬垫一块餐巾或纸巾,以防斟酒时酒液滴出。空瓶空罐一律撤离餐桌。

(7) 开启后的封皮、木塞、盖子等物不要直接放在桌上,一般用小盆把它们收集在一起,在离开餐桌时一并带走,切不可留在客人面前。

(8) 开启带汽或冷藏过的酒罐封口,常会有水汽喷射出来。因此,当着客人面开启,应将开口一方对着自己,并用手握遮,以示礼貌。

6. 滤酒

许多远年陈酒有少量沉淀物,为了避免斟酒时产生浑浊现象,须事先剔除沉淀物以确保酒液的纯净。应使用滤酒去渣。滤好的酒可直接用于服务。

7. 斟酒

在非正式场合中,斟酒由客人自己去做;在正式场合中,斟酒则是服务人员必须进行的服务工作。斟酒有桌斟和捧斟之分。

(1) 桌斟

将杯具留在桌上,服务员站立在客人的右边,侧身用右手把握酒瓶向杯内倾倒酒液。瓶口与杯沿保持一定距离,切忌将瓶口搁在杯沿上或高溅注酒。服务员每斟一杯,都要换一下位置,站到下一位客人的右侧。左右开弓、手臂横越客人的视线等,都是不礼貌的方法。

桌斟时，还要掌握好满斟的程度，有些酒要少斟，有些酒要多斟，过多过少都不好。斟毕，持酒瓶的手应向内旋转 90°，同时离开杯具上方，使最后一滴挂在酒瓶上而不落在桌上或客人身上。然后，左手用餐巾拭一下瓶颈和瓶口，再给下一位客人斟酒。

（2）捧斟

捧斟时，服务员一手握瓶，一手则将酒杯捧在手里，站立在客人的右方，向杯内斟酒，斟酒动作应在台面以外的空间进行，然后将斟毕的酒杯放在客人的右手处。捧斟主要适用于非冰镇处理的酒品。

8. 添酒

正式饮宴上，服务员要不断向客人杯内添加酒液，直至客人示意不要为止。在斟酒时，有些客人以手掩杯、倒扣酒杯或横置酒杯，都是谢绝斟酒的表示，服务员切忌强行劝酒，使客人难以下台。

凡增添新的饮品，服务员应主动更换用过的杯具，连用同一杯具显然是不合适的。至于散卖酒，每当客人添酒时，一定要换用另一杯具，切不可斟入原杯具中。在这种情况下，各种杯具应留在客人餐桌上，直至饮宴结束为止。当着客人的面撤收空杯是不礼貌的行为，如果客人示意收去一部分空杯，另当别论。

三、酒吧服务流程

（一）迎接客人服务

1. 问候客人

（1）当客人来到酒吧门口时，迎宾员应面带微笑主动上前礼貌问候。

（2）问候时服务员与客人的距离应保持在 1～2 米之间。

（3）问候时目光应注视客人。

（4）如果知道客人的姓名，问候时应该称呼客人的姓名。

（5）如果客人没有听清问候，则应再重复一遍。

2. 引领客人至吧桌

（1）用手势示意客人进入酒吧。

（2）在客人左前方 1.5 米处为客人引路。

（3）询问客人的人数。

（4）征询客人对座位是否满意，如果客人不喜欢该座位，可由客人自己选择座位。

3. 为客人拉椅让座

（1）将椅子向后拉开，使客人能站在椅子前。

（2）示意客人坐下。

（3）当客人坐下时，将座椅向前推至客人腿部以使客人舒适地就座。

（二）为客人点酒水服务

1. 准备酒水单

（1）客人到来之前，服务员（调酒师）应准备好酒水单和笔。

（2）对于准备好的酒水单，服务员（调酒师）要确保其无污迹、无破损。

2. 客人点酒水

（1）客人落座后，当桌服务员应打开酒水单的第一页，站在客人右侧，用双手将酒水单呈递给客人。服务员呈送酒水单的位置以不挡住客人视线为准。

（2）酒水单应保证每位客人1份，如果条件不允许，服务员则应遵循"先女士后男士，先客人后主人，先长辈后晚辈，先领导后下级"的次序。尤其是"先女士后男士"这一项千万不能忘记，当为外国客人服务时，一定要遵从这个原则。

（3）客人看酒水单时，服务员应向后撤两步并稍做等待，给客人一定的空间和时间用于考虑和商量。

（4）如果客人经过了一段时间还不能决定喝些什么，服务员可上前做酒水的简单介绍和推销，但应根据客人的意愿进行。

（5）当客人确定点单内容并示意服务员之后，服务员便可开始点单服务。

（6）客人点单时，服务员应在随身携带的小本上做简单记录，并向客人确认点单内容。

（7）如果同在一桌的客人较多，一时间难以准确记下每个人的相貌特征和所点饮料，服务员可在小本上简单地画一个桌面图，记下客人的特征和所有饮料的名称数量。这样记录既准确又快捷，只要能准确记录下客人所需内容，怎样记录都无所谓，因为这只是开单时的参照，故无具体要求。

（8）在为客人提供点酒水服务时，应与客人的目光保持交流，并听清客人所点的酒水。

（9）对于一些烈性酒或特殊酒水，服务员要询问客人如何饮用，以确保其饮用安全。

（10）点完单后，不管客人所点酒水或饮料是多是少，都必须重复客人点单，一来可以核对酒水或饮料类别、数量，以示对客人负责；二来也能体现服务的质量高、树立良好的酒吧形象。

（11）如果是外国客人，服务员还要询问客人是分单结账还是合单结账。因为国外客人一般喜欢分单结账，提前问清楚可以避免结账时手忙脚乱。

（12）最后向客人道谢。

3. 开单

(1) 服务员回到吧台后可根据所记内容开出正式酒水点单。酒水点单应一式三联:一联给调酒员,一联给收银员,另一联由服务员自己随身携带。

(2) 酒水单的书写要字迹工整,填写完整有力,以便每联都清楚。

(三) 酒水服务

1. 向客人问好

(1) 向客人微笑并问候客人。

(2) 问候客人时使用礼貌语言。

2. 上酒水

(1) 从吧台领取酒水或饮料时应对其进行清点核对,以免有误。

(2) 将酒水或饮料用托盘送至客人面前。

(3) 进行酒水或饮料服务时,应先将杯垫置于客人的正前方,并将其摆正,使店徽朝向客人。

(4) 将酒水杯放在杯垫上,将客人所点酒水或饮料沿杯壁缓缓倒入杯中,注意不要使酒水瓶口接触到杯口边缘。然后从客人的右侧按照递酒单的顺序依次为客人上酒水或饮料,并遵循"先女士后男士,先客人后主人,先长辈后晚辈,先领导后下级"的原则。

(5) 将所剩余的酒水或饮料放在杯子的右侧,同时对客人说"这是您点的×××"。

(6) 上酒水的同时,向客人介绍酒水的名称。

(7) 进行酒水服务时要使用正确的装饰物。

(8) 当上完所有酒水或饮料后,应说:"您的酒水和饮料都上齐了,请问您还需要其他服务吗?"经客人确认无其他需要后,再说:"请慢用。"然后退后两步,转身离开。

3. 客人再次点要酒水

(1) 当客人再次点要酒水时,应为客人更换新的酒水杯。

(2) 当客人再次点的酒水剩 1/3 时,应上前为客人添加酒水或询问客人是否再点另一杯酒水。

(3) 空瓶及时撤走。客人杯中酒水饮完,客人也未再要酒水时,征得客人同意后,撤下空杯。

(4) 提供各类含酒精的混合酒水或饮料时,均免费配送小吃(如花生米等)。

(四) 结束酒水服务

1. 为客人提供最后一次点单服务

(1) 一般关吧前半小时为点单截止时间,酒吧要进行相应的结账、清扫等收尾

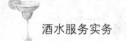

工作。

（2）服务员应委婉地告诉客人："对不起，本酒吧将在半个小时后结束营业，不再供应酒水，请问各位还用不用再添加些酒水或饮料？"

（3）如果客人不再点单，应请客人结账；如果客人还要添加酒水饮料，便为客人进行最后点单。

（4）对再次点单的客人，上饮料时将账单一并带上。

2. 为客人结账

不同性质酒吧的结账顺序也不同。有的是点完单后先结账，有的则是喝完酒后结账，但无论是先结还是后结，其服务程序大致相同。

（1）服务员首先应到收银处核对客人的酒水单与客人所喝酒、水、饮料是否一致。

（2）收银员将客人的各项消费输入收银机并打印出账单。

（3）服务员再次核对账单与酒水单，确认无误后将账单和笔放入账单夹中（有些客人可以签单）。

（4）服务员来到客人所在的桌子前，打开账单夹请客人过目。有的酒吧要求服务员唱收唱付，有的则要求埋单。服务员可视具体情况灵活运用。

（5）对于用现金结账的客人，服务员应告诉客人"请稍候"，然后马上去收银台找零，同时不要忘记向客人询问发票上的单位名称。从收银台取回发票和找零，亲手交到客人手中，告诉客人找零金额，等客人清点完后嘱咐客人将钱收好并再次向客人致谢。

（6）酒店的住店客人要求签单挂房账的，服务员应请客人出示签单卡或房卡，确认客人的房间号码，签名与房卡上的名单无误后，完成对客结账。提醒客人收好签单卡，并感谢客人光临。

（7）对于用信用卡结账的客人，服务员可视具体情况，请客人到收银台刷卡结账，或由服务员代为刷卡。

（8）有些信用卡刷卡时需要输入密码，这时一定要请客人亲自刷卡，服务员不得询问客人密码代客输入，以免日后引起不必要的麻烦。另外，并不是所有的信用卡都可以在任何消费场所使用，服务员应熟知本酒吧可刷卡结账的信用卡种类。

（9）代客刷卡时，服务员将信用卡转交给收银员，由收银员负责核对信用卡的真伪、卡内余额及透支情况。核对无误后刷卡，打印出汇结联，服务员持汇结联交由客人核对消费金额并签字，将汇结联中的客户存根联交给客人保存，并向客人道谢。

（10）用支票结账的情况一般在高档的鸡尾酒会较为常见。由于支票结账操作具有单一性和不可重复性，为了避免不必要的麻烦和差错，应交由收银员处理，服务员千万不可擅作主张。

3. 送客

送客是礼貌服务的具体体现，表现了酒吧对客人的尊重、关心和欢迎，是酒吧服务中不可或缺的项目。在送客服务中，服务员应做到礼貌、耐心、细致、周全，让客人满意，其具体要求如下：

（1）客人不想离开时绝不能催促，也不能做出催促客人离开的错误举动。

（2）客人结账后起身离开时，服务员应主动为其拉开座椅，礼貌地询问客人是否满意，同时，协助客人穿戴外衣、提携东西，提醒客人不要遗忘自己的物品。

（3）如遇到特殊天气，酒吧应安排专人送客人到门口，并提供叫出租车等服务，直至客人安全离开。

（四）营业结束后的收尾工作

营业结束又称关吧。每天到营业结束时间且送走最后一位客人后，全天营业即告结束，服务员便可以开始关吧的各项工作。

首先将酒吧的大门关闭，并在门上挂好"停止营业"的牌子。星级酒店的大堂吧一般是没有门的，所以要在入口处摆放表示营业结束的立式告示牌，以免不知情的客人继续进入。

酒吧各岗位的收尾工作具体如下。

1. 服务员的收尾工作

（1）清扫地面。将全部桌椅挪开，清理地面上的废弃物。如果铺设了地毯，要每日吸尘；若有酒水洒在地毯上，要及时通知专业部门清理；如果是木地板或大理石地面，还要定期上蜡保养。

（2）擦拭桌椅。保证桌面无杂物、无水迹、无污渍。擦拭椅子时，要特别留意是否有客人遗忘的物品。如有，应及时上交领班，并做好记录，以便日后查询。将桌椅全部擦拭完毕后，将其归位，码放整齐。

（3）清洁各种饰品。清理各种装饰物上的灰尘，如发现有破损或遗失，应及时向当班领班汇报，并在交接班本上注明。按规定收存桌上的花瓶、一般装饰物及较贵重的装饰物。

（4）盘点、清洁各种服务用具。盘点并清理除调酒用具外的一切物品，其中包括：服务托盘、烟灰缸、花瓶、茶壶、小吃盅、饮料单等，并在盘点本上做好记录。如有不锈钢器具还要定期进行抛光处理，不用时用保鲜膜密封包好，避免其与空气接触失去光泽。

（5）进行安全检查。检查各种用电设施是否温度过高，所有电线是否老化，确保其第二天能够正常安全使用。关闭酒吧营业区内的所有电源，包括大灯、射灯、装饰灯、广告灯、音响、电视、演出台电源等，如果有罩子应将相应物品罩好。

2. 调酒师的收尾工作

（1）擦拭吧台、吧凳和工作地面，检查吧台、吧凳有无损坏。用干布仔细擦拭吧台、吧凳的不锈钢部分，使之光亮如新。皮制吧凳用干布擦拭即可，不可用水擦拭，但要定期保养和消毒。工作地面至少拖两遍以上，确保没有留下工作时洒在地上的酒水和果汁渍。

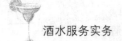

（2）清理操作台。除常用的酒吧设备外，将操作台上的其他酒吧用具收入储物柜中，并将其整齐码放。撤下垫在操作台上用脏的台布。叠好后按规定码放整齐，以便次日更换干净台布。

（3）清点供展示用的酒水数量。清点展示柜、架、台上的各种酒水数量，检查外包装是否完整无损，酒标是否完好、清晰、干净。若存在以上问题，及时上报、调换；如无问题，应收入柜中，加锁封存。

（4）清理扎啤机。关闭与扎啤机相连的二氧化碳气瓶，将扎啤机与扎啤桶相连的接口从扎啤桶上摘下，放入清水中浸泡，防止其因酒吧温度过高产生异味；将接口与把手相交处的保险销取下保存，防止盗打扎啤；将扎啤机酒管内的剩酒全部放出。

（5）整理新鲜的调酒装饰物。清理新鲜的调酒装饰物如柠檬片、芹菜杆、黄瓜条等。这些装饰物在密封的条件下最多可保存两天，第三天则应将没有用完的一律倒掉。

（6）盘点酒水数量。按照已销售的酒水单核对全天酒水销量，并做详细记录。盘点所有酒水数量、种类是否与当日销售量相符，并在盘点表上做记录。检查剩余酒水的质量，不将过期、变质的酒水留到下一个班次。

（7）关闭电源。检查吧台内各种设备运转情况是否良好，是否有安全隐患，记录冰箱温度并与标准温度做比较。如无任何问题，则关闭吧台内照明和插座电源，只留下冰箱、制冰机和扎啤机的插座电源以及长明灯的电源，以保证其 24 小时运转。

（8）检查。再次检查需上锁的地方是否都已上锁，电源是否关好，所有物品是否都已归位，然后将吧台内钥匙与酒吧钥匙一同上交给相关人员。

3. 收银员的汇总工作

（1）将全部账单按不同分类统计在账单登记表上，仔细检查确保其准确无误。

（2）清点现金数额，保证现金与账单、登记表上的数额相同。

（3）如有用信用卡、签单等方式结账的账单，应单独做报表。

（4）清点备用金数额是否准确，然后将其放入现金口袋封存并注明其数额、面值、数量、长短款数量等内容，确认无误后方可签字。

（5）用收银机打出当天各种汇结报表，并与现金、账单、登记表核对。

（6）将现金、各种汇结报表、账单、登记表一并放入另一个现金口袋中封好口，在外面填写现金数额、面值、数量、长短款数量等内容，确认无误后方可签字。

（7）关闭收银机，将钥匙、两个存放不同物品的现金口袋一同上交，在交接本上注明各项内容并签字确认。

项目四　酒吧日常管理

一、酒吧的人员配备

酒吧的人员配备需要依据两项原则:一是酒吧工作时间,二是营业状况。酒吧的营业时间多为上午 11 点至凌晨 1 点。上午客人是很少到酒吧去喝酒的,下午客人也不多,从傍晚直至午夜是营业高峰时间。营业状况主要看每天的营业额及供应酒水的杯数。一般的主酒吧(座位在 30 个左右)每天可配备调酒师 4~5 人。酒廊或服务酒吧可按每 50 个座位每天配备调酒员 2 人;如果营业时间短,可相应减少人员配备。餐厅或咖啡厅每 30 个座位每天配备调酒师 1 人。营业状况繁忙时,可按每日供应 100 杯饮料配备调酒师 1 人的比例配备;如某酒吧每日供应饮料 450 杯,可配备调酒师 5 人,以此类推。

二、酒吧工作安排

酒吧的工作安排是指按酒吧的日常工作量的多少来安排人员。通常上午时间只是开吧和领货,可以少安排人员;晚上营业繁忙,可以多安排人员。在交接班时,上、下班时至少有一小时的交接时间,以清点酒水和办理接班手续。酒吧采取轮休制,节假日可以取消休息,在生意清闲时补休。工作量特别大或营业超计划时,可安排调酒员加班加点,同时给予足够的补偿。

(一) 每日工作检查表(Check List)

此表用以检查酒吧每日工作状况及完成情况,其内容按酒吧每日工作项目列成表格:

每日工作检查表

项目	完成情况	备注	签名
领货			
酒吧清洁			
补充酒杯			
更换桌布			
冷冻酒水			
早班清点酒水			
酒杯摆设			

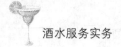

（续表）

项目	完成情况	备注	签名
准备装饰物和配料			
稀释果汁			
领配酒小食			
摆台			
电器设备工作状态			
取冰块			

日期　　年　　月　　日

还可以根据酒吧实际情况列入维修设备、服务质量、每日例会、晚上收吧工作等项目，由每日值班的调酒师根据工作完成情况填写、签名。

（二）酒吧的服务、供应

酒吧的经营是否成功，除了本身的装修格调外，主要取决于调酒师的服务质量和酒水的供应质量。首先服务要礼貌周到，面带微笑，微笑的作用很大，不但能给客人以亲切感，而且能解决许多麻烦事情；其次要求调酒师训练有素，对酒吧的工作、酒水牌的内容都要熟悉，操作熟练，能回答客人提出的有关酒吧及酒水牌的问题。高质量的酒吧服务既要热情主动，又要按服务程序去做。供应质量是一个关键，所有酒水都要严格按照配方要求，绝不可以任意取代或减少质量，更不能使用过期或变质的酒水。特别要留意果汁的保鲜时间，保鲜期一过便不能使用；所有汽水类饮料在开瓶（罐）两个小时后都不能用以调制饮料；凡是不合格的饮品不能出售给客人。例如调制彩虹鸡尾酒，任何两层有相混情形时，都不能出售，要重新做一杯。这样做虽然有损失，却是为客人负责，并能为酒吧树立良好的声誉。

（三）工作报告

调酒员要完成每日工作报告。每日工作报告可登记在一本记录簿上，每日一页。内容有五项：营业额、客人人数、平均消费、操作情况及特殊事件。根据"营业额"可以看出酒吧每天的经营情况及盈亏情况；根据"客人人数"可看出酒吧座位的使用率与客人来源；根据"平均消费"可看出酒吧成本同营业额的关系。酒吧里经常有许多意想不到的情况及特殊事件，要处理妥当，登记在册，有些则要及时上报。

三、酒水验收管理

（一）酒水验收部门

验收部门的设立以及验收部门与其他部门之间的关系因饭店规模大小而异。大型饭店有专门的验收部,而中、小型饭店或独立的餐饮企业则不必设立验收部,只设一个酒水验收员就可以了。无论如何,餐饮企业应根据自身特点,设计和建立自己的验收体系,只要能发挥验收的作用,控制好成本和酒水质量,减少作弊行为,就不失为一种较好的验收体系。

1. 酒水验收员

酒水验收员的选择不可忽视,作为一名合格的验收员,应具备以下素质:

(1) 酒水验收员必须有很强的责任心,能够严格把关、不徇私情、认真负责,并对验收工作感兴趣。

(2) 酒水验收员必须诚实、可靠、细心、热爱集体,具有高尚的职业道德。

(3) 酒水验收员应具备较丰富的酒水知识,了解酒水的采购规格。所以最好从储藏室员工、酒水成本控制人员中选择。

(4) 酒水验收员还应该熟悉财务制度。餐饮企业应制订培训计划,对酒水验收人员进行培训,以提高他们的业务素质和品德修养。同时,也应使酒水验收员懂得,未经上级主管同意,任何人都无权改变采购规格,遇有特殊情况应及时向上级主管汇报请示,不得擅自行事。

酒水验收员应经常和仓储人员、餐饮企业经理及采购人员接触,虚心学习,以丰富自己的知识和经验。另外,酒水验收员在工作时不应受调酒师和采购人员的干扰,酒水验收员的相对独立,可以对整个采购进行有效的监督和控制。

2. 酒水验收设备与工具

有些大型餐饮企业设有酒水验收办公室,该办公室应接近餐饮企业的后门,并接近储存酒水的库房。酒水验收办公室的位置和朝向应确保验收员能方便地看到每一样酒水的进出。酒水验收员处应有一块宽敞的装卸货物以及汽车掉头的空间,并且设一块高度与卡车相等(约为一米左右)的卸货台,这样能使货物移动通畅。重货物应少搬动,酒水验收员可在车上验货。

酒水验收部门应备有足够的验收工具。要有称重的磅秤,各种秤应定期校准,以保持精确度。此外,酒水验收办公室还应有起钉器、纸板箱切割工具、榔头、刀等工具以及验收单、验收标签、购货发票收货单、验收工作手册、酒水的质量标准等单据、材料。

(二) 酒水验收的管理内容

尽管不同的餐饮企业在对酒水验收的具体程序和方法上不太相同,但对收货控制的程序有三点是相同的,即盘点数量、检查质量、核实价格。

1. 酒水数量验收控制

酒水验收员在酒水运到后,应该根据订单核对发货票上的数量、价格和牌号。

酒水验收人员对进货数量进行控制时,要检查发送酒水的实物数量与订购单和账单上的数量是否相符。带外包装及商标的酒水,在包装上已注明重量,要仔细点数。必须仔细清点各种酒水的瓶数、桶数或箱数。对于以"箱"包装的酒水要开箱检查,检查箱子中特别是下层是否装满。有些发货人会私开原箱酒水,窃取一部分后,重新将箱子钉好,仍作整箱送货。为此酒水验收员一定要仔细、耐心。如果酒水验收员了解整箱酒水的重量,也可通过称重量检查。

订购单上有采购酒水的品名和数量,要检查发送酒水的品种和数量是否与订购单上的一致。有的供应商为设法多销售,将没有订购的酒水也送来,或将订购的酒水多送一部分。酒水供应商送来的账单也有酒水的名称和数量,要检查账单上列出的品名是否都收到,数量是否正确,重量是否充足。

2. 酒水质量验收控制

酒水验收人员在控制质量时,要检查实物酒水的质量和规格是否与标准采购规格和订购单相符,账单上的规格是否与订购单上的一致。为防止酒水供应商和酒水采购员以次充好,验货时必须对照标准和采购规格。验收员应该通过检查酒水的度数、商标、酿酒年份、酒水色泽、外包装是否完好、是否超过保存期等因素来检查酒水的质量是否符合要求。必要时,特别是大批量采购时,对瓶装酒水要抽样检验质量是否合格。有的酒水加工处理不好,刚打开里面的酒水已经变质。

3. 酒水价格验收控制

在进行价格验收时,要认真检查账单上的价格与订货单上的是否一致。有些酒水供应商在订购时答应了某价格,但在开账单时又偷偷向上提价。验收人员若不注意对照订购单认真检查,往往会被蒙混过关,使餐饮企业吃亏。

(三)酒水验收程序控制

除了要确定酒水验收体系,严格酒水验收内容之外,餐饮企业若想更好地搞好酒水验收工作,还必须对酒水验收程序加以严格的控制。

1. 酒水验收操作程序

具体讲,酒水进货验收规程如下:
(1)核对发票与"订购单";
(2)检查酒水质量;
(3)检验酒水数量;
(4)在发货票上签名;
(5)填写验收单;
(6)退货处理;
(7)加盖"验收章";
(8)在酒水包装上注明发票上的信息;

（9）对所收到的酒水加上酒水标牌；

（10）将到货酒水送到酒水仓库；

（11）做好各种酒水验收记录。

四、酒水储存管理

餐饮酒水的储存管理是办好餐饮企业的一个重要环节。酒水一经验收，必须进行有效的保管，以防止腐败变质和其他可能发生的浪费现象。许多餐饮企业由于对餐饮酒水的储存管理混乱，引起酒水变质腐败，或遭偷盗、丢失，或被私自挪用。库存管理不严，使企业的餐饮成本和经营费用提高，而客人却得不到高质量的产品和服务。

在小型的餐饮企业，采购、储存一般是由一个部门负责的，而在大、中型的餐饮企业，酒水的储存和发放是由一个专门的部门——仓储部来负责的。做好酒水的储藏与控制，不仅可以为餐饮企业节约流动资金，降低成本，而且还能节省时间。

（一）酒水储存仓库的选择

由于许多高级的酒类价格昂贵，为此要从数量管理上防止损耗，储存得法能提高与改善酒本身的价值。因此酒类极易被空气及细菌侵入，导致变质，所以买进的酒如果储存不妥，保存不当，可导致变质。有条件的餐饮企业应建立酒水储存仓库，以便达到良好储存的状态的目的。

酒水储存的设计和安排应讲究科学性，这是由酒品的特殊性质决定的。理想的酒水储存仓库应符合下述几个基本要求。

1. 有足够的储存空间和活动空间

酒水储存仓库的储存空间应与餐饮企业的规模相称，地方过小，自然会影响酒品的品种与数量。况且长存酒品与暂存酒品应分别存放，储存空间要与之相适应。

2. 通气性良好

换风的目的在于保持酒水储存仓库中较好的空气，酒精挥发过多而空气不流畅，会使易燃气体聚积，这是很危险的。

3. 保持干燥环境

酒水储存仓库相对的干燥环境，可以防止软木塞的霉变和腐烂，防止酒瓶商标的脱落和质变。但是，过分干燥会引起酒塞干裂，造成酒液过量挥发、腐败。

4. 隔绝自然采光

自然光线，尤其是直射日光容易引起各种"酒病"的发生。自然光线还可能使酒水氧化过程加剧，造成酒味寡淡、酒液混浊、变色等现象。酒水储存仓库最好采用灯泡照

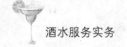

明,其强度应适当控制。

5. 防振动和干扰

振动干扰容易造成酒品的早熟,有许多娇贵的酒品在长期受震后(如运输振动),常需"休息"两个星期,方可恢复原来的风格。

6. 具有恒温条件

酒品对温度的要求是苛刻的。葡萄酒的正常储存温度在 10~14 ℃之间,最高不要超过 24 ℃,否则名贵葡萄酒的风格将会遭到破坏;啤酒的最佳储存温度是 5~10 ℃,温度过低,酒液混浊,温度过高,则酒花香味将会逐渐消失;利口酒中的修道院酒、茴香酒等草料酒品应该低温储存;烈性酒中除伏特加、金酒、阿夸维特酒(Aquavit)需低温储存外,蒸馏酒对温度的要求相对低一些,但切不可完全暴露在温度大起大落的自然环境之下,否则酒品的色、香、味将会受到破坏。

【项目小结】

本项目主要介绍了酒吧的基本概念和种类;酒吧服务程序与服务标准;酒吧服务的常用工具及设备;重点介绍了酒吧服务技巧以及酒吧日常管理的基本流程。

【关键术语】

酒吧　酒水服务　服务技巧　服务标准

【技能实训】

项目名称:斟酒服务演示

项目内容:持瓶动作;斟酒位选择;斟酒量选择;斟酒注意事项

项目要求:每个学生先后完成斟瓶装啤酒、听装啤酒、红葡萄酒、香槟酒的规范动作,要求斟酒动作正确、优美和规范。

项目流程:

1. 准备好斟四种酒所需要的酒水、开瓶工具及斟酒用品;

2. 完成瓶装和听装啤酒的斟酒演示;

3. 完成红葡萄酒的开瓶及斟酒演示;

4. 完成香槟酒的开瓶及斟酒演示。